14

Las Mejores Excursiones por...

BADAJOZ

40 ITINERARIOS

Sierra de San Pedro, Parque Natural Cornalvo, Reserva Nacional de Cíjara, La Siberia y La Serena, El Guadiana fronterizo, Dehesas del Suroeste, La Campiña Sur y Tentudía-Sierra Morena

Carlos Fernández Calvo

AF735817

EL SENDERISTA

A mi querida mujer, por todo el apoyo que me da para embarcarme en multitud de proyectos que, sin su compañía, nunca lograría terminar.

Mi más sincero agradecimiento a Adela González Lara, a Polín y a Óscar Maroto Seminario (allá donde esté).

© 2001, CARLOS FERNÁNDEZ CALVO
© 2001, EL SENDERISTA
C/ Mayor, 80
28013 - Madrid
Telef.: 91 541 71 70
Fax: 91 548 93 93

FOTOGRAFÍAS: Adela González Lara (págs. 55, 141, 205, 253, 259, 270, 273 y 291), Óscar Maroto Seminario (pág. 59) y el autor (el resto).
MURAL DE PINTURAS RUPESTRES: Polín
PORTADA Y CARTOGRAFÍA: Pedro López Carcelén y Rafael Sanz Sáez.
DISEÑO Y MAQUETACIÓN: Sandra Rebollo

I.S.B.N.: 84-95368-14-5
Depósito Legal: M-40873-2001
Impreso en España/*Printed in Spain*

Está prohibida la reproducción o almacenamiento total o parcial del libro por cualquier medio: fotográfico, mecánico, reprográfico, óptico, magnético o electrónico sin la autorización expresa y por escrito del propietario del copyright. Ley de la Propiedad Intelectual (1/1996).

ÍNDICE DEL LIBRO

INTRODUCCIÓN

Con la presentación de esta guía de senderismo por la provincia de Badajoz se completa el proyecto de dar a conocer los valores naturales y socioculturales de Extremadura, un proyecto hecho realidad a través de más de 90 rutas e itinerarios recogidos en los dos libros publicados en esta colección sobre la comunidad extremeña.

Esta visión sobre Extremadura no pretende ser completa, ni tampoco equipararse con otras publicaciones de argumento común y de notable calidad. Pretende únicamente ser la piedra de apoyo para el usuario de esta guía, una herramienta más que sirva para potenciar el conocimiento de una región tan rica y desconocida como es la extremeña.

A través de los 41 itinerarios seleccionados el excursionista llegará a conocer los aspectos más sobresalientes del territorio pacense y su medio natural, así como el pasado de sus pueblos y gentes, y el amplio patrimonio histórico, artístico y cultural que nos han legado.

El principal objetivo de esta segunda entrega extremeña en itinerarios no es otro que el de intentar paliar la escasa información, a nivel divulgativo, que existe a cerca de las diferentes comarcas pacenses, para así lograr una mayor motivación en el público general, y en el senderista en particular, sobre los valores de la provincia y el disfrute del amplio abanico de posibilidades que ofrece. Si se considera que este objetivo se ha alcanzado con la presente obra, todos los esfuerzos llevados a cabo para conseguir su redacción y posterior publicación habrán merecido la pena.

CARLOS MIGUEL FERNÁNDEZ CALVO
Diciembre de 2000.

☞ CÓMO USAR ESTA GUÍA

Para la mejor comprensión de este libro se procede a explicar seguidamente algunos aspectos relacionados con su preparación y posterior redacción.

La estructura de libro es muy sencilla. Se compone básicamente de una introducción general que repasa los variados aspectos ambientales y socioculturales de toda la provincia pacense, para seguidamente pasar a disgregar todo el territorio en diferentes comarcas naturales.

Las comarcas naturales establecidas en esta Guía de Senderismo se ajustan en la medida de lo posible a los criterios generales utilizados por otros autores para delimitar las comarcas de la provincia de Badajoz. En cualquier caso, la delimitación planteada trata básicamente de facilitar su mejor conocimiento.

Cada comarca establecida, ocho en total, se acompaña de dos epígrafes básicos. Por un lado se tratan los aspectos ambientales que conciernen a cada región, analizados de la manera más comprensible posible. En cada una de las divisiones comarcales establecidas se analizan los factores geológicos (incluidas las litologías, la morfología del relieve, la edad geológica...), climatológicos (atendiendo también a los pisos bioclimáticos), edafológicos (naturaleza y calidad de los suelos), hidrográficos, el paisaje vegetal y la composición faunística.

El otro epígrafe trata los aspectos socioculturales de cada comarca de una manera concisa y amena, primero analizando el pasado histórico y las diferentes expresiones culturales, para posteriormente tratar otras manifestaciones de la sabiduría popular, principalmente las labores artesanas, la gastronomía, la arquitectura, los festejos populares, etc.

Cada una de las comarcas establecidas se acompaña además de un número variable de itinerarios.

Los itinerarios constan de dos partes esenciales: primero una ficha técnica, en la que se aprecian con rapidez las principales características de cada ruta. Se contemplan los siguientes datos básicos:

–**DISTANCIA TOTAL:** Siempre referida a la ida y la vuelta.
–**DURACIÓN TOTAL:** Siempre referida a la ida y la vuelta.
–**TIPO DE MARCHA:** Si es un recorrido circular, lineal o de ida y vuelta.
–**TIEMPOS DE MARCHA:** Períodos necesarios para cubrir las etapas establecidas.
–**DESNIVEL TOTAL:** Será el máximo que salva la ruta.

—**Grado de dificultad:** establecido según el desnivel, la longitud...

—**Tipo de camino.**

—**Agua potable.**

—**Época recomendada:** La mejor estación para realizar la actividad.

—**Sugerencias:** Para aprovechar más eficazmente el itinerario; y sobre la posibilidad de poder realizarlo en bicicleta.

—**Conservación:** Referencias al actual estado de conservación de la zona del itinerario; mención de las principales amenazas; figuras de protección, etc.

—**Cartografía:** Indicamos la utilizada, así como su numeración y escala.

A continuación se expone la descripción de la ruta. Se realiza de manera clara y detallada, y se acompaña de la cartografía correspondiente. Esta cartografía tiene una leyenda explicativa de los aspectos más sobresalientes del itinerario.

Existe un último itinerario urbano por la vieja Mérida, la *Emérita Augusta* de los romanos, que se desmarca de lo dicho con antelación, pero que ha sido considerado de gran interés por su indiscutible valor histórico, artístico y cultural, así como por ser un excelente reflejo del medio ambiente en la ciudad.

Para acabar el libro se añaden dos anexos, uno correspondiente al listado de especies botánicas y faunísticas citadas en la publicación, y otro que incluye un glosario con los términos más complejos que el lector pueda encontrar a lo largo de sus recorridos por la Guía.

SIGNOS CONVENCIONALES

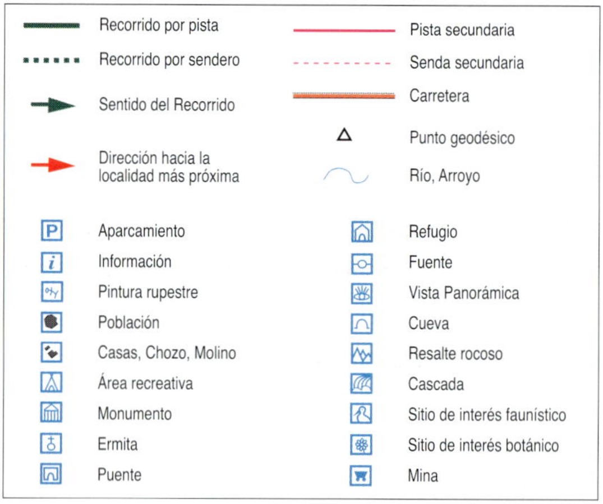

Aspectos generales de la provincia

Con sus 21.657 km^2 de extensión, Badajoz es la provincia más extensa de toda España. En tan vasto territorio tienen cabida multitud de ambientes, como resultado de la estrecha relación entre el medio natural y las distintas culturas que aquí se asentaron a lo largo de los tiempos. Esta sintonía se ha mantenido hasta la actualidad; hoy por hoy se manifiesta a lo largo y ancho de la provincia, en todas sus sierras, dehesas, campos y pueblos, en sus gentes y su cultura.

Las tierras pacenses abarcan buena parte del suroeste español. Geográficamente, la provincia está delimitada al norte por una serie de macizos, sierras y serretas que forman en conjunto las Sierras Centrales Extremeñas, una alineación cuyo trazado coincide a menudo con el límite de la provincia de Cáceres. Otro sistema de montañas y sierras cierra el borde sur, la Sierra Morena. Hacia el este Badajoz se sitúa escalonado entre las provincias de Ciudad Real, a través de Parque Nacional de Cabañeros y el valle de Alcudia, y Córdoba, por donde se ensancha Sierra Morena en la comarca de Los Pedroches. Finalmente, el río Guadiana hace de frontera natural con las tierras del Alentejo portugués, al oeste.

La provincia de Badajoz posee un clima mediterráneo que se ve influenciado durante la sucesión de las distintas estaciones del año por la proximidad de las aguas del océano Atlántico. Pero esta influencia oceánica se manifiesta con desigual intensidad, en un gradiente con signo decreciente de oeste a este y de suroeste a noreste, algo aplicable a todo el territorio con la excepción del valle del río Guadiana, a través del cual remonta la acción atenuante que ejerce la influencia oceánica. Otros enclaves con condiciones climáticas excepcionales son las escasas elevaciones de la provincia que superan los 1000 m de altitud, cuyo máximo exponente se sitúa en Tentudía: aquí el clima llega a asemejarse más a ambientes del centro peninsular que al propio de las latitudes en las que se enmarca esta porción de Sierra Morena. La temperatura media anual ronda los 16 - 17 ºC, y las precipitaciones, que en Tentudía pueden ser además en forma de nieve durante el invierno, se reparten en dos períodos, la primavera y el otoño, manifestándose una acusada sequedad ambiental durante el estiaje veraniego.

La hidrografía pacense está dominada por el río Guadiana, en cuya cuenca se incluye la práctica totalidad del territorio de la provincia. Desde la localidad de Orellana la Vieja hasta la frontera lusa, el río caracteriza la comarca natural de las Vegas y Llanos del Guadiana. Por su orilla derecha recibe las aguas vertientes de las Sierras Centrales Extremeñas, a través de cursos como el Guadarranque, Ruecas, Gargáligas, Búrdalo, Rivera de Lácara, Zapatón y Gévora. La orilla izquierda acoge a otros de mayor recorrido, como el Zújar, Guadamez, Matachel, Alcarrache y Ardila. Sólo una pequeña porción del sureste de la provincia está regado por aguas de la cuenca del Guadalquivir, la correspondiente a los tramos pacenses del Viar y del Bembézar.

Muchos son los embalses que regulan las aguas de estos ríos, especialmente en lo referido a la comarca de Los Embalses-La Siberia, en el noreste de la provincia. Sin lugar a dudas se trata de uno de los territorios más importantes en cuanto a la superficie de tierras bañadas por las aguas dulces. Este hecho ha posibilitado el desarrollo del Plan de Badajoz, un plan de regadíos que ha contribuido notoriamente en el crecimiento de las economías ligadas a las vegas del Guadiana, mediante la obteción de magníficas cosechas de algodón, arroz, hortalizas, legumbres y viñedos, pero también en la ocupación y transformación de numerosos paisajes naturales. Junto al desarrollo agrícola la ganadería supone el otro punto fuerte de la economía pacense, ambos sectores complementados con las explotaciones forestales, cinegéticas y, cada vez con más fuerza, turísticas.

A pesar de las transformaciones sufridas por el medio natural de Badajoz a lo largo de los siglos, la provincia conserva numerosos ejemplos de sistemas en los que el hombre y la naturaleza interaccionan en armonía, un hecho que se manifiesta en la gran diversidad de ambientes, en la vegetación y la fauna. Aquí se encuentran las mayores superficies de arbolado adehesado de la Península; extensos embalses, en un rosario de "mares" del interior; amplios pastizales de carácter estepárico, sobre los que sobresalen sierras y serretas a modo de islas de piedra; densas y continuas formaciones de matorral mediterráneo; montañas de clima y relieve suaves por encima de los 1000 m de altitud;... Toda esta variedad de espacios, en los que de diversas maneras se manifiesta la actuación humana en el medio, permiten la existencia de multitud de especies animales y vegetales propias de los ecosistemas mediterráneos, algunas de las cuales son de gran valor e interés científico y educativo. Además, la posición biogeográfica que ocupa la provincia facilita la presencia de muchos otros elementos faunísticos y botánicos de carácter residual, migratorio, estacional...

En este rico contexto natural queda enmarcada la historia y la evolución de los pobladores de la provincia, la obra de su esfuerzo en el trabajo, sus manifestaciones artísticas, etc.

Muchos son los pueblos y culturas que han pasado por estos territorios dejando su propia impronta. Hoy en día esta huella se refleja en los monumentos históricos, la arquitectura y las labores tradicionales, la gastronomía, el arte, y el resto de sus manifestaciones populares.

Badajoz: Las comarcas naturales

La geografía pacense, entendiendo como tal a la múltiple variedad de espacios físicos y naturales, pero también al conjunto sociocultural que suponen sus pobladores y gentes, está formada por diversas comarcas de diferente extensión y significado en el contexto de esta mitad del territorio extremeño.

La delimitación de las diferentes comarcas queda bajo criterio subjetivo, tantos como uno quiera establecer; pero para conseguir una práctica visión del conjunto de los aspectos medioambientales de cada comarca es importante tener en cuenta las características físicas de todo el territorio, principalmente aquellas relacionadas con el relieve y el conjunto de los agentes que intervienen en su modelado. Bajo este prisma se citan a continuación.

- Sierra de San Pedro y Baldíos de Alburquerque
- Llanos y Vegas del Guadiana
- Comarca de Los Embalses-La Siberia
- La Serena
- Tierra de Barros
- Dehesas del Suroeste
- La Campiña Sur
- Tentudía

A continuación vamos a realizar un recorrido por cada una de estas comarcas naturales, mediante la realización de descripciones más o menos completas sobre diferentes aspectos del medio físico (situación, clima, geología, relieve, hidrología), del medio biótico (vegetación, fauna) y de la etnografía local (compendio de historia, arte, cultura...). Pero será sin duda alguna la realización de las rutas e itinerarios seleccionados para cada comarca, el mejor medio para llegar a profundizar en el conocimiento de la rica y variada provincia de Badajoz.

☞ SIERRA DE SAN PEDRO Y BALDÍOS DE ALBURQUERQUE

Aspectos ambientales

La vertiente sur de las Sierras de San Pedro y Alcántara, junto a la penillanura que se extiende a sus pies hasta alcanzar las fértiles vegas de los ríos que discurren hacia el Guadiana, constituyen este conjunto de tierras dispares en el que las crestas cuarcíticas de la sierra y la vegetación mediterránea representan los elementos dominantes del paisaje. Los límites geográficos de esta comarca se ciñen por el norte a las elevaciones de la Sierra de San Pedro, frontera natural con las tierras cacereñas, hasta alcanzar al este la Vía de la Plata. Las dehesas de La Roca de la Sierra representan el eje limítrofe por el sur, y la "raya" portuguesa el margen oeste.

La comarca presenta dos entidades geográficas claramente diferenciadas por las características del relieve. Los asomos cuarcíticos de la Sierra de San Pedro culminan las laderas cubiertas de extensas masas forestadas de vegetación natural y repoblaciones hechas con coníferas y eucaliptos. A sus pies la orografía del terreno se suaviza hasta formar los Baldíos,

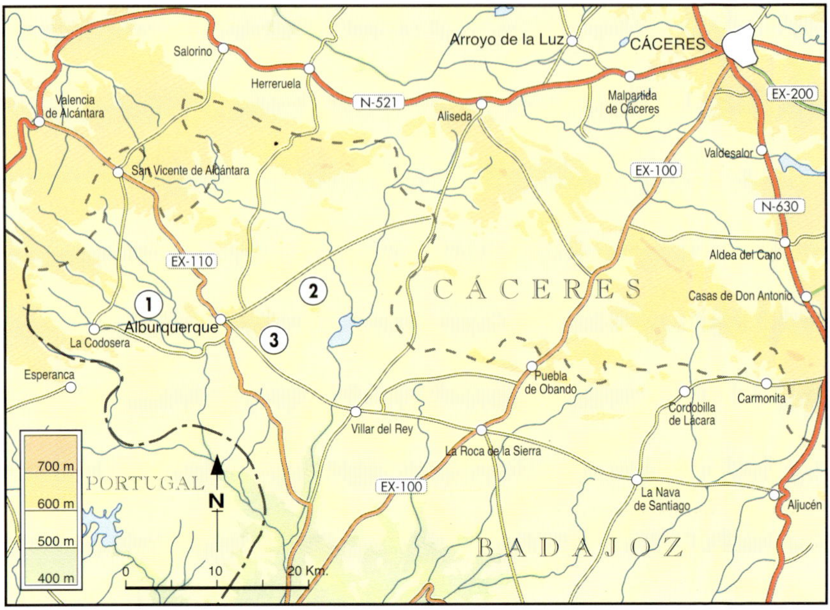

una continua planicie de secanos, dehesas y pastizales, en ocasiones de aspecto desolado, que representa la transición hacia las llanuras y vegas del Guadiana, al sur.

Las Sierras de San Pedro y Alcántara forman parte del típico relieve conocido como *apalachense* que caracteriza a numerosas sierras del centro y oeste peninsular (Montes de Toledo, Las Villuercas, etc.), y que en su conjunto representan buena parte de los materiales geológicos más antiguos de la Península. Se trata de un sistema de montañas de baja altitud constituido por el desarrollo de largas serretas, de crestas afiladas y empinadas laderas sobre las que se desploman largas pedreras y canchales de naturaleza cuarcítica, en general paralelas y dispuestas en dirección noroeste-sureste. Los materiales pizarrosos son los componentes litológicos predominantes que encontramos por doquier, si bien en algunas zonas puntuales aparecen afloramientos graníticos, tal y como ocurre en el entorno de Alburquerque.

Toda la línea norte de la comarca está delimitada por la Sierra de San Pedro, mientras que la Sierra de Alcántara constituye el cerramiento occidental. El Torrico de San Pedro, con 702 m, representa la máxima cota; desde aquí se dominan las vertientes que otorgan sus aguas respectivamente a la cuenca del Tajo (norte, perteneciente a Cáceres) y a la del Guadiana (sur, perteneciente a Badajoz). Según discurren las aguas desde las crestas y barrancos, las formas del relieve serrano se suavizan en una llanura pedregosa que constituye la zona conocida como los Baldíos de Alburquerque, y que representa, hablando en términos del relieve, la transición hacia los llanos y vegas del Guadiana, hacia el sur.

Detalle arquitectónico del Castillo de Azagala

Una adecuada visión de esta sucesión de unidades en el paisaje morfoestructural de la comarca se obtiene estudiando el curso del río principal que atraviesa la comarca de norte a sur, el río Zapatón. Tras colectar las aguas provenientes de los numerosos riberos serranos, la mayoría estacionales, al suavizarse las pendientes se forma un curso principal, una zona aprovechada por el hombre para regular las aguas del río por medio del embalse de la Peña del Águila. Aguas abajo, fuera ya de los límites geográficos de la comarca y alcanzando las frondosas vegas del Guadiana, el río Zapatón nutre el caudal de otro importante río, naciente en la vecina Sierra de Alcántara y que hermana las tierras extremeñas con las lusas, el río Gévora.

La posición occidental de la comarca de Sierra de San Pedro - Baldíos de Alburquerque determina unas condiciones climáticas muy benignas para la zona. Incluida dentro del característico clima mediterráneo, en el que se sucede un marcado ciclo estacional respecto a los valores de las temperaturas y las precipitaciones caídas anualmente, con períodos húmedos durante el otoño y la primavera, y épocas de escasez de recursos hídricos en el verano y el invierno, sin embargo la posición próxima a las influencias oceánicas hace que las condiciones de continentalidad aparezcan atenuadas en la zona, por lo que la humedad relativa en el ambiente es ligeramente superior, un hecho que se manifiesta claramente en el paisaje vegetal que domina el territorio.

En base a la caracterización climatológica, especialmente atendiendo a los valores de las precipitaciones y las temperaturas, y considerando la distribución de las comunidades vegetales en la comarca, se establece la existencia de un exclusivo piso bioclimático, el llamado *piso mesomediterráneo,* que se correspondería con una vegetación dominada por las quercíneas, es decir, la encina y el alcornoque, y en menor medida el quejigo, especies distribuidas según las diferentes características particulares de las diversas zonas del territorio (condiciones de humedad, exposición, naturaleza de los suelos, orografía, etc.), y a las que acompañarían específicamente unas formaciones arbustivas u otras, en base igualmente a esas particularidades territoriales. Excepcionalmente, también tendrían cabida los robles melojos, concretamente en posiciones de la vertiente norte de la Sierra de Alcántara.

Uno de los condicionantes más significativos a la hora de interpretar la distribución de las diferentes comunidades vegetales son los suelos. En general puede hablarse de una gran homogeneidad en la naturaleza de los suelos de la comarca, pobres en su mayoría, asentados siempre sobre materiales de naturaleza ácida, con poco espesor y escasa o nula génesis, hecho favorecido en ocasiones por el lavado producido por las lluvias torrenciales que afectan a la zona, sobre todo en enclaves deforestados o en los que se han aplicado políticas de gestión forestal erróneas.

Los suelos del piedemonte de las sierras acumulan ingentes materiales serranos aportados por la continuada erosión de los relieves, cantos y piedras que se incluyen en una matriz arcillosa rojiza de naturaleza silícea que forma los denominados rañizos, aptos para el cultivo de cereales de secano y sobre todo para la proliferación de los pastizales ganaderos.

Sin embargo también es posible encontrar muestras, más o menos localizadas y en general a favor de la situación de ríos y arroyos de la comarca, de suelos ricos que, si bien son de extensión limitada, tienen gran importancia en el desarrollo de pequeñas economías familiares.

Como ya se ha citado con anterioridad, el paisaje vegetal de la zona está dominado por

Castillo de Alburquerque

la encina y el alcornoque. Una y otro se distribuyen de forma pareja, si bien el alcornoque tiene mayor notoriedad en las laderas serranas, así como en otros enclaves en los que la humedad ambiental adquiere mayores valores. No en vano, tanto en Alburquerque como sobre todo en Santiago de Alcántara, la industria que genera el corcho representa una de las más importantes explotaciones de la economía comarcal.

Hoy en día las masas forestales de quercíneas no son continuas, y entre bosques densos existe toda una gradación en el estado de conservación de cada una de las parcelas territoriales contempladas. Las laderas, principalmente las más umbrías y complejas topográficamente, conservan buena parte del bosque, a menudo acompañado por un matorral noble en el que destacan los arbustos mediterráneos más típicos, como el madroño, el durillo, la olivilla, etc. En zonas más bajas aparecen bosques adehesados, a menudo ya de encinas, o en los que se entremezcla la encina con el alcornoque. Por desgracia, tanto en las laderas como en los baldíos también se suceden los matorrales uniformes de jaras, o incluso a veces grandes muestras de plantaciones con coníferas o eucaliptos, de difícil integración paisajística y ecológica.

Los bosques de ribera también están presentes en la zona de estudio, si bien en la mayoría de los casos se limitan a formaciones arbustivas. En los enclaves conservados y con cierta presencia de suelos de vega la especie dominante es el fresno, especie apreciada en numerosos lugares por ser utilizada como ramón para el ganado. Las torrenteras suelen poblarse por arbustos de apetencias higrófilas, como los brezos, aunque son los sauces de pequeño porte los arbustos mejor adaptados a las condiciones topográficas. Por último, cuando los cauces se suavizan, en tramos con carácter estacional, suelen aparecer las masas espinosas de los tamujos.

Todas estas comunidades ribereñas por igual funcionan como importantes enclaves faunísticos. De hecho constituyen corredores naturales por los que la fauna fluye, además de ser excelentes lugares para el refugio y la reproducción de multitud de especies. El medio acuático, que aún conserva características hídricas en buen estado de salud, mantiene comunidades de invertebrados y peces de gran interés en la cadena alimentaria, soporte imprescindible de numerosas aves y mamíferos.

Junto a las formaciones de ribera, el bosque mediterráneo constituye el otro importante foco vital para la fauna de la comarca. Como botón de muestra de la importancia de estas sierras para el mantenimiento de la diversidad faunística española, vale con citar la presencia de algunas de las más emblemáticas aves de la fauna ibérica, como el águila imperial y el buitre negro, la cigüeña negra y el alimoche, además del mamífero más representativo de la península, el lince ibérico, todas especies que aún se reproducen en los frondosos bosques de la zona.

Aspectos socioculturales

La comarca natural de las Sierras de San Pedro y Alcántara atesora numerosas muestras de la actividad pretérita de sus moradores, en forma de pinturas rupestres diseñadas en los murales pétreos de algunos abrigos, como es el caso del Abrigo del Risco, en Alburquerque; pero también en forma de estelas funerarias de la Edad del Bronce y dólmenes megalíticos, tal y como ocurre en la misma localidad de Alburquerque, y en San Vicente de Alcántara. Más allá de esta última, en las tierras cacereñas de Valencia de Alcántara, así como en el área portuguesa limítrofe, se encuentra una de las mayores concentraciones de dólmenes de la Península Ibérica. Algunos de los hallazgos realizados en la comarca se sitúan hoy en el Museo Arqueológico Provincial pacense.

La historia no deja su huella en la comarca si no antes de entrar en pleno medievo, cuando la Orden de Santiago, allá por el siglo XII, se hace cargo de administrar los núcleos más importantes de la época. Durante muchos siglos se suceden las disputas por estas tierras limítrofes, primero entre los árabes y los castellanos, y entre estos y los portugueses después. La villa y las tierras de Alburquerque pasaron definitivamente a formar parte de la Corona de Castilla a principios del siglo XVIII.

A lo largo de todos estos siglos de contiendas se construyeron muchas fortalezas y edificaciones defensivas, en un tramo de la que posteriormente se comenzó a llamar la Raya Hispano-Portuguesa. Buenos ejemplos de la ingeniería militar de la época son los castillos de Luna, Mayorga y Azagala, en Alburquerque, el castillo de La Codosera, y el castillo de Piedrabuena, que fuera sede de la Orden de Alcántara, en las proximidades de San Vicente.

En aquellos tiempos no sólo se edificaron fortalezas y castillos. Del arte románico quedan muestras en la localidad de Alburquerque, con la iglesia de Santa María del Castillo o del Mercado adosada al flanco norte de la fortaleza. Este magnífico ejemplo arquitectónico sirve igualmente como muestra para reflejar otros estilos posteriores que tienen representación en la comarca, tales como el mudéjar y el gótico, como consecuencia de los retoques sucedidos tras los siglos.

Junto a estas manifestaciones artísticas y culturales asociadas al transcurso de los tiempos, los pueblos y sus gentes, la máxima manifestación del saber popular la encontramos hoy en la unión existente entre la naturaleza de la comarca serrana y los diferentes usos y costumbres humanos desarrollados con el paso de los siglos.

La arquitectura popular se manifiesta en pequeñas localidades fronterizas, como La Codosera, La Aceña de la Borrega, Alcorneo, en las que la pizarra es el elemento constructivo dominante, si bien las poco cuidadosas actuaciones urbanísticas llevadas a cabo con desorden tiempo atrás suponen un cierto grado de deterioro del paisaje rural. Otras muestras de arquitectura popular urbana se encuentran en los cascos urbanos de Alburquerque y San Vicente de Alcántara.

Los dos núcleos urbanos más importantes de la comarca, Alburquerque y, sobre todo, San Vicente de Alcántara, constituyen importantes centros artesanales de la región extremeña. Destaca especialmente el trabajo del corcho, con el que se elaboran todo tipo de materiales y objetos personales, desde suelos a paraguas, carteras, bolsos, etc. Algo relegados pero con cierta significación en el conjunto de la economía comarcal son también los trabajos realizados en piedra y los tejidos, bordados y cueros.

Respecto a la gastronomía, la comarca destaca por todo tipo de platos cocinados a partir de las carnes de cacería. Dado el buen estado de conservación de los montes y forestas, toda la sierra es un excelente marco para la práctica de la actividad cinegética, tanto en lo que se refiere a la caza mayor, ciervo, jabalí... como respecto a la caza menor, conejo, liebre, perdiz, paloma... más propia de los Baldíos y de las zonas despejadas. En Alburquerque se cocinan las croquetas de perdiz y las alubias con perdices. La Codosera destaca por el conejo a la cazadora y el emberzaó, un cocido hecho con berzas. Y en San Vicente de Alcántara son tradicionales las coles con buche y la pierna de jabalí al horno.

Para acabar conviene recordar algunos de los eventos culturales que se suceden en algunas de los localidades más importantes de la comarca. Por su interés folclórico destaca la peregrinación a la ermita de Nuestra Señora de Chandevila, que tiene lugar el 27 de mayo en las cercanías de La Codosera, y es una de las más importantes y populares romerías del oeste extremeño. También nombrar el interesante festival medieval que tiene lugar cada agosto en la localidad de Alburquerque, celebrado en el Castillo de Luna, actualmente Residencia Juvenil de la Junta de Extremadura.

RUTA 1
CASTILLO DE MAYORGA

DISTANCIA TOTAL: Aproximadamente 13 kilómetros.
DURACIÓN TOTAL: De 3 horas y 30 minutos a 4 horas.
TIPO DE MARCHA: Lineal.
TIEMPOS DE MARCHA: Alburquerque - Abrigo del Risco: 45 minutos. Abrigo del Risco - Los Tres Arroyos: 1 hora. Los Tres Arroyos - Dehesa Mayorga: 1 hora y 15 minutos. Dehesa Mayorga - Castillo de Mayorga - Regreso a la carretera de La Codosera: 1 hora.
DESNIVEL: 120 metros aproximadamente.
DIFICULTAD: Escasa.
TIPO DE CAMINO: Senda, camino y pista.
AGUA POTABLE: Sólo es posible conseguirla preguntando en las casas Dehesa Mayorga.
ÉPOCA RECOMENDADA: Todo el año, excepto el verano.
SUGERENCIAS: Llevar prismáticos. Sombrero en los días calurosos. Recolección de espárragos y setas, tanto en primavera como durante el otoño. Posibilidad de hacer otras rutas en el entorno, como el castillo de Azagala, y la ruta del embalse de la Peña del Águila. Todo el camino desde Alburqueque hasta la base del castillo es ciclable.
CONSERVACIÓN: Sin protección; próximo a la Zepa Sierra de San Pedro. Amenazas: incendios, repoblaciones forestales; creación de pistas; caza furtiva.
CARTOGRAFÍA: Hoja 727 escala 1:50.000 del S.G.E.

Para alcanzar el punto de inicio de esta ruta hemos de acercarnos por la circunvalación de Alburqueque hasta un merendero que queda a la izquierda de la carretera, cuando ya enfila la dirección noroeste, hacia San Vicente de Alcántara. Un camino ancho en los aledaños de la zona de recreo parte a unos 100 m, junto a unas casas enladrilladas, como inacabadas. Desde aquí mismo, en el inicio de la ruta, comenzamos a ascender caminando hacia el sureste hasta alcanzar un muro de piedra; entonces lo seguimos en paralelo sin sobrepasarlo, subiendo, para llegar a una vieja casa en ruinas que rodeamos por la derecha.

Circundamos así el primer risco de la alineación cuarcítica llamada Abrigo del Risco, un pequeño afloramiento rocoso que en épocas pretéritas dio

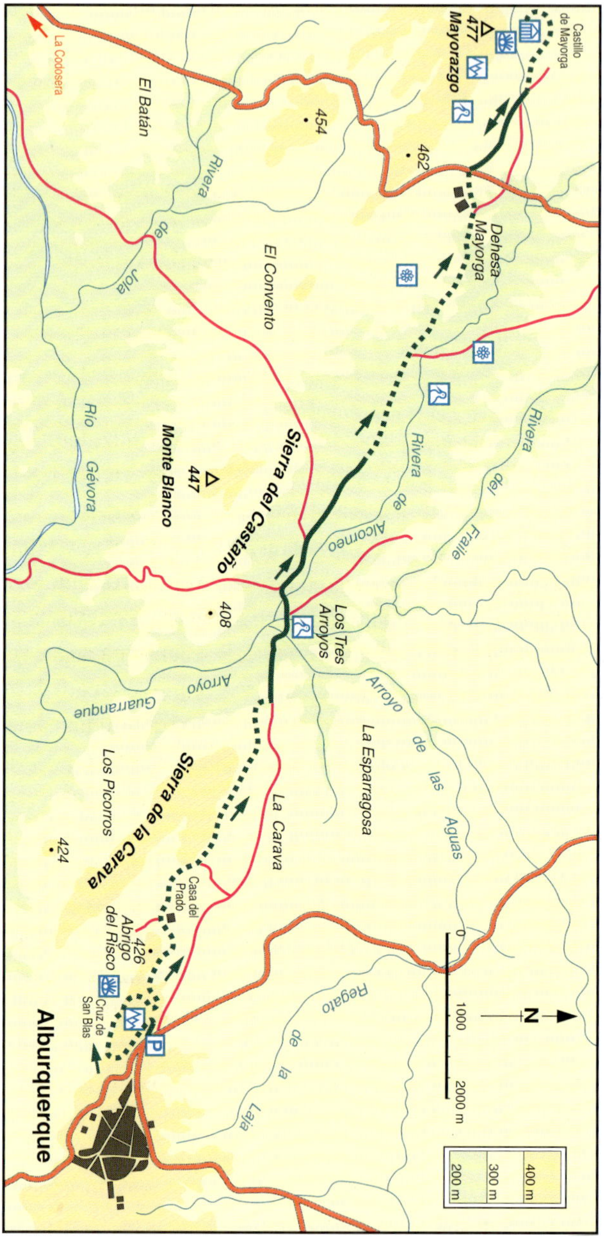

refugio a asentamientos primigenios en la zona, tal y como lo evidencian las pinturas rupestres halladas en un escondido enclave de la vertiente meridional del abrigo, hoy por hoy descuidadas y prácticamente perdidas. Una desagradable marca azul en una pared nos orienta sobre el lugar en el que se encuentran dichos vestigios. El entorno y las vistas de esta vertiente de solana son de gran belleza, paisaje alomado cuyos horizontes se perfilan con olivares y dehesas de encinas y alcornoques. En el abrigo, codesos, piornos, digitales, alcornoques y encinas salpican el roquedo.

Tras rodear el risco y alcanzar el

camino incial, tomamos la calleja que sale a la izquierda, partiendo desde la casa enladrillada. Caminamos inicialmente entre masas de quercíneas más o menos adehesadas, y posteriormente por algunas repoblaciones de eucaliptos, por una zona en la que se suceden algunas casas y pequeñas parcelas dedicadas al olivo. Más allá, cuando el camino se ensancha y tras dejar algunas cercas de piedra, cruzamos un pequeño castañar, fruto de pasadas plantaciones. Los riscos de cuarcita de la Sierra de la Carava jalonan nuestro caminar por la izquierda, ambientes rocosos ideales para la reproducción de algunas rapaces rupícolas, como el buitre leonado y el halcón peregrino. Llegados a una curva del camino que gira hacia el sur, nos desviamos a la derecha a través de jaras, piornos y un alto herbazal, para alcanzar una cancela (en su defecto una valla) que saltamos. Continuamos caminando por la izquierda sobre una amplia pista, hasta llegar a los sucesivos tres vados sobre el arroyo de las Aguas, y sobre las riveras del Fraile y de Alcorneo. El paisaje aquí no es especialmente atractivo, y sólo destacan algunas plantaciones de pinos jóvenes a nuestra izquierda, así como los escasos elementos leñosos de la ribera, fresnos, majuelos, tamujos, sauces arbustivos...

A 1 km desde el último vado tomamos el ramal de la derecha, que es ancho pero que tras cruzar un paso canadiense, como a 1,5 km más allá, atravesando herbazales y espacios abiertos con retamas, encinas, jaras y escobas, se convierte en camino, en una zona en la que la humedad del suelo se evidencia por la profusión con la que crecen algunos juncales. Unos cientos de metros más y cruzamos un regato estacional, dejando una vieja casa a la derecha. Luego continuamos hacia adelante obviando un cruce a izquierda y a derecha, para meternos en una bonita dehesa de encinas tras cruzar un nuevo paso canadiense. Todo el rato tenemos la rivera de Alcornero a nuestra derecha; pero al pasar un nuevo vado natural, en el que crecen abundantes las adelfas, nuestro camino se separa de la misma, y en ascenso se introduce más en la foresta adehesada, en la que dominan las encinas, pero también se disfrutan muestras de alcornoques.

Un nuevo paso canadiense; y a 1 km aproximado de éste, la entrada al cortijo de la Dehesa Mayorga. Un viejo tonel con flecha a la izquierda nos indica nuestra marcha, para alcanzar el cruce de la carretera La Codosera-San Vicente de Alcántara. Una vez cruzada la solitaria vía andamos unos 1,5 km, pasando sucesivamente dos pasos canadienses, un desvío a la izquierda y otro posterior a la derecha, ambos obviados. Finalmente llegamos a la base de la fortaleza, junto a una cancela abierta y una vieja zahurda. Contemplamos el castillo de Mayorga dominando el pequeño valle de la rivera de Alcorneo, protegido por un estrecho barranco en su mitad occidental que está porticado con un gran risco y una cueva en su parte superior. La subida sólo nos llevará 15 minutos escasos, el último trecho que nos separa de admirar las bellas vistas que se dominan desde lo alto. Tras un terreno ralo y pelado, remontamos la pendiente entre labiérnagos, jaras pringosas, torviscos, madroños, acebuches, alcornoques, encinas, escobas, codesos, cantuesos, clavellinas... que se espesan según ganamos altura. Alcanzamos las ruinas de la fortaleza en las que una especial atmósfera ancestral nos envuelve, tal y como transmiten todas las huellas de culturas del pasado. Tras relajarnos, contemplar el paisaje y las peculiares parcelas de cultivo en las laderas del barranco occidental, así como el vuelo de alguna rapaz, sólo nos queda regresar hasta el cruce de la carretera de La Codosera, nuestro destino final.

Una imagen de la colonia de cigüeñas comunes en la dehesa Mayorga.

RUTA 2
CAÑADA RIVERA DE ALBARRAGENA

Distancia total: Aproximadamente 23 km (17 km si se opta con seguir el itinerario 3).
Duración total: De 6 horas a 6 horas y 30 minutos.
Tipo de marcha: Ida y vuelta (posibilidad de unir con el itinerario 3: linial).
Tiempos de marcha: Inicio pk 13 - Puente de Albarragena: 2 horas. Puente de Albarragena - Cortijo Las Cabezas: 1 hora y 30 minutos. Cortijo Las Cabezas - Embalse de la Peña del Águila: 30 minutos (la opción de unir con la Ruta 3: Cortijo Las Cabezas - Castillo de Azagala: 45 minutos).
Desnivel: 120 metros aproximadamente.
Dificultad: Media (por la larga distancia a caminar)
Tipo de camino: Cañada, camino.
Agua potable: Pozo en el vado del regato de la Verda Colorada (si bien conviene comprobar su calidad, por falta de saca habitual); también pueden atendernos en el cortijo Las Cabezas.
Época recomendada: Todo el año, excepto el verano.
Sugerencias: Llevar prismáticos. Sombrero en días calurosos. Recogida de setas y espárragos tanto en primavera y el otoño. Posibilidad de unir con ruta 3 contactando previamente con José Manuel, del cortijo Las Cabezas, en el tel. 924 141 050. Ciclabe la mayor parte del recorrido.
Conservación: La parte final del recorrido se integra en la Zona de Especial Protección para las Aves, ZEPA, "Sierra de San Pedro". Principales amenazas: incendios y repoblaciones forestales; proliferación de pistas; uso de cebos envenenados...
Cartografía: Hojas 727 y 728 escala 1:50.000 del S.G.E.

El inicio de esta larga ruta se encuentra a la altura del punto kilométrico 13 de la carretera Alburquerque-Herreruela, justo antes de pasar el puente sobre la rivera de Albarragena. Caminamos por la margen izquierda cercanos al agua, por pastizales y juncales que crecen allá donde existe cierta influencia de la humedad en el suelo. La vegetación leñosa de la ribera ha desaparecido por la actividad humana, pero nos rodean dehesas abiertas en las que se alternan manchas de encinas, predominantes sobre las de alcornoques. A algo más de 1 km dejamos un ramal a la izquierda mientras continuamos el paseo entre las quercíneas; tras otro km más de marcha dejamos un ramal a la derecha y vadeamos la rivera

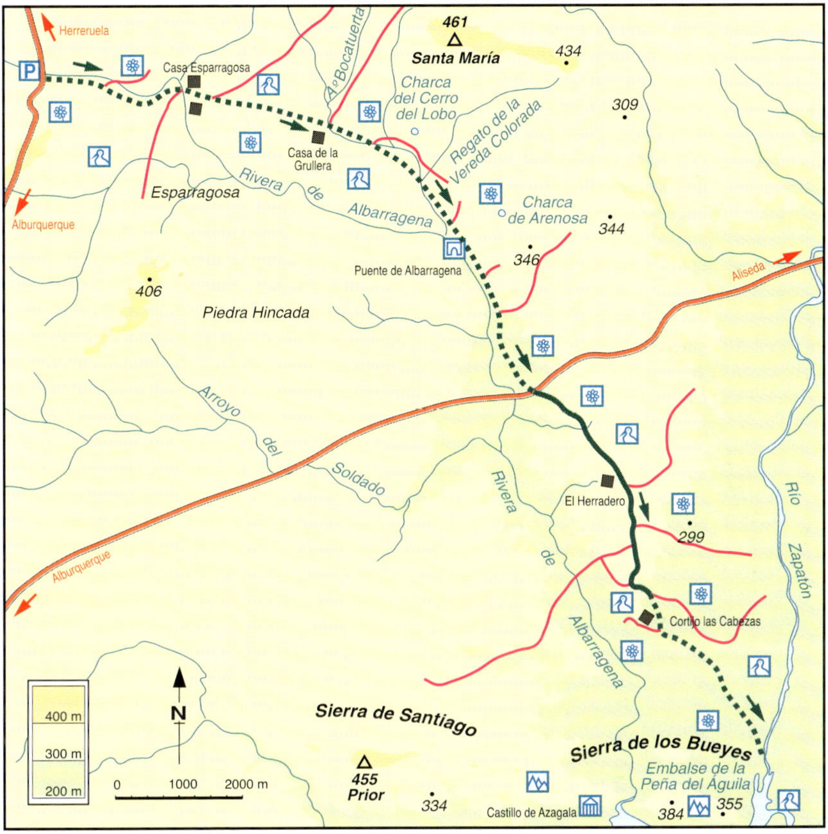

en la dehesa Esparragosa por un paso canadiense, y algo más allá dejamos a ambos lados del camino diferentes casas. Aquí la cañada discurre delimitada por un muro de piedra bien conservado, separando la vía pecuaria de las dehesas de ganado bravo. Hacia el norte, a la izquierda de nuestra marcha, contemplamos las alineaciones cuarcíticas de la Sierra de San Pedro, en buena medida recubiertas de vastas plantaciones de eucaliptos que tanto han transformado los territorios extremeños.

Tras otro paso canadiense el muro que seguiamos queda a la derecha. Algunas parcelas de dehesas aparecen ahora dedicadas al ganado porcino, y en algunos rudimentarios apriscos cercados podemos observar piaras numerosas del preciado cerdo de pata negra. Un paso canadiense más para llegar a un ramal de la cañada, que dejamos a nuestra izquierda; a la derecha queda la casa de la Grullera, nombre que con toda seguridad tiene algo que ver con la presencia otoñal durante siglos de las grullas por estos parajes adehesados. Caminamos ahora paralelos al arroyo Bocatuerta, que volvemos a cruzar tras pasar otro paso canadiense y dejar un ramal a la izquierda. Durante primavera y verano es fácil observar a muchos abejarucos sobrevolando este tramo del arroyo, cuyas terrosas márgenes facilitan el asentamiento de sus colonias de cría excavadas en los taludes.

Cruzamos otros dos pasos canadienses y dejamos unas ruinas a nuestra izquierda, continuando el camino entre las dehesas que, ahora con más frecuencia, presentan cierta cobertura leñosa en el sotobosque, así como mayor número de pies arbóreos. Vadeamos el regato de la Verda Colorada; a la derecha de este lugar existe un pozo con agua potable, si bien comprobaremos su calidad antes de consumirla. Vamos por la orilla izquierda del regato, cubierto a tramos por adelfas, tamujos, fresnos y sauces arbustivos, hasta poco antes de su salida a la rivera de Albarragena. Desde aquí, y tras dejar un ramal a la izquierda, alcanzamos el viejo puente que cruza el curso, una bella construcción rústica utilizada como vía pecuaria enclavada en un magnífico entorno de dehesas con retamas y berrocales. No será difícil que sorprendamos a los galápagos leprosos tomando el sol en alguna piedra desde la que se lanzan al agua al más mínimo peligro detectado. Con más problemas debemos contar si pretendemos descubrir a la nutria, residente en estos cursos aislados de las molestias humanas, pero sin duda más esquiva.

Caminamos 2 km por la margen de la rivera, al inicio próximos al curso, más tarde algo alejados, y dejamos algunos ramales que salen a la izquierda. La cañada aquí se muestra con total plenitud, un claro herbazal que funciona como corredor natural para la trashumancia y los movimientos de la fauna terrestre. Salimos finalmente a la altura del pk 55 de la carretera Aliseda-Alburquerque, que cruzamos atentos al posible tráfico. Continuamos por la ancha y herbosa vía ganadera, sobre la que el tránsito de animales, personas y vehículos ha abierto un carril que serpentea en la superficie de la cañada. Algún paso canadiense y cancela, y una casa a la derecha son las referencias que encontramos en los 2 km siguientes. Luego dejamos un ramal a la derecha primero, y otro a la izquierda después, hasta que alcanzamos otro paso de la finca El Herradero.

Puente sobre la rivera de Albarragena

Para llegar al cortijo de Las Cabezas desdeñamos un nuevo ramal a la derecha, que atraviesa una valla, y otro a la izquierda algo más allá. Al llegar nos sorprende la abundante colonia de cigüeñas blancas que se ha formado en unos cuantos árboles de los alrededores del cortijo, más de 30 nidos que con toda seguridad estarán ocupados si realizamos nuestra marcha en primavera. Aquí vive José Manuel, el guardés de la finca, con quien debemos concertar la posibilidad de cruzar al otro lado de la rivera, para ir al castillo de Azagala y seguir por el itinerario 3. Para alcanzar el embalse debemos dejar el cortijo a la derecha (a la izquierda si vamos al castillo). Tras media hora entre suaves lomas pobladas de encinas y alcornoques llegamos a alcanzar la masa de agua embalsada, lugar de refugio invernal de diversas aves acuáticas. Para la vuelta hemos de regresar al cruce de la carretera Aliseda-Alburquerque, lugar en el que finaliza este largo itinerario pecuario.

RUTA 3
CASTILLO DE AZAGALA

DISTANCIA TOTAL: Aproximadamente 24 km (la mitad si se une con el itinerario 2).
DURACIÓN TOTAL: De 6 a 7 horas.
TIPO DE MARCHA: Ida y vuelta (posibilidad de unir con el itinerario 2: lineal).
TIEMPOS DE MARCHA: Plaza de toros de Alburquerque - Arroyo de las Hoyas: 2 horas. Arroyo de las Hoyas - Castillo de Azagala: 1 hora. Castillo de Azagala - Alburquerque: 3 horas.
DESNIVEL: 150 metros aproximadamente.
DIFICULTAD: Media, por la distancia.
TIPO DE CAMINO: Pista, camino y senda.
AGUA POTABLE: A unos 4 kilómetros del inicio existe un estanque con fuente; y 2 kilómetros más allá, en un recodo del camino, un pozo junto a un limonero y un naranjo.
ÉPOCA RECOMENDADA: Todo el año, excepto el verano.
SUGERENCIAS: Es importante contactar con Casimiro Comerón Comerón (689 846 557) antes de la ruta. Llevar prismáticos. Sombrero en los días calurosos. Recolección de espárragos y setas, tanto en primavera como durante el otoño. Posibilidad de hacer otras rutas en el entorno, como el castillo de Mayorga, o unir con la ruta 2. Ciclable en su práctica totalidad.
CONSERVACIÓN: La parte final del recorrido se integra en la Zona de Especial Protección para las Aves, ZEPA, "Sierra de San Pedro". Principales amenazas: incendios y repoblaciones forestales; proliferación de pistas; uso de cebos envenenados...
CARTOGRAFÍA: Hojas 727 y 728 escala 1:50.000 del S.G.E.

Iniciamos este nuevo itinerario en la llamativa plaza de toros de Alburquerque, en dirección este. Tras andar unos pocos metros por la calle salimos por el camino de cemento a la izquierda de un viejo pozo encalado. A unos 200 m, donde la señal del hotel rural, cogemos la pista de la derecha. Caminamos un trecho entre lomas en las que se suceden los huertos familiares del inicio con las dehesas de encinas y alcornoques.

Los tres primeros kilómetros del recorrido transcurren en un suave paisaje modelado por la acción humana, durante el que dejamos a ambos lados distintas casas, así como alguna cancela que otra. Todo este tramo observamos al sur los abundantes eucaliptos que crecen en las laderas y las crestas cuarcíticas de la sierra del Puerto del Centinela. La pista continua así sin mayores complicaciones: a unos 300 metros optamos por el ramal de la izquierda en

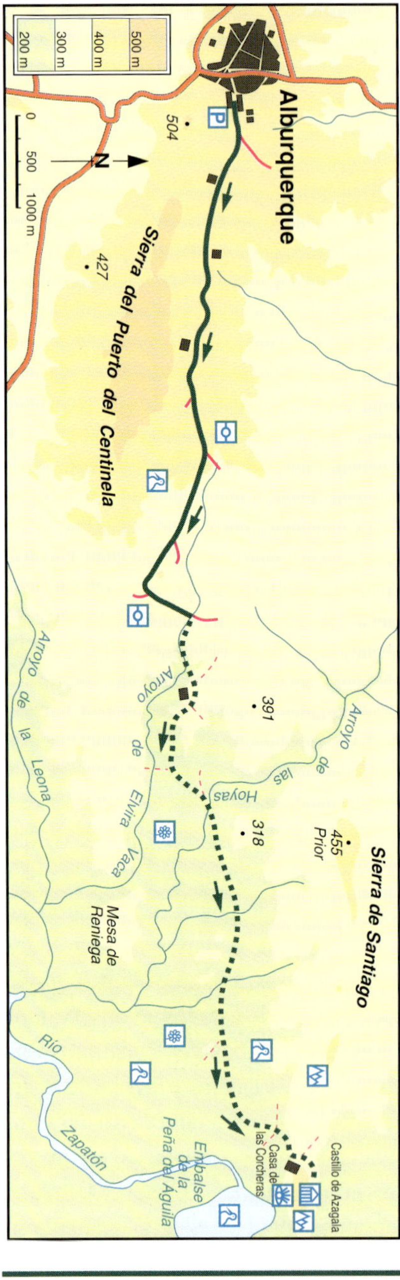

un cruce; y unos 500 más allá descubrimos un pequeño estanque con una fuente en la que rellenamos las cantimploras, a nuestra izqda; y algo más allá un nuevo cruce en el que obviamos el ramal izquierdo. En el recorrido se salpican las flores de escobas amarillas y blancas junto con las de las jaras, hasta que las dehesas comienzan a abrirse, preparadas para el uso ganadero y, en menor medida, para el cultivo.

Tras dejar un cortijo ganadero primero, y un nuevo ramal a la izquierda después, la pista alcanza una encrucijada mayor en la que realizamos un giro de prácticamente 180 grados, dejando una casa a nuestra derecha. El atractivo conjunto de pozo, naranjo y limonero allí establecidos hacen que nos detengamos por unos minutos para descansar y reponer fuerzas, al amparo de la sombra. Remontamos la subida y a unos 200 metros del cruce cogemos el ramal de la derecha. Luego dejamos un cobertizo a la izquierda, y algo más allá vadeamos un arroyo, optando por el ramal de la derecha que sigue al pequeño cauce. Tras un nuevo vadeo llegamos a otra bifurcación en la que elegimos el camino de la derecha. Más tarde dejamos otros cobertizos a la derecha, y seguidamente alcanzamos una casa rodeada de eucaliptos. Todo este tramo del camino observamos como decorado de fondo extensas plantacio-

El Castillo de Azagala domina el embalse de la Peña del Águila

nes de eucaliptos, así como otras parcelas desnudas de vegetación tras la tala del arbolado industrial. Desde la casa seguimos camino en paralelo a una valla; después de un km aproximado, dejamos dos ramales a la derecha sucesivos, para desembocar finalmente en un camino principal tras vadear el arroyo de las Hoyas. Cogemos a la derecha, dejando a la izquierda de nuestro caminar un denso eucaliptal con jara pringosa incluido dentro de un gran mallado cinegético. El recorrido sigue la valla algo más de 1 km y desemboca en una cancela que cruzamos. Es el lugar en el que comienza a cambiar el paisaje vegetal, poblándose ahora las lomas y crestas de matorrales y un denso alcornocal de aspecto adehesado, hacia las zonas de suaves pendientes. Estos terrenos forestales ocupando características sierras de naturaleza cuarcítica se encuentran incluidos dentro de la Zepa "Sierra de San Pedro", debido a su importancia para algunas aves de gran interés, como el águila imperial, la cigüeña negra, el alimoche, el buitre negro... También moran aún en estas formaciones mediterráneas algunos de los pocos linces que perviven en territorio extremeño.

Desde la cancela nos queda ya muy poco para alcanzar el castillo de Azagala. A medio km dejamos una vieja zahurda a la izquierda; otros 500 m más allá dejamos un ramal a la derecha; otro rato de caminata similar nos lleva a una cancela y un muro derruidos para, finalmente, a unos 200 m dejar ambos ramales del cruce, enfilando nuestro paso hacia la llanada adehesada y el risco que domina el castillo. Desde aquí observamos maravillados las orillas del embalse de la Peña del Águila, pobladas de dehesas de encinas, a las que suceden los alcornoques según se asciende por las laderas de la Sierra de Santiago, en cuyas zonas más elevadas crecen matorrales densos y se observan las rocas cuarcíticas desnudas. A unos 700 m del último cruce, tras pasar un cartel de advertencia («camino particular / prohibido el paso»), comenzamos a subir. Tras unos 10 min de repecho alcanzamos la casa de las Corcheras, y unos minutos más allá, a la derecha, entre aladiernos, acebuches y majuelos, llegamos a la entrada del castillo, que por temporadas está habitado. Veremos sus alrededores y las magníficas vistas sobre el embalse de la Peña del Águila, aguas adecuadas para observar algunas anátidas, garzas y cormoranes, principalmente durante el invierno. Para el regreso utilizamos el mismo largo camino de vuelta. Con paciencia y disfrutando de estos genuinos paisajes mediterráneos...

LLANOS Y VEGAS DEL GUADIANA

Aspectos ambientales

A lo largo de buena parte de la mitad norte de la provincia de Badajoz el río Guadiana baña de este a oeste unas fértiles vegas muy ricas para la agricultura. A ambos lados el valle está jalonado por suaves montañas y lomas cubiertas de dehesas y pastizales, unos llanos que suponen la transición hacia las Sierras Centrales Extremeñas, por el norte, la Tierra de Barros y las dehesas y sierras de Sierra Morena, hacia el sur.

La comarca se extiende desde las Vegas Altas del Guadiana, hasta las Vegas Bajas y la Raya Hispano-Portuguesa, en un recorrido por el que se suceden las explotaciones agrícolas de regadío, y a cuyos lados se adivinan dehesas de encinas y alcornoques en diferente estado de conservación. En su discurrir hacia poniente el río Guadiana se va ensanchando según atraviesa las viejas ciudades de Mérida y Badajoz para, en este tramo final, girar hacia el sur, cuando se prepara para atravesar la amplia franja de lomas y sierras que forman, más al sur, las estribaciones occidentales de Sierra Morena.

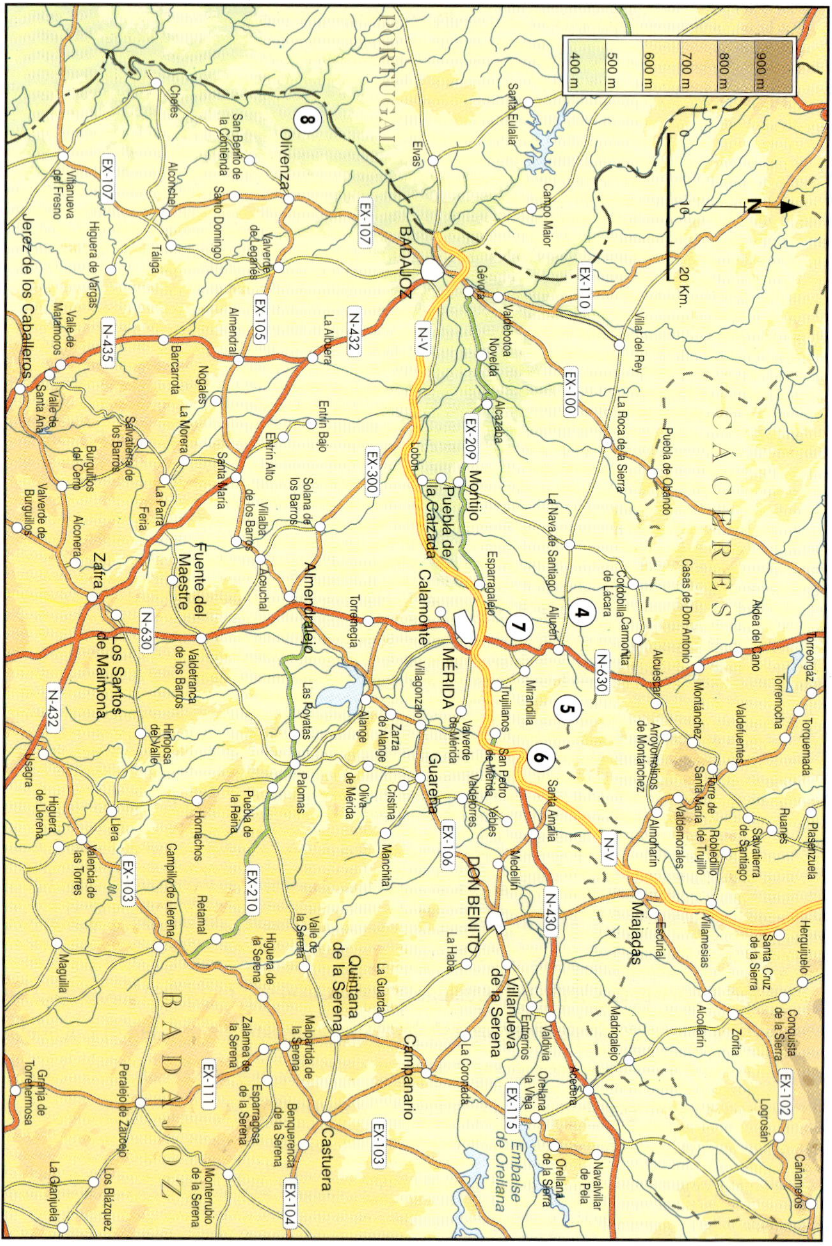
900 m
800 m
700 m
600 m
500 m
400 m
0
10
20 Km.
N
PORTUGAL
CÁCERES
BADAJOZ
BADAJOZ
MÉRIDA
DON BENITO
Villanueva de la Serena
Olivenza
Jerez de los Caballeros
Zafra
Los Santos de Maimona
Fuente del Maestre
Almendralejo
Montijo
Puebla de la Calzada
Calamonte
Guareña
Miajadas
Quintana de la Serena
Campanario
Castuera
Embalse de Orellana
Elvas
Campo Maior
Santa Eulalia
Cheles
Alconchel
Táliga
Villanueva del Fresno
Higuera de Vargas
San Benito de la Contienda
Santo Domingo
Valverde de Leganés
Valle de Matamoros
Valle de Santa Ana
Barcarrota
Almendral
La Albuera
Nogales
La Morera
Salvatierra de los Barros
Burguillos del Cerro
Valverde de Burguillos
Alconera
La Parra
Feria
Santa Marta
Entrín Alto
Entrín Bajo
Solana de los Barros
Villalba de los Barros
Aceuchal
Torremegía
Lobón
Gévora
Valdebotoa
Novelda
Alcazaba
Esparragalejo
La Nava de Santiago
Villar del Rey
La Roca de la Sierra
Puebla de Obando
Carmonita
Cordobilla de Lácara
Aljucén
Mirandilla
Trujillanos
Casas de Don Antonio
Alcuéscar
Aldea del Cano
Torreorgaz
Torremocha
Torrequemada
Valdefuentes
Montánchez
Arroyomolinos de Montánchez
Torre de Santa María
Robledillo de Trujillo
Salvatierra de Santiago
Ruanes
Plasenzuela
Valdemorales
Almoharín
Villamesías
Escurial
Herguijuela
Santa Cruz de la Sierra
Conquista de la Sierra
Zorita
Alcollarín
Madrigalejo
Logrosán
Cañamero
Navalvillar de Pela
Orellana de la Sierra
Orellana la Vieja
Acedera
Valdivia
Entrerríos
Medellín
Santa Amalia
San Pedro de Mérida
Valverde de Mérida
Yelbes
Valdetorres
Villagonzalo
Zarza de Alange
Alange
Las Poyatas
Oliva de Mérida
Cristina
Manchita
Palomas
Puebla de la Reina
Hornachos
Retamal
Valdetravia de los Barros
Hinojosa del Valle
Usagre
Higuera de Llerena
Llera
Valencia de las Torres
Campillo de Llerena
Maguilla
Valle de la Serena
Higuera de la Serena
La Haba
La Guarda
La Coronada
Malpartida de la Serena
Zalamea de la Serena
Esparragosa de la Serena
Benquerencia de la Serena
Peraleda de Zaucejo
Granja de Torrehermosa
Monterrubio de la Serena
Los Blázquez
La Granjuela
N-V
N-432
N-435
N-630
N-430
EX-100
EX-102
EX-103
EX-104
EX-105
EX-106
EX-107
EX-110
EX-111
EX-115
EX-209
EX-210
EX-300
4
5
6
7
8

Tal y como es hoy la comarca de los Llanos y Vegas del Guadiana, ésta se muestra como un gran zócalo antiguo, de origen Paleozoico, completamente recubierto como consecuencia de los depósitos de materiales sedimentarios, exclusivamente de origen continental, acaecidos durante el devenir de los tiempos geológicos. Dentro de estos materiales sedimentarios están los materiales terciarios que afloran en algunos lugares de las Vegas Altas y Bajas, materiales que originan escasas muestras de suelos arcillosos con intrusiones calcáreas. Los materiales pliocenos tienen una magnífica representación en la porción oriental de la comarca, también en las Vegas Altas del Guadiana. Están formados por materiales ligeros, posiblemente procedentes de zonas graníticas próximas, como la Sierra de Montánchez y las serretas del Valle de La Serena. También adquieren forma de rañas, estrechas llanuras encajadas en una matriz de arcillas y arenas rojas. Los depósitos cuaternarios prevalecen a lo largo del valle, representados por terrenos aluviales ligados a las zonas de llanura de inundación y terrazas; a los lados de la depresión, en los llanos y en los piedemontes serranos, aparecen otros depósitos, en este caso coluviales, como son los rañizos, los derrubios de laderas y los canchales y pedreras, generalmente de origen cuarcítico.

La climatología de la comarca está marcada por la orientación este - oeste del valle del Guadiana, dentro de la consideración de un clima templado de características mediterráneas atemperadas por la acción benefactora que ejerce el valle. Las zonas más interiores (orientales) manifiestan características continentales más notorias que se traducen en una mayor sequedad ambiental, menores precipitaciones y valores más extremos de las temperaturas. Según se produce una aproximación hacia la porción occidental de la comarca, estas condiciones se atemperan, sobre todo a partir del tramo en el que el río abandona su dirección y enfila el sur.

A partir de las relaciones que se establecen entre los valores climáticos, muy particularmente los de las temperaturas y las precipitaciones de una región, y la distribución de los seres vivos en la misma, más concretamente la de las comunidades vegetales, se establece que la comarca de los Llanos y Vegas del Guadiana queda incluida dentro del piso bioclimático conocido como *piso mesomediterráneo.* En este territorio particular este piso se correspondería con un tipo de vegetación dominado por las formaciones mediterráneas de carácter esclerófilo, compuestas principalmente por la encina, y con mayor presencia del alcornoque según se incrementa la humedad ambiental (es decir, hacia el oeste). En determinados enclaves, principalmente de la zona oriental, en los suelos de las rañas y rañizos, también podrían tener cierta representación los quejigares.

Los suelos de la comarca presentan característica afines, entre otros motivos debido a la uniformidad del sustrato que los soporta. Aún así presentan diferencias acusadas en zonas en las que aparecen salvedades del sustrato soporte, como consecuencia de cambios topográficos y otros condicionantes físicos, así como por la mayor o menor presencia de cobertura vegetal. En cualquier caso se distinguen claramente aquellos suelos de vega, en su mayoría *aluvisoles,* de importante carácter agronómico, y que actualmente están ocupados por regadíos diversos en su totalidad. Destacan las producciones de maíz, soja, arroz, espárrago, etc., siempre en los terrenos de vega del Guadiana y los tramos bajos de sus afluentes. Una paricularidad dentro de estos suelos resultan ser las rañas pliocuaternarias de las llanuras de inundación de ríos como el Lácara y el Gévora.

Por otro lado, los terrenos alomados que forman los llanos del Guadiana acogen otros tipos de sustratos edáficos, muy diversos según la naturaleza del material soporte. Así, en los piedemontes de las alineaciones cuarcíticas, más alejadas del valle, se forman suelos coluviales, o sea, en origen procedentes de la erosión de crestas y laderas. En terrenos formados sobre rocas plutónicas, como el granito, se crean las conocidas tierras pardas meridionales, suelos empobrecidos, muchos de ellos pedregosos, que soportan a lo sumo pastizales ganaderos poco diversos en especies pascícolas.

La hidrografía de la comarca está marcada por la presencia del río Guadiana que la recorre transversalmente, un río que tras dejar los Campos de Calatrava y los Montes de Toledo, atraviesa la comarca de Los Embalses - La Siberia, para entrar en las Vegas Altas aún sin estar del todo formado. Es a partir de aquí cuando comienza a recibir aportes de subsidiarios, los de la margen derecha con cierta importancia de caudales, caso del Ruecas, y más al oeste el Búrdalo, el Aljucén y el Gévora; y los de la margen izquierda, de menor entidad en general, salvo el Zújar: el Ortigas, el Guadamez y el Matachel.

El valle del Guadiana se va ensanchando a lo largo de todo este tramo medio del río, en un discurrir lento y a menudo sinuoso que deja a su paso amplias llanuras de inundación. Baña las aguas de ciudades históricas, como la Mérida romana y el Badajoz morisco, en este lugar comienza un giro de noventa grados y las aguas se preparan para su discurrir final, hacia el sur. El río se despide de la comarca de los Llanos y Vegas del Guadiana al alcanzar las dehesas del suroeste extremeño, allá por la localidad de Cheles.

Como ya se comentó con antelación, el paisaje vegetal de este territorio se correspondería con la presencia de importantes masas forestales de quercíneas, principalmente encinares, pe-

Acueducto de los Milagros, Mérida

ro también quejigares –hacia el este– y alcornocales –hacia el oeste–. Sin embargo, este paisaje está hoy muy alterado, tal y como se ha dicho previamente, como consecuencia del desarrollo de la agricultura y la generación de pastos ganaderos, y más acorde con las economías actuales, por el desarrollo de modernas explotaciones de regadío, infraestructuras urbanísticas, industriales, hidráulicas, viarias...

Pocos son los vestigios de estos bosques que perviven en las zonas bajas de la comarca. Para encontrar ciertas masas de interés, en todo caso adehesadas, tendremos que alejarnos de la vega, hacia zonas donde la calidad de los suelos y las condiciones topográficas no han favorecido la instalación agraria. Son también destacables en este paisaje la profusión de matorrales, esencialmente jarales y escobonales. Finalmente, hacia la porción occidental de la comarca, y sobre todo en el discurrir del río hacia el sur, la presencia de las dehesas se incrementa, así como su cobertura y diversificación, dando paso la encina al alcornoque en muchos enclaves.

El caso de los bosques de ribera no difiere mucho de lo comentado para el resto del territorio. Desde el inicio de las Vegas Altas hasta más allá de la ciudad de Badajoz, la presencia de vegetación ribereña natural es prácticamente inexistente. Sin embargo se aprecian importantes alineaciones de eucaliptos australianos que dan cobertura al río. Aquí y allá también se distinguen algunos fresnos, álamos y sauces, principalmente en algunas islas fluviales instaladas en medio del cauce, especies que constituirían la vegetación de antaño.

Otros tipos de vegetación que pueden encontrase asociadas a las zonas de ribera son las alisedas de los tramos medios y bajos de ríos como el Gargáligas y el Ruecas, en la zona de las Vegas Altas (si bien están igualmente esquilmados); los tamujares propios de los cursos estacionales; los juncales ligados a enclaves con humedad edáfica; los carrizales y espadañales ligados a zonas someras de las orillas; etc.

Respecto a la fauna, básicamente tres son los medios reconocibles a lo largo y ancho de la comarca. De gran importancia para los animales en general, y muy especialmente para la avifauna, son las riberas de los ríos, en especial las del Guadiana. A pesar de estar sometidas a presiones diversas, tales como la agricultura, la deforestación y la introducción de especies exóticas, las obras de las explotaciones extractivas tipo graveras y areneras, etc., el medio ripario mantiene su importante efecto imán para las aves, entre las que sin lugar a dudas destaca la comunidad de garzas, algunas de cuyas mayores colonias españolas se instalan en tramos del río, sobre todo por el embalse de Montijo, y aguas abajo de Badajoz.

Ligado a las riberas se encuentra el medio acuático. La cuenca del Guadiana se ha caracterizado por tener una ictiofauna muy particular, un hecho que desde hace décadas se ha alterado por la introducción de peces e invertebrados no nativos que compiten con la fauna autóctona, la colocación de barreras en las aguas que impiden el normal desplazamiento de las especies migradoras, la alteración del medio fluvial por la presencia de explotaciones de áridos, la contaminación de las aguas, etc. Actualmente son tramos más o menos conservados del río Guadiana, así como lugares de confluencia de éste con alguno de sus subsidiarios, los que conservan las mejores condiciones para la vida acuática, entre la que cabe igualmente destacar la presencia del mamífero más emblemático de este medio, la nutria.

Finalmente, las zonas alomadas colindantes con la propia vega constituyen el ejemplo que mejor muestra el ambiente mediterráneo de la comarca. A pesar de su marcada manipulación por la mano del hombre, los matorrales densos, las formaciones adehesadas, los enclaves húmedos de las vaguadas de arroyos y regatos, los llanos cubiertos de pastizales, constituyen todos medios diversos que adquieren gran importancia para el desarrollo de los diferentes procesos ecológicos. Así, muchas zonas son utilizadas por las especies para reproducirse, caso de los encharcamientos estacionales y las balsas por parte de anfibios y reptiles; las zonas despejadas y los enclaves adehesados son usados por las aves rapaces como territorios de campeo; también hacen igual muchas especies de carnívoros que se ocultan durante el día en los rodales de arbolado más densos y en los pequeños asomos rocosos de lomas y colinas.

Aspectos socioculturales

Dada su extensión y la influyente acción que sobre los distintos pueblos ha tenido el río Guadiana a lo largo de los tiempos, la comarca de los Llanos y Vegas del Guadiana constituye el territorio con mayor riqueza artística de todos cuantos forman la provincia de Badajoz. En los abrigos naturales de las sierras próximas y a la orilla de la arteria fluvial, se asentaron la mayoría de las culturas que acontecieron en el devenir histórico de la Península Ibérica, desde las sociedades prehistóricas hasta la actualidad, en la que se mantiene la ubicación de los dos núcleos urbanos más importantes, Badajoz, la capital provincial, y Mérida, la capital autonómica, a la vera del río.

Una buena muestra de las civilizaciones prehistóricas que convivieron en la comarca se encuentra en el Museo Arqueológico Provincial, museo que también enseña muchos otros hallazgos arqueológicos de toda la provincia, llegando las muestras hasta el s. XVI. Los yacimientos se extienden de este a oeste por localidades diversas como Rena, de donde procede un ídolo del III milenio a. de C., Medellín, abrigos naturales con pinturas rupestres de la Edad del Bronce en La Zarza y Alange, Mérida, abrigos de la Sierra de Arroyo de San Serván, etc. Pero sin duda alguna, una de las principales huellas dejadas por aquellos primeros habitantes de la comarca es el dolmen de Lácara, al norte de Mérida, que representa uno de los mejores ejemplos de enterramiento de corredor en la región.

A pesar de existir otras huellas dejadas por los romanos en la comarca, caso de la mansión romana de Medellín y las termas de Alange (hoy un balneario declarado Monumento Nacional), sin duda es la ciudad de Mérida, la *Emérita Augusta* romana, y su entorno próximo, declarada hoy Patrimonio de la Humanidad, la que mantiene una de las mayores colecciones de restos romanos de toda la península. La vieja ciudad, que fuera capital de la provincia romana de *Lusitania,* alberga hoy interesantes sistemas de abastecimiento de aguas, con presas aún funcionales, como las de Proserpina y Cornalvo (esta última incluida dentro del Parque Natural de idéntico nombre), acueductos como el de Los Milagros y el de San Lázaro, además de un teatro, un anfiteatro, un circo, casas palaciegas, templos, etc. La situación de la ciudad en plena Vía de la Plata supuso también la construcción de puentes para salvar ríos y arroyos, siendo la muestra del puente romano sobre el Guadiana la más impresionante de todas.

Si bien la época hispano-visigoda no dejó muchos rastros notorios en la comarca ligada al río Guadiana, algunos de los pocos encontrados pueden observarse en el Museo de Arte Visigodo de Mérida, la llegada del mundo islámico si condujo a un importante auge de algunas ciudades pacenses, e incluso fue la misma Badajoz en la que se creó un poderoso reino taifa tras la decadencia de la dinastía Omeya en *Al-Andalus,* allá por el siglo XI. Otras importantes citas con el arte islámico de la época, principalmente en forma de ingeniería militar, son las alcazabas de Mérida y Badajoz, y los castillos de Medellín y Alange.

La evolución del estilo arquitectónico posterior a la época musulmana deja huellas de su pasado más escuetas por el territorio de la comarca. Para finalizar con este repaso por la historia citar los restos románicos escasos, vestigios en algunas iglesias de Mérida y Medellín, y el estilo mudéjar que queda reflejado en localidades como Palomas, Alange, Lobón y Badajoz.

Recordar también el dato histórico que representa el nacimiento de uno de los más grandes conquistadores de las Américas en Medellín, Hernán Cortés, en 1485. Y la historia más reciente ilustrada por las luchas fronterizas en la raya hispano-portuguesa, de cuya máxima expresión es la localidad de Olivenza, la llamada Guerra de los Naranjos y el Tratado de Badajoz, que supuso a principios del siglo XIX la anexión definitiva de las tierras de la margen izquierda del río Guadiana a España.

La manifestación del saber de los pueblos y gentes de la comarca no tiene hoy una imagen reflejada en la arquitectura popular, completamente transformada respecto a sus orígenes hasta el punto de prevalecer hoy un tipo arquitectónico muy rústico pero moderno, en los pueblos ligados a las tierras agrícolas de la vega, muchos impulsados y construidos hace escasas décadas a raíz de la puesta en práctica del Plan Badajoz de regadíos.

Por el contrario, la artesanía, la gastronomía y otros rasgos característicos del folclore popular mantienen aún viva su esencia. Los trabajos manuales tienen hoy cierta importancia, e incluso se encuentran en auge, en muchas localidades de la comarca. Destacan las labores alfareras y cerámicas de Mérida y Olivenza; la cestería y la carpintería de Don Benito y Badajoz; el trabajo de la piel y el cuero en Mérida...

El saber gastronómico se diversifica mucho entre unas localidades y otras de la comarca. Así, en los pueblos y ciudades ribereños se consume mucho producto que genera la rica huerta. Cabe destacar algunos platos fríos como gazpachos y ensaladas, que suelen acompañarse con carnes procedentes de la caza menor o con peces de río: gazpacho de conejo en Mérida; pisto de peces en Medellín; ajo de calabaza en Don Benito; etc. Los platos de caza son más habituales en las cocinas de la porción occidental de la comarca, caso del arroz con liebre y el jabalí al horno de Badajoz, aunque también tienen cabida los peces de río, como el afamado ajo de peces de Cheles. Resaltar finalmente el interés culinario de la porción fronteriza, en el que Olivenza juega un papel predominante, ya que conjuga los saberes de las cocinas española y portuguesa. Muestra de este recetario es el frite de guarrino, el cazón en verde, los guisos de bacalao, y dulces como el mazapán y la *técula-mécula.* Tampoco faltan los buenos vinos en la comarca, siendo la zona de Don Benito la más rica en caldos.

Acabar este repaso superficial por los valores culturales y folclóricos de la comarca reseñando algunos eventos y celebraciones, entre los que destacan el festival de verano de teatro, en Mérida, y el carnaval de Badajoz, una fiesta de interés turístico regional que se ha mantenido con la misma ilusión y participación a lo largo ya de muchísimos años.

RUTA 4

DOLMEN DE LÁCARA Y CANCHO DE LA PILA

DISTANCIA TOTAL: Aproximadamente 14 kilómetros.
DURACIÓN TOTAL: De 3 horas y 30 minutos a 4 horas.
TIPO DE MARCHA: Lineal.
TIEMPOS DE MARCHA: Esparragalejo - El Rincón de la Señora Maruja: 1 hora y 45 minutos. El Rincón de la Señora Maruja - Río Lácara: 1 hora. Río Lácara - Dolmen de Lácara: 45 minutos. Dolmen de Lácara - Carretera: 15 minutos.
DESNIVEL: Inapreciable.
DIFICULTAD: Nula.
TIPO DE CAMINO: Pista, camino y senda.
AGUA POTABLE: No existe a lo largo de todo el recorrido.
ÉPOCA RECOMENDADA: Todo el año, excepto el verano.
SUGERENCIAS: Llevar prismáticos. Sombrero en los días soleados. Setas y espárragos, tanto en otoño como en primavera. Ciclabilidad 100 % (sólo la alternativa que no pasa por el dolmen). Otras muchas rutas a realizar en el Parque Natural Cornalvo: Cordel del Puerto; ruta del embalse de Cornalvo; Cordel del Cerro del Gato; Cordel de Santa Maríade Araya; ruta del Berrocal El Rugidero; dehesas de Sierra Bermeja...
CONSERVACIÓN: Sin protección alguna. Diversas actuaciones irresponsables (encendido de hogueras, acúmulo de basuras, abandono...) pueden provocar la pérdida irrecuperable de este monumento megalítico de importancia nacional.
CARTOGRAFÍA: Hojas 752 y 777 escala 1:50.000 S.G.E.

La localidad de Esparragalejo, al oeste de Mérida, es el punto de partida de este itinerario. El camino del dolmen parte de este pequeño pueblo en dirección norte. Se trata inicialmente de una buena pista que circunda la Charca Grande de Esparragalejo, un enclave de ocio para los muchos aficionados a la pesca de la tenca que existen por estas tierras.

Caminamos por la dehesa de encinas dedicada a la explotación ganadera de pastos, formaciones abiertas entre las que destacan pequeños acúmulos graníticos que otorgan el aspecto de berrocal a estos parajes. Pasamos una primera entrada a finca, y dejamos algo después una casa a la derecha. Una segunda entrada da pie a una posterior charca que dejamos a la izquierda, un bonito enclave en el que buscamos la presencia de culebras de agua, ranitas y ranas... especialmente si nuestra visita se realiza durante la primavera. Un buen rato caminando tras dejar otra casa a la derecha, y pasamos por la entrada de la finca Los Gavilanes, cuyas dehesas aparecen manchadas por matorrales espinosos, principalmente con aulagas de vistosas flores amarillas en invierno-primavera.

Nuestro caminar se hace muy apacible incluidos bajo el dosel arbóreo de la dehesa. Surcando el cielo podemos descubrir diversas especies de planeadoras, una comunidad de aves que varía enormemente dependiendo de la época del año durante la que realizamos la visita: grullas y ánsares otoñales; rapaces y cigüeñas, principalmente en la época reproductiva. También podemos buscar algunos espárragos trigueros, siempre por los enclaves con cierta humedad, por cuya abundancia es probable que denominaran a la localidad de partida tal y como lo hacen en la actualidad.

Nos topamos con un cruce importante de caminos. A la izquierda, obviamos otra entrada a Los Gavilanes. También dejamos el camino que dis-

curre paralelo al muro de la finca. De los otros dos, los de nuestra derecha, cogemos el que nos lleva a la izquierda que nos introduce recorriendo suaves lomas por una bonita formación de dehesas y pastos. Un km después cruzamos un paso canadiense, luego tomamos el ramal de la derecha en un difuso cruce, y posteriormente giramos a la izquierda otra vez, dejando la entrada al Rincón de la Señora Maruja a la derecha. Cuidado aquí: tras avanzar unos 50 m volvemos a girar a la derecha por un camino perdido, una vieja senda rodada que nos lleva a otro cruce (obviamos el ramal de la izquierda) y a una charca que dejamos a la izquierda. Otro cruce que tomamos a la derecha, y una nueva charca estacional, que esta vez se queda a nuestra derecha. Tras pasar una cancela, el camino va paralelo a un arroyo (a nuestra derecha) que presenta aspecto acarcavado en numerosos tramos de su discurrir. El paseo se hace más interesante por el benigno efecto del cauce, y aunque la vegetación con fresnos, tamujos, zarzas, etc., es escasa, otorga aún más peculiaridad a la dehesa, en la que también tienen ya cabida los alcornoques, evidencia de una mayor humedad ambiental. Finalmente vadeamos el arroyo, que ya está próximo a su unión con el río Lácara.

Nada más pasar el regato lo seguimos por su margen derecha (dejamos un camino a la derecha, salida a la carretera de La Nava de Santiago, que es la alternativa cicloturística) y lo cruzamos nuevamente justo donde desagua al río Lácara. Por aquí la frondosidad de la ribera se hace muy notable, con gran predominancia de los fresnos y algunos sauces arbustivos creciendo entre los diferentes canales naturales del río que atraviesan los afloramientos graníticos característicos de la zona, así como majuelos y tamujos. Grandes alcornoques muestran su resquebrajada corcha, o aparecen con esa desnudez roja que los caracteriza cada vez que sufren la extracción de su corteza. Una vez cruzado el río definitivamente, nos encaminamos hacia el noroeste, caminando por un carril perdido que se topa con una valla parcelaria. La rodeamos hasta donde un arroyo cruza el camino.

Aquí remontamos la ladera opuesta, hacia un gran bolo de granito que asoma entre las copas de encinas y alcornoques. Se trata del conocido Cancho de la Pila, así llamado por la pequeña depresión que existe en su coronación. Se advierte que el acceso al bolo resulta complicado, especialmente lo que es la bajada y sobre todo en días húmedos. A escasos 200 m de aquí, en dirección a la carretera, se encuentra una pequeña loma excavada, en cuya oquedad está el dolmen de Lácara, obra funeraria megalítica de considerables dimensiones. Una vieja valla alambrada y un cortafuegos perdido nos facilitan su descubrimiento. Para alcanzar la carretera de La Nava, sólo nos queda caminar 1,5 kilómetros aproximadamente, siguiendo la vieja valla por el mismo lado del dolmen.

Restos megalíticos del dolmen de Lácara

RUTA 5
DEHESAS DE SIERRA BERMEJA

Distancia total: Aproximadamente 16 km
Duración total: De 3 horas y 30 minutos a 4 horas.
Tipo de marcha: Lineal.
Tiempos de marcha: Embalse del Muelas - Cordel del Puerto: 1 hora y 30 minutos. Cordel del Puerto - Río Aljucén: 1 hora y 30 minutos. Río Aljucén - Vía de la Plata: 45 minutos.
Desnivel: Inapreciable.
Dificultad: Nula.
Tipo de camino: Pista y camino.
Agua potable: No existe a lo largo de todo el recorrido.
Época recomendada: Todo el año, excepto el verano.
Sugerencias: Llevar prismáticos. Sombrero en los días soleados. Setas en otoño. Ciclabilidad 100 %. Otras muchas rutas a realizar en los alrededores: Cordel del Puerto; ruta del embalse de Cornalvo; cordel del cerro del Gato; cordel de Santa María de Araya; ruta berrocal El Rugidero...
Conservación: Parque Natural en 1988. Zona de Especial Protección para las Aves, Z.E.P.A.
Cartografía: Hojas 752 y 753 escala 1:50.000 del S.G.E.

El punto de inicio de este itinerario se encuentra en el pequeño embalse del Muelas, al norte del embalse de Cornalvo y del paraje del Berrocal El Rugidero. Se trata de un masa de agua de escasa extensión que regula unos pequeños arroyos y regatos estacionales, entre los que destaca el arroyo de las Muelas. Debido a su reducida superficie, a lo somero de sus aguas y a la tranquilidad que rebosa el paraje, este pequeño embalse es ideal para conocer el funcionamiento de los ecosistemas palustres. Aquí tienen cabida numerosas especies de plantas acuáticas, ranúnculos de flores blancas y amarillas, juncales, verónicas, colas de caballo... así como una magnífica representación de la avifauna y la herpetofauna ligada a estos medios.

Tras deleitarnos con la hermosa visión de la charca comenzamos a caminar por el camino que por la derecha bordea la orilla del embalse. Atravesamos un vado y acto seguido tomamos el ramal que sale a nuestra izquierda, señalizado con una pequeña flecha verde. Las referencias de nuestro camino se suceden, entre las encinas dispersas, las retamas y los pastizales de diente, principalmente explotados por el ganado vacuno y el ovino: una casa, un paso canadiense, el cruce hacia la casa del Huevo... A 1,5 kilómetros aproximadamente, una nueva flecha nos dirige por el desvío a la izquierda. Pasamos a continuación el paso canadiense que delimita la finca de El Gamo. La dehesa aparece ahora salpicada de cultivos de secano, creándose un mosaico de tierras de labor, pastizales y terrenos arbolados que permiten el asentamiento de una variada comunidad ornítica, mezcla de aves propias de los campos abiertos, los humedales y las masas forestales. Es de destacar la existencia de numerosos enclaves húmedos, juncales, regatos y charcas, especialmente si nuestra visita se produce fuera de la época veraniega. En ellos quizás descubramos al gallipato, al tritón ibérico, al galápago leproso, entre otras especies de herpetos ibéricos.

Una nueva flecha verde nos manda hacia la izquierda, y tras cruzar dos pasos canadienses, otra nos vuelve a encaminar a la derecha, para bajar hasta un pequeño arroyo estacional. Otro paso canadiense y, tras un recodo del camino desde el que contemplamos una gran mancha de eucaliptos en las laderas de la Sierra Bermeja, a nuestra izquierda, y un cruce de caminos (señalizado con flecha naranja y ver-

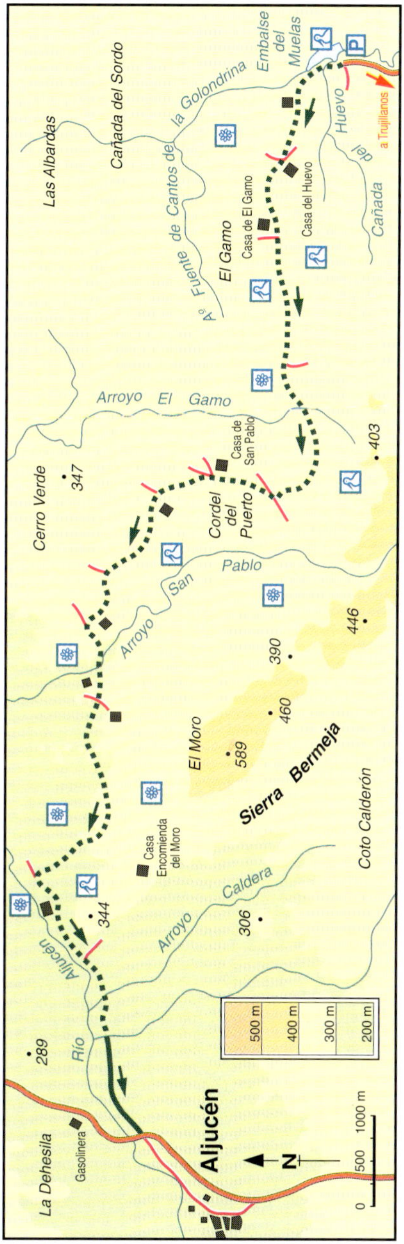

de) que obviamos para seguir de frente, nuestra marcha se une al cordel del Puerto, por el que discurre a la derecha. Los pastizales adehesados muestran en primavera sus preciosos matices de variados colores, de amapolas, viboreras, cantuesos, jaramagos...

Unos 700 m después cogemos a la izquierda en un cruce mal señalizado, puesto que la vieja señal de madera está rota. Más adelante, tras salvar un paso canadiense, contemplamos la magnífica casa de San Pablo a nuestra derecha, a cuya vera pasa el recientemente abandonado cordel del Puerto. Después otra flecha nos dirige a la izquierda, para seguidamente dejar una casa y una granja a la izquierda otra vez. La dehesa aparece ahora salpicada de bolos de granito, pequeños berrocales que dan refugio a la fauna, y otorgan cierto frescor y umbría para que se mantengan algunas plantas rupícolas y musgos, de gran belleza en la otoñada y la primavera.

Pasamos una puerta alambrada. Un rato más tarde dejamos una casa primero, y un viejo palomar a la izquierda después. Ya se contemplan algo más que repoblaciones en la sierra al sur. Encinas y alcornoques crecen con profusión en las laderas, formando una densa cobertura vegetal propicia para la permanencia de un sinfín de mamíferos, entre los que destacan el tejón, la gineta, el jabalí... Por el arroyo de San Pablo dejamos una casa a la derecha, y algo más tarde, tras cruzar una cancela que nos preocupamos de cerrar, seguimos de frente el camino señalizado con flecha verde, obviando una granja que queda a nuestra izquierda.

Cruzamos otra cancela. Caminamos por la dehesa bordeando fincas ganaderas. A nuestra derecha se suceden las parcelas dedicadas ahora al olivar, entre las que destacan aquellas otras que mantienen la frondosidad del bosque mediterráneo. Poco a poco intuimos la vega del Aljucén, hasta que finalmente la alcanzamos justo cuando el camino, que ahora se transforma en carril, gira a la izquierda y discurre paralelo a la orilla derecha. Disfrutamos con el paisaje de la ribera, en la que destacan los fresnos frente a los tamujos, las zarzas y las adelfas, de menor altura, y en el que podemos descubrir al mirlo común, la oropéndola, el chochín, entre otras aves. Sólo nos queda bajar por la vega, dejando primero unas ruinas a la derecha y el cruce de la casa de la Encomienda del Moro después. Caminamos siempre cerca de la orilla del río hasta alcanzar la presencia del eucaliptal ocupando la vega. Un grupo de casas nos indica próximo el final del recorrido, que sale 1 km después a la carretera de la Vía de la Plata, a la vera del puente que salva el río Aljucén.

❧ *La vida bulle en la primavera del pequeño embalse del Muelas* ❧

RUTA 6

EMBALSE DE CORNALVO

DISTANCIA TOTAL: Aproximadamente 13 kilómetros.
DURACIÓN TOTAL: De 3 horas y 30 minutos a 4 horas.
TIPO DE MARCHA: Circular.
TIEMPOS DE MARCHA: Presa de Cornalvo - Cola del embalse: 1 hora. Cola del embalse - El Rugidero: 45 minutos. El Rugidero - Cola del embalse: 1 hora y 15 minutos. Cola del embalse - Presa de Cornalvo: 1 hora.
DESNIVEL: Inapreciable.
DIFICULTAD: Nula.
TIPO DE CAMINO: Camino y senda.
AGUA POTABLE: No existe ningún punto a lo largo del recorrido.
ÉPOCA RECOMENDADA: Todo el año, incluso mañanas frescas del verano.
SUGERENCIAS: Llevar prismáticos. Sombrero en los días soleados. Posibilidad de realizar otras rutas en el Parque Natural de Cornalvo: Cordel de Santa María de Araya; Cordel del Cerro del Gato; Cordel del Puerto; ruta de las dehesas de Cornalvo...
CONSERVACIÓN: Declarado Parque Natural en 1988. También es Zona de Especial Protección para las Aves, Z.E.P.A. La presa, dentro del conjunto arqueológico de Mérida.
CARTOGRAFÍA: Hojas 753, 777 y 778 escala 1:50.000 del S.G.E.

Desde Mérida nos encaminamos hacia la vecina localidad de Trujillanos. Siguiendo la avenida de Cornalvo cogemos el viejo camino de Montánchez y tras unos 7 kilómetros de carretera accedemos al punto de inicio de esta nueva ruta, el edificio de la Confederación que sirve hoy como alojamiento de la guardería así como punto de información para el visitante. Esta casa se encuentra rodeada por una bonita plantación de olivos y acebuches, mirtos, majuelos, almendros... que atraen a un buen número de pequeñas y medianas aves, especialmente notorias durante el otoño, cuando se atiborran de los frutos que produce el arbolado.

Comenzamos a andar a la derecha de la casa. Estamos caminando por la presa romana, construida muchos si-

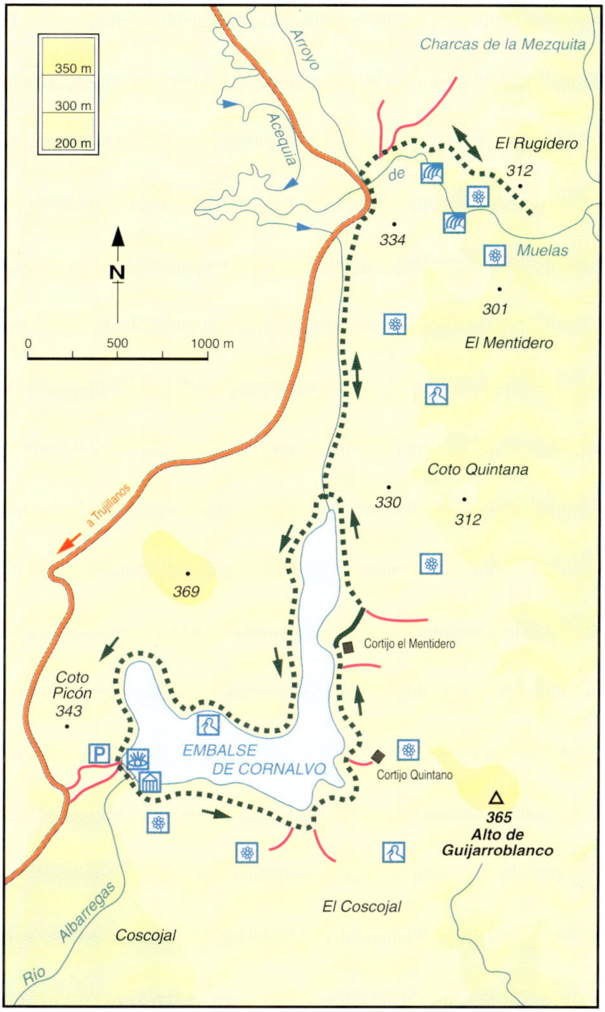

glos atrás para abastecer de agua a la ciudad de Mérida. Destaca su buen estado de conservación, que la hace mantenerse funcional hoy por hoy. Tenemos una excelente vista del embalse, en cuyas aguas abundan diversas especies de peces (siendo la tenca la más conocida, sin duda debido a su preciada consideración gastronómica), algunas aves acuáticas entre las que destacan los patos, las fochas, las garzas, los somormujos... y con toda seguridad la nutria, el más especializado cazador del medio acuático.

Al llegar al extremo opuesto del muro comprobamos su magnífica apariencia actual, tomando un pequeño sendero que entre las zarzas penetra a nuestra izquierda y nos permite alcanzar las gradas de la parte interior del muro.

Retomamos el camino que discurre paralelo a la orilla izquierda del embalse, para adentrarnos en una espesa foresta poblada por encinas y, en menor medida, alcornoques. A estas dos especies arbóreas principales acompaña una interesante cohorte de arbustos y hierbas, característicos de los matorrales de carácter mediterráneo. La espesura es, además, el refugio ideal para buena parte de la fauna propia, destacando una interesante comunidad de carnívoros: la gineta, el gato montés, la garduña, el tejón...

Obviamos los caminos que salen a nuestra derecha para seguir en todo momento paralelos a la orilla del embalse. Sólo en ocasiones algún clareo entre la vegetación permite vislumbrar la lámina de agua, allá abajo. Tras un buen rato de paseo observamos las casas del cortijo Quintano a nuestra derecha, y algo más allá otra de menor entidad, hasta que finalmente llegamos a la cola del embalse.

En esta zona del reculaje de las aguas, así como pudimos comprobar con antelación aguas abajo de la presa, crece un estrecho pero variado soto compuesto por fresnos principalmente, pero en el que también se incluyen algunos olmos y sauces arbustivos así como carrizos y juncales, vegetación que se va perdiendo según nos alejamos de la cola. Las orillas y las pequeñas charcas remanentes son magníficos enclaves para la observación de ranitas meridionales, galápagos leprosos, culebras de agua... así como para deleitarnos con los cánticos primaverales de ruiseñores comunes, currucas mirlonas, zarceros comunes...

Desde la zona final del embalse conectamos con un viejo cordel que discurre paralelo a un reguero estacional y a una vieja acequia que todavía mantiene algunos tramos de origen romano. Vamos remontando el regato por su margen derecha, caminando por los pastizales de un encinar abierto en el que abundan las retamas. La estrecha carretera de asfalto que conduce hasta el pequeño embalse de las Muelas discurre en paralelo a nuestro camino, en ocasiones a escasos metros de distancia de nuestro andar.

Alcanzamos dicha carretera para salvar un vado del arroyo de las Muelas; acto seguido, la abandonaremos, tomando un camino de arenas graníticas que desciende a nuestra derecha. En su inicio leemos en un cartel la señalización que nos conduce hasta el Berrocal El Rugidero. Pasamos un regato y remontamos un pequeño repechón. Obviamos un primer cruce y posteriormente un segundo, ambos a la izquierda, en los que rezan indicaciones para las fincas de Valdelayegua y Las Mezquitas. Nosotros continuamos por la derecha, siempre próximos al cauce del arroyo de las Muelas, que discurre por esta zona entre bloques de

La abubilla es un típico habitante de las dehesas del Parque Natural Cornalvo

granito, un berrocal que ha recibido el nombre de El Rugidero, sin duda alguna debido a los pequeños saltos de agua que se forman al salvar diferentes desniveles entre las rocas, y que en las fechas en las que corre un buen caudal de agua suponen un enorme estruendo, como si de rugidos de algún fiero animal se tratara. Estos pequeños saltos se repiten algunos cientos de metros arroyo arriba, hasta donde el encajonamiento se abre.

Tras volver a desandar el camino hasta la cola del embalse, sólo nos queda terminar de circundarlo, ahora por su orilla derecha, entre encinas y alcornoques, si bien el paisaje se muestra menos frondoso, debido a los desbroces acometidos para realizar repoblaciones con especies autóctonas.

RUTA 7
PRESA DE PROSERPINA

DISTANCIA TOTAL: 14 kilómetros.
DURACIÓN TOTAL: 3 horas y 15 minutos.
TIPO DE MARCHA: Circular.
TIEMPOS DE MARCHA: Punto de inicio - Río Aljucén: 45 minutos. Río Aljucén - Arroyo de la Albuera: 1 hora. Arroyo de la Albuera - Embalse Presa de Proserpina: 30 minutos. Embalse Presa de Proserpina - Acequia - Punto de inicio: 1 hora.
DESNIVEL: Inapreciable.
DIFICULTAD: Nula.
TIPO DE CAMINO: Senda, pista y carretera.
AGUA POTABLE: Urbanización La Albuera.
ÉPOCA RECOMENDADA: Todo el año, también mañanas frescas del verano.
SUGERENCIAS: Llevar prismáticos. Sombrero en los días soleados. El embalse es un magnífico foco de atracción de veraneantes, con adecuada infraestructura (chiringuitos, cámping, atracadero...) y fomento de las actividades recreativas (náuticas, pesca...). Ciclable en la mayor parte.
CONSERVACIÓN: La presa de Proserpina, de origen romano, se encuentra incluida dentro del Conjunto Arqueológico de Mérida, declarado Patrimonio de la Humanidad por la Unesco en 1993. Las principales amenazas son las generadas a partir de las urbanizaciones que rodean el embalse y el posible mal uso humano de las aguas embalsadas.
CARTOGRAFÍA: Hoja 777 escala 1:50.000 del S.G.E.

Desde Mérida tomamos la carretera de la Vía de la Plata en dirección a Cáceres. Sobrepasado el pk 613 encontramos un desvío a la izquierda que nos señala el camino del embalse de Proserpina. Una vez recorridos los dos primeros kilómetros aproximadamente, en un lugar en donde la estrecha carretera gira hacia el sur, nos encontramos en el punto de inicio de esta ruta. Una casa que corona un pequeño cerro nos sirve también como referencia.

Echamos a andar por el camino, remontando una pequeña subida que nos lleva hasta una cancela de hierro. Procuramos recordar dejarla cerrada, tal y como la encontramos, algo que nos agradecerían los propietarios de estas fincas ganaderas, para evitar la

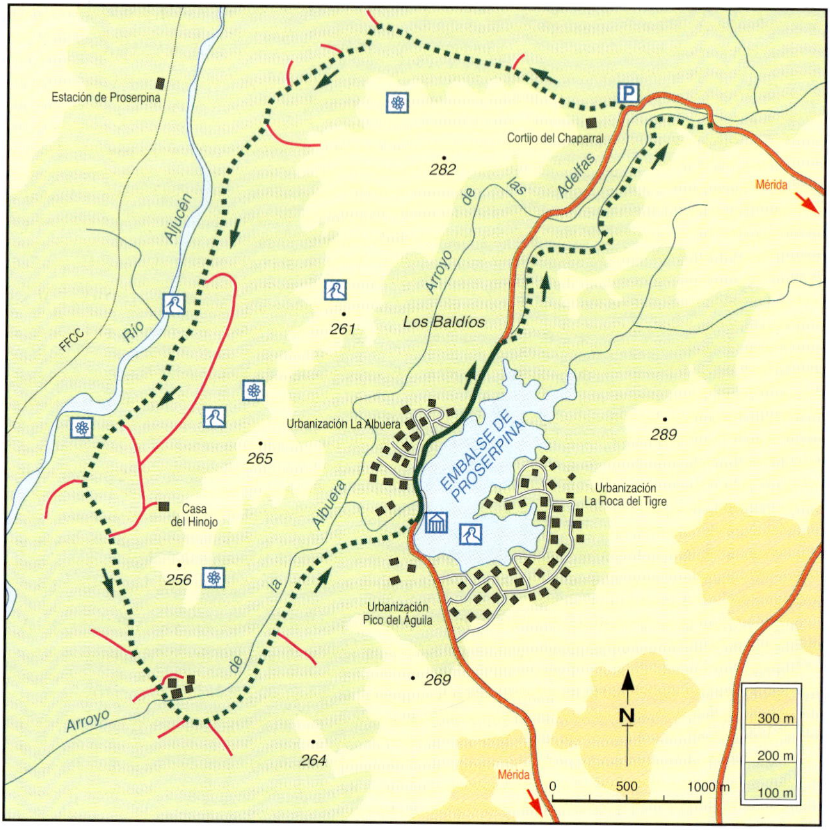

salida de vacas y ovejas fuera de sus límites. Caminamos entre encinas dispersas que salpican un paisaje ondulado, y en el que los pastizales de diente adquieren gran importancia. Su aspecto es muy variable, según la época del año de nuestra visita al embalse y sus aledaños. Frente a la apagada coloración que presentan durante el invierno y el estiaje destaca la armonía de colores que emerge en el otoño y, sobre todo, durante la primavera. También es elemento dominador del paisaje la culminación de algunos cerros y lomas por pequeños berrocales graníticos, perfiladas rocas redondeadas que se encuentran recubiertas por líquenes y musgos, si bien la apariencia de este estrato vegetal únicamente destaca en los períodos de humedad, cuando sus componentes se rehidratan.

Tras caminar unos pocos metros topamos con una bifurcación de caminos. Nos adentramos por el de la izquierda que muy pronto, allá donde descubrimos un abrevadero para el ganado, acompaña a un pequeño reguero estacional. Poco después descubrimos un nuevo cruce de caminos; cogemos el de la izquierda, en evidente menor uso por su aspecto menos rodado, y abandonamos la compañía del acarcavado regato. Al pasar una cancela intuimos ya la presencia de la vega del río Aljucén, cuando notamos el descenso suave que supone nuestro caminar, a la vez que contemplamos una frondosa hilera verde más allá, la ribera del curso fluvial. Después de un kilómetro aproximado, y dejando algunos cruces que salen a derecha primero, y a la izquierda después, nuestro caminar se hace muy cercano al río.

Durante un buen rato disfrutamos de la proximidad de la ribera. Un buen momento para admirar algunos de los árboles y arbustos que crecen al amparo de estas aguas: el fresno, cuyo ramaje es utilizado ocasionalmente como forraje para cabras y ovejas; la tóxica adelfa, de vistosa floración; el tamujo; el taray; la mimbrera... En la otra margen de la vega, sin embargo, la vegetación natural ha sido desmantelada en su práctica totalidad para la instalación de regadíos. Estos espacios lineales que constituyen las riberas albergan una fauna extraordinaria, puesto que representan el vínculo de contacto entre dos medios muy distintos, el acuático y el terrestre. A destacar la abundancia de especies orníticas durante la primavera, y muy especialmente la presencia de la vistosa oropéndola, a la que descubriremos por su peculiar canto o en alguna de sus rápidas pasadas por la foresta.

Los kilómetros se suceden en paralelo al río hasta que, tras pasar a la altura de un meandro y separarnos del cauce, optamos por el camino de la izquierda que nos permite circundar la casa cortijo del Hinojo. Por aquí (o en cualquier otra parte del recorrido) es probable que nos encontremos con el encargado de una de estas fincas, don Carlos, al que informaremos de nuestras intenciones.

Otro rato de marcha hasta alcanzar un grupo de casas, justo antes de vadear el arroyo de la Albuera. En este punto, al igual que en otros aguas arriba del embalse, descubrimos una vieja acequía, un curso artificial que ya utilizaban los romanos siglos atrás para transportar el agua hasta la ciudad, a la que entraba, según dicen, por el acueducto de los Milagros. Remontamos entonces el arroyo por su margen izquierda hasta alcanzar, tras 2 kilómetros y medio aproximadamente, el embalse de Proserpina, del que destaca la obra de la presa, todavía en pie y perfectamente funcional. Los alrededores de la masa de agua, por el contrario, han sufrido notables modificaciones: urbanizaciones y todo tipo de infraestructuras para el ocio y esparcimiento del visitante; plantaciones forestales con especies alóctonas; etc. Sin embargo, durante el invierno estas aguas están muy tranquilas, por lo que son utilizadas por diversas especies acuáticas: somormujos, zampullines, gaviotas, cormoranes, garzas... Miramos al embalse caminando por la carretra que jalona su orilla derecha. Justo al separarnos de la masa de agua dejamos el asfalto, y nos cruzamos a nuestra derecha para seguir un bien conservado tramo de acequia, algo que nos cuesta salvar alguna pequeña valla alambrada. Tras algo más de 2 kilómetros caminando entre pastos, retamas, encinas y juncales, salimos a la carretera nuevamente, a la altura del arroyo de las Adelfas. Sólo nos queda volver hasta el lugar inicio de este bello y relajado itinerario.

Dehesas cercanas a la vega del río Aljucén

RUTA 8

PUENTE AYUDA

DISTANCIA TOTAL: Aproximadamente 10 kilómetros.
DURACIÓN TOTAL: 3 horas.
TIPO DE MARCHA: Lineal.
TIEMPOS DE MARCHA: Casa de Malpica - Puente Ayuda: 30 minutos. Puente Ayuda - Cortijo de la Peña: 1 hora y 30 minutos. Cortijo de la Peña - Villarreal: 1 hora y 30 minutos.
DESNIVEL: Inapreciable.
DIFICULTAD: Escasa.
TIPO DE CAMINO: Camino, senda, trocha, pista.
AGUA POTABLE: Se puede pedir agua a José Macías y a su señora, en la casa de Malpica, donde nos atenderán gustosamente. También en Villarreal, al final de la ruta.
ÉPOCA RECOMENDADA: Todo el año, excepto el verano.
SUGERENCIAS: Llevar prismáticos. Sombrero en los días calurosos. Recolección de espárragos en los meses de otoño y primavera. Posibilidad de aproximarnos a territorio portugués, gracias a la carretera y puente nuevos (septiembre de 2000).
CONSERVACIÓN: Sin protección alguna. Principales amenazas: deterioro de la vieja construcción sobre el Guadiana; instalación de nuevas infraestructuras (puente y carretera); proliferación de regadíos, y pérdida de las labores agrícolas tradicionales; intensificación en el uso de fertilizantes, abonos y biocidas, que provocan la contaminación difusa de acuíferos y de las aguas del río; caza furtiva; uso de venenos en los cotos de caza próximos...
CARTOGRAFÍA: Hojas 800 y 801 escala 1:50.000 del S.G.E.

Para acceder al inicio de este nuevo itinerario, allá por la casa de Malpica, debemos de acercarnos por la pista (carretera de nuevo trazado para la conexión con territorio portugués) que, desde Cuatro Caminos, en Olivenza, y en dirección al noroeste, lleva hasta el río Guadiana. Una vez allí solicitamos la ayuda e información de José Macías, un hombre encantador que nos pone en conocimiento de las últimas novedades sobre la fauna del entorno, la posibilidad de realizar la ruta sin problemas, nos abastece de agua, etc. Caminamos por alguno de los márgenes de la pista. El paisaje es monótono debido a la amplia extensión que

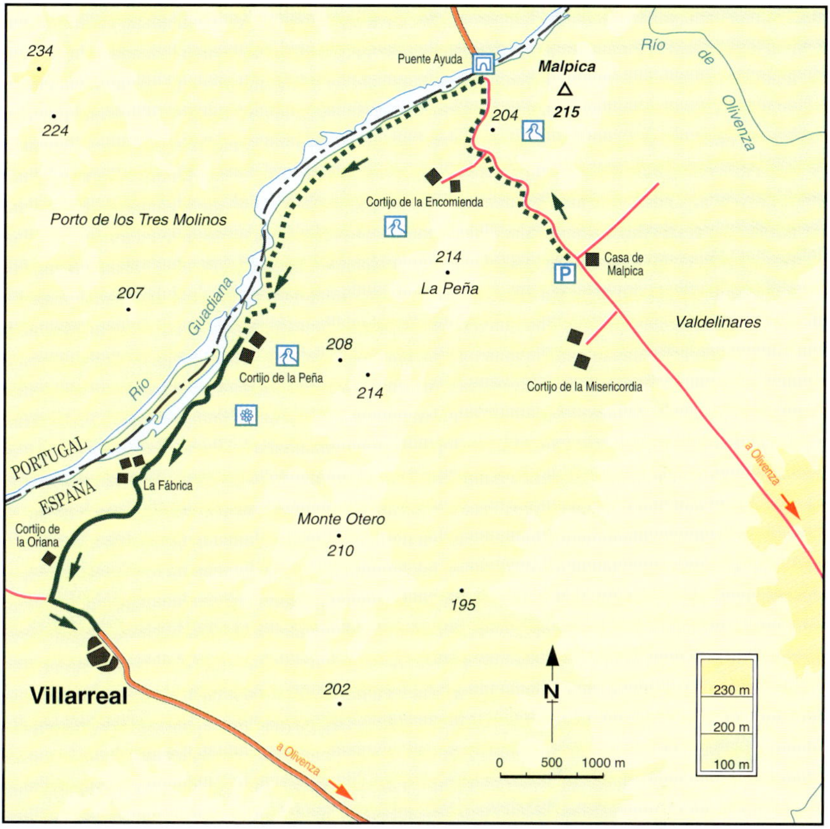

adquieren los regadíos por esta zona; si bien el excursionista puede deleitarse con la observación de algunas aves de gran interés: así, durante el final del verano y principios del otoño es posible encontrar concentraciones notables de cigüeñas blancas y negras que utilizan los hierros de los *pivots* de riego como posaderos, así como buscan alimentos en los herbazales que crecen a favor del aporte de agua. También son de destacar algunas aglomeraciones de elanios azules, así como el vuelo suave, casi un planeo, del aguilucho cenizo. La avutarda y el sisón, otrora abundantes en estos lares, hoy han visto diezmadas sus poblaciones, precisamente por la alteración de los terrenos dedicados a los cultivos tradicionales. Alcanzamos así la ribera del río Guadiana. A la derecha se nos abre la magnífica visión del ruinoso puente Ayuda, una construcción de escasos 500 años de existencia, pero que ha vivido grandes avatares históricos, incluso fue destruido en el transcurso de pasadas batallas. No hay que olvidar que estas tierras fronterizas han sido motivo de disputa entre los reinos de España y Portugal hasta hace algo más de un siglo y medio. Incluso conviene recordar que la bella localidad de Olivenza pasó definitivamente a manos españolas a inicios del siglo XIX, tras la famosa Batalla de las Naranjas.

A partir de aquí el recorrido consiste en seguir la orilla izquierda del río, unos 7 km aproximadamente, hasta alcanzar la pedanía de Villarreal, frente a la bella villa portuguesa de Juromenha. En todo momento caminamos por la base de las terrazas del río, cercanos a la orilla, siempre y cuando la densa vegetación ocasional nos lo permita. Efectivamente, en algunos puntos del recorrido adelfas, sauces arbustivos y, lo que es peor, zarzales, nos impiden el paso cómodo; si bien siempre es posible ascender unos metros la terraza fluvial y cruzar sin mayores problemas. En estas zonas marginales de las laderas del río son los únicos lugares en los que se ha mantenido parte de la vegetación natural de estos lugares, formada básicamente por encinas, aunque también con cierta presencia de alcornoques. El cortejo arbustivo está dominado por la retama, el lentisco, la jara pringosa, la jara de hoja de salvia, el majuelo, el torvisco... Alcanzamos así los alrededores del cortijo de la Peña, no sin antes haber salvado dos pequeñas vallas alambradas, sin mayores problemas.

Desde aquí podemos seguir un tramo del itinerario más cómodo, por un camino de uso agrícola que nos permite observar con mayor detenimiento la ribera. Crecen algunos fresnos dispersos, los únicos elementos arbóreos naturales, junto a los alóctonos eucaliptos de sombra plantados aquí y allá, especialmente en las proximidades de las explotaciones humanas. El estrato arbustivo está dominado por sauces de porte pequeño, las vistosas adelfas de gran cromatismo estival, algunos tamujos espinosos, zarzales... Si atendemos con mayor detenimiento al movimiento de las pequeñas aves que se desenvuelven en el interior de esta densa vegetación descubriremos dos preciosidades foráneas. Sí, se trata de dos pequeñas especies ornamentales que se han asilvestrado en estas orillas, a partir de algunos ejemplares escapados o soltados de su cautividad, y que han conseguido amoldarse a las condiciones ambientales, sin duda por su relativo parecido con los hábitats naturales en los que viven originariamente. Se trata del bengalí rojo y el pico de coral, aves que descubriremos

Lagartija colilarga a orillas del Guadiana

por sus llamativos colores y su fugaz vuelo, generalmente en bandadas numerosas. También nos deleitaremos con el paso de numerosas ardéidas, principalmente garcillas bueyeras, pero también garzas reales, garcetas comunes, martinetes... que utilizan algunas de las islas fluviales situadas aguas arriba y abajo para establecer sus dormideros e incluso sus colonias de cría. Estas islas se han formado a partir de la colonización pionera de algunos sauces y adelfas, asentados sobre las incipientes flechas fluviales formadas con cantos rodados del río.

Cuando pasamos La Fábrica, desde donde ya vemos nítidamente la villa portuguesa al otro lado, comenzamos a separarnos del río, para volver nuevamente a los campos de regadío. Un camino habilitado para el desplazamiento de vehículos y maquinaria agrícola que nos facilita la llegada final a la pedanía de Villarreal.

☞ COMARCA DE LOS EMBALSES-LA SIBERIA

Aspectos ambientales

El extremo noreste de la provincia de Badajoz da continuidad al conjunto agreste que son los Montes de Toledo y los Montes del Campo de Calatrava. En efecto, la comarca de Los Embalses-La Siberia constituye el extremo occidental de la amplia superficie serrana que ocupan los Montes en las provincias de Toledo y Ciudad Real, una sucesión de sierras y serretas entre las que circulan encajados ríos de aguas limpias y frías, en ocasiones regulados sucesivamente de forma que crean grandes mares continentales de agua dulce, caso de los ríos Zújar y Guadiana. Toda la comarca se caracteriza por la amplia cobertura forestal y el despoblamiento generalizado.

Al norte de este territorio se sitúa otro gran conjunto serrano, la comarca cacereña de Las Villuercas, con la que conecta a través del corredor de llanura que suponen los terrenos conocidos como rañas de Valdecaballeros. Hacia el sur, más allá de las orillas del embalse de La Serena-Zújar, se extienden las ralas estepas de la comarca de La Serena. Y por el oeste, el dis-

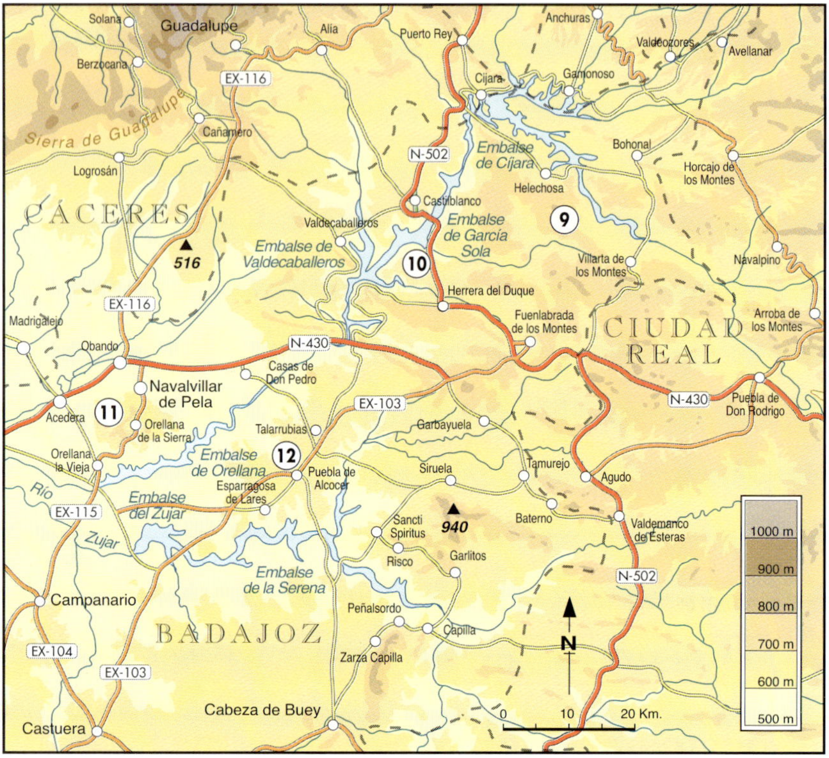

currir del río Guadiana entre las sierras encuentra salida por las Vegas Altas del Guadiana, donde el valle comienza a ensancharse.

La comarca presenta dos unidades de relieve claramente diferenciadas. Por un lado, las sierras de naturaleza cuarcítica y pizarrosa dominan la abrupta orografía de las zonas oriental y central, unas sierras que son continuidad de los Montes de Toledo y los del Campo de Calatrava, y que como estos adquieren el característico relieve *apalachense* en el que se suceden las crestas y serretas, nunca muy elevadas, dispuestas en paralelo, y entre las que circulan los cauces del drenaje natural. Se trata en su conjunto de algunos de los materiales más antiguos de la Península Ibérica, procedentes de la era primaria, sobre los que actuaron diferentes procesos erosivos y tectónicos hasta alcanzar el perfil que tienen en la actualidad.

Hacia el oeste, más allá del rosario de embalses, las sierras se abren y dan paso a una penillanura ligada a la depresión del río Guadiana, una zona en las que los materiales acumulados por los aportes aluviales y coluviales han cubierto el zócalo primigenio, y en la que la orografía se suaviza considerablemente, quedando en el horizonte del paisaje llano algunos resaltes de relieve que constituyen los montes isla que se esparcen, por ejemplo, en las inmediaciones de Navalvillar de Pela, pero sobre todo hacia el sur, por los llanos de La Serena.

Las condiciones climáticas de la comarca están marcadas por su situación continental, y que hacen que la misma esté regida por un clima mediterráneo seco superior –aunque con tendencias a una mayor presencia de la humedad ambiental según nos desplazamos hacia el interior de los Montes, hacia el E–, en el que los valores extremos de las temperaturas oscilan tanto a escala estacional como diaria, y donde las precipitaciones presentan una acusada distribución a lo largo del año, aconteciendo de modo general lluviosos períodos otoñal-invernales contrastando con los estiajes del verano. El período de heladas es extenso, y puede abarcar más allá de los meses propios del invierno.

A partir del conocimiento de la relación existente entre las condiciones climáticas de la comarca y la distribución de las comunidades vegetales en ella presentes, más concretamente según los rangos termopluviométricos imperantes, se establece que el conjunto del territorio que ocupa la comarca de Los Embalses-La Siberia queda incluida en el piso bioclimático conocido como *piso mesomediterráneo,* que traducido a representaciones de las comunidades vegetales se correspondería con encinares principalmente, pero también con alcornocales en los enclaves dominados por materiales pliocenos, así como en zonas en las que se hace notable un incremento de la humedad ambiental, enclaves compartidos en muchas ocasiones con quejigares. La presencia de áreas incluidas en el piso bioclimático *supramediterráneo* se restringen a los enclaves más elevados de los Montes de Toledo, en ámbitos extraprovinciales de Badajoz.

Los suelos imperantes en la comarca se adscriben al grupo de las tierras pardas meridionales. Están formados a partir de materiales cuarcíticos y pizarrosos, y en general no presentan perfiles desarrollados, pudiendo caracterizarse en general como suelos pobres, con escasa capacidad agronómica y mediano potencial pascícola. A escala local si pueden aparecer sin embargo algunos enclaves con suelos hábiles para la agricultura, pero en cualquier caso se trata de superficies poco notables, y siempre situadas a favor de cursos fluviales y un atemperamiento de la topografía.

Pero también adquieren cierta importancia otros tipos de suelos en la comarca, caso de las rañas pliocenas situadas en la porción norte, suelos formados por una matriz arenosa-arcillosa de característicos tonos rojos en la que se incluyen materiales procedentes de las sierras periféricas. Suelen estar dispuestos en forma de llanura estrecha, pero de importante longitud. También hay que señalar la existencia de algunos suelos arenosos ligados al río Guadiana, así como los suelos aluviales que se extienden al oeste, donde la comarca da paso a las Vegas Altas del Guadiana.

Hidrológicamente, la comarca está marcada por el encajado discurrir del río Guadiana a su paso por las sierras y serretas de los Montes de Toledo y de los Campos de Calatrava, de los que se escapa por portillas como la de Puerto Peña. En esta zona en la que el río está regulado por el embalse de Cíjara, recibe los aportes de numerosos torrentes que discurren tormentosos por laderas abruptas. Aguas abajo, los embalses de García Sola y Orellana continúan aprovechando el rendimiento energético de los saltos a la par que forman auténticos reservorios de agua muy importantes para el desarrollo de las economías regionales, en especial las tierras de regadío que se desarrollan hacia el oeste. Junto con el embalse de La Serena-Zújar, situado algo más al sur, y regulando las aguas del otro importante río de la comarca, el Zújar, forman un continuo de aguas embalsadas que constituyen la zona con más kilómetros de costa dulce de la Península Ibérica, muy aprovechadas para el esparcimiento y el ocio de los habitantes locales, y del turista que alcanza estas tierras. Alrededor de algunas de las playas fluviales ligadas a estos embalses se han desarrollado áreas recreativas, clubes náuticos e incluso algunos pequeños núcleos urbanísticos de importancia regional durante el verano.

La vegetación de la comarca de Los Embalses-La Siberia queda diferenciada en dos grandes unidades. Por un lado destacan las magníficas masas boscosas que cubren buena parte de las sierras ligadas a los Montes de Toledo, así como los enclaves serranos del tipo monte isla que se asoman a los llanos de la porción occidental. En general están cubiertos por encinares en las zonas bajas y en algunas laderas, tornándose alcornocales en zonas de mayor humedad, caso de las umbrías y las zonas elevadas de las sierras.

A menudo el bosque está poblado por un matorral mediterráneo noble en el que se distinguen todo tipo de arbustos perennifolios de hoja esclerófila, lustrosa. En otras situaciones la deforestación del arbolado ha generado la existencia de grandes masas de matorral uniforme, en general dominados por diversas especies de jaras y escobas, o por brezales en los enclaves más húmedos.

Puente de la Mesta en Villarta de los Montes

En otros espacios serranos en los que la retención de las nubes y el incremento de las precipitaciones se hace notar aparecen extensiones más o menos grandes de quejigar, como es el caso de los Llanos de la Reserva Nacional de Caza de Cíjara.

Sin embargo tampoco son escasas las parcelas de numerosas hectáreas en las que se suplantó hace algunas décadas la vegetación natural por vastas plantaciones de coníferas, principalmente de pino resinero, así como de eucalipto, esta última especie utilizada en menor medida, por fortuna.

Según nos desplazamos hacia el oeste de la comarca se van sucediendo los calveros de vegetación, en los que ya no queda ni el matorral serial consecuente a la degradación del bosque. Esta situación alcanza su máximo extremo hacia la zona de los llanos, tanto al oeste como hacia el sur de la comarca, en especial hacia la comarca vecina de La Serena. En estos terrenos alomados de penillanura, la ancestral acción humana supuso la desaparición del arbolado natural y su sustitución por pastizales de diente para un ganado, el lanar, que desde siempre ha supuesto una importante inyección económica, antaño nacional, y actualmente a escala local.

Por otro lado, la vegetación de ribera es prácticamente inexistente en la zona de los embalses, como consecuencia de la alteración provocada hace años por la alteración de los ríos. Hoy por hoy sólo se encuentran buenas muestras de alisedas y fresnedas, acompañados o no por la cohorte de arbustos propios, especialmente por sauces y tamujos, estos últimos en los cursos de carácter estacional, en los barrancos estrechos del interior de la porción oriental de la comarca, allá por donde se extiende la porción pacense de los Montes de Toledo.

Para acabar con este repaso a través de las características físicas y biológicas de la comarca de Los Embalses-La Serena hay que hacer mención de la importancia faunística del territorio. En la comarca se incluyen dos espacios de interés faunístico, declarados con alguna figura de protección que los distingue como espacios privilegiados para la fauna. La Reseva Nacional de Caza de Cíjara es un importante ámbito para el desarrollo de la fauna cinegética. Jabalíes, ciervos y corzos son muy abundantes en estos parajes, cuya cobertura forestal y su agreste orografía da igualmente cobijo a mamíferos carnívoros del interés del lince, con presencia residual en la zona, el gato montés, el tejón, etc. En las aguas de los cursos de la zona todavía se desenvuelve la nutria, aún con importantes poblaciones en algunos tramos fluviales no afectados por la regulación de las aguas. De igual importancia es este territorio para las aves, en particular para las grandes planeadoras, que eligen la posición de sus nidos en inaccesibles roquedos o en la profundidad de la foresta. Especies como el águila real, el búho real, el alimoche, el buitre leonado, el buitre negro, la cigüeña negra, son algunas de las más emblemáticas. Son de destacar la imponentes buitreras, colonias de estas carroñeras que eligen frentes de roca para anidar conjuntamente. Algunas importantes se sitúan en Puerto Peña y en el zonas interiores del embalse de Cíjara.

La Sierra de Pela y el embalse de Orellana están declarados como zonas de especial protección para las aves, Z.E.P.A. Además de muchas de las especies citadas con antelación para la Reserva de Cíjara, que campan por las alturas y los bosques de la sierra, destaca la presencia del embalse de Orellana, de importancia para numerosas especies de aves acuáticas o ligadas a este medio en algún momento de su ciclo anual, ya sea durante la época reproductora o durante la invernada, e incluso durante la época en la que se producen los pasos migratorios.

Conviene también reseñar la importancia que para la fauna acuática, en particular para los peces, tiene el territorio de Los Embalses-La Serena, si bien la ictiofauna autóctona se encuentra muy relegada a las zonas más inaccesibles de los ríos, principalmente aquellos enclaves en los que los tributarios menores vierten sus aguas a los cursos del Guadiana y el Zújar. Por el contrario, la fauna piscícola introducida, muy apreciada por un colectivo de pescadores continentales muy arraigado en la comarca, es excelente. Destacan por su abundancia y los tamaños que llegan a alcanzar especies como el lucio, la carpa, algunos barbos nativos, la cada vez más rara anguila como consecuencia de la limitación a sus migraciones, la perca americana, etc.

Finalmente, fuera del ámbito serrano se localizan lomas peladas con apariencia de baldíos en los que crecen ralos pastizales, unos terrenos de carácter estepario que dan paso hacia el sur a las tierras despejadas de La Serena, y que son de gran importancia para las aves de los espacios abiertos, como la avutarda, el sisón, el alcaraván, la ganga, la ortega...

Aspectos socioculturales

La historia de Los Embalses-La Siberia se remonta a la prehistoria. Desde siempre fue un lugar de tránsito y luchas para distintos pueblos, que dejaron al abrigo de las sierras y en los

Turismo de verano en los mares interiores de La Siberia

asentamientos primigenios testimonios arqueológicos y artísticos suficientes para seguir sus huellas.

En algunos abrigos conocidos de las sierras de la comarca –y probablemente en algunos otros que aún restan por conocer– pueden observarse pinturas rupestres esquemáticas que representan figuras antropo y zoomorfas, por desgracia no lo suficientemente cuidadas. Tales son los casos de los abrigos existentes en la Sierra de Pela, cerca de Navalvillar de Pela, y en Talarrubias.

Los vestigios romanos hallados hasta la fecha no son muy abundantes. Sin embargo, destaca por su notoriedad el yacimiento de Lacimurga, una antigua ciudad situada en el actual Cerro Cogolludo de la que se conservan restos amurallados, casas, termas, y necrópolis. Las aguas del embalse de Orellana bañan hoy las orillas de la antigua villa romana. Por otro lado, los habitantes de la localidad de Garlitos atestiguan sus orígenes en la existencia de una vieja ciudad de *Minerva* en el emplazamiento de lo que es la pequeña población, asentamiento que fue posteriormente utilizado por los árabes, de cuya fortaleza aún quedan algunos restos. Otras estructuras defensivas medievales que aún muestran parte de su majestuosidad se encuentran en Siruela, Puebla de Alcocer y en la fortaleza octogonal de origen árabe, particular por carecer de torres defensivas, de Herrera del Duque.

El mudéjar alcanzó un notorio desarrollo en la comarca, tal y como se demuestra por la numerosa obra arquitectónica existente en varias localidades. Destaca el Puente de la Mesta, en Villarta de los Montes, utilizado durante el auge de la trashumancia, en un paisaje que hoy está desolado debido a la gran oscilación del nivel de inundación de esta cola del embalse de Cíjara; así como diversas iglesias de Valdecaballeros, Herrera del Duque y Puebla de Alcocer. Finalmente, como botón de muestra de los estilos arquitectónicos posteriores reflejados en la comarca de Los Embalses-La Siberia, destacar la muestras renacentistas de Orellana la Vieja, concretamente la iglesia de la Inmaculada Concepción.

La arquitectura popular tradicional está aún bien representada en numerosas pequeñas localidades serranas de la comarca, cuyas viviendas muestran las viejas características de la obra civil, labores en pizarra y roca cuarcítica principalmente; hoy las fachadas aparecen a menudo encaladas. Las puertas y ventanas suelen ser de madera, libres de herrerías y de reducidas dimensiones. Hoy las calles se engalan de enredaderas y flores. Algunos ejemplos que ilustran esta imagen escrita se encuentran en Casas de Don Pedro, El Risco, Garbayuela, Siruela, etc.

Vista parcial del Embalse de García Sola

Muchas exquisitas tradiciones artesanales y gastronómicas se mantienen en la comarca. La elaboración en telares de mantas es característica de Casas de Don Pedro y Castilblanco; también son afamados los encajes de bolillos de Talarrubias, donde también se trabaja con esmero la cerámica. Finalmente, la madera es material utilizado por los artesanos de Garbayuela y Castilblanco.

En cuanto a la gastronomía, la comarca ha sido siempre especialmente dada al consumo tradicional de productos de la caza y la pesca. Los platos elaborados con peces de río son los más afamados. En Orellana la Vieja se prueban los peces en ajo molinero y el estofado de peces; en Peloche, el escarapuche de peces; en Navalvillar de Pela son más típicas las sopas, las masmarrias y las poleás, además de dulces, como las roscas raborratas y los bollos dormíos. La caza constituye generalmente el segundo plato de la comida: la sorda de jabalí y el ragú de venado en Herrera del Duque; las calderetas y el tasajo de ciervo y jabalí, muy abundante por estos municipios serranos.

En la actualidad, la caza y la pesca son dos de las actividades más atractivas que se pueden llevar a cabo en la comarca de Los Embalses-La Siberia. Esta retirada porción de sierras, valles, ríos y embalse ha sido desde siempre lugar predilecto para los grandes practicantes de estos deportes, un hecho que se pone de manifiesto en los abundantes cotos de caza, privados y deportivos, que existen en las sierras, así como en las facilidades que encuentran los muchos pescadores que hasta estos mares continentales se acercan para el ejercicio de su afición.

Otro de los grandes atractivos de la comarca son las diversas actividades deportivas, principalmente náuticas, que se pueden realizar en las aguas de los embalses. El piragüismo y la navegación a vela son los deportes que cuentan con más adeptos, si bien en la actualidad también están teniendo auge otras prácticas más agresivas con el medio, como son las actividades a motor. El verano supone la mejor época para ejercitar estas y otras actividades a partir de los diferentes centros náuticos y playas habilitadas para el baño y la navegación que se reparten por las orillas de cualquiera de estos grandes embalses de la comarca.

Para finalizar por este breve e intenso viaje por el mundo cultural y social de la comarca de Los Embalses-La Siberia hay todavía que resaltar unos pocos eventos folclóricos, uno de los cuales entra a formar parte del selecto grupo de fiestas de interés regional de la comunidad extremeña. Tal es el caso de la fiesta por excelencia de Navalvillar de Pela, la Carrera de San Antón, conocida también como *La Encamisá,* los días 16 y 17 de enero, una celebración en la que el caballo y el jinete, junto a las hogueras, tienen mucho que ver en la conmemoración de un hecho histórico o de leyenda, la salvación de la población ante un ataque árabe, en pleno medievo.

RUTA 9

RESERVA DE CÍJARA

Distancia total: Aproximadamente 43 kilómetros.
Duración total: De 11 a 12 horas.
Tipo de marcha: Lineal.
Tiempos de marcha: Inicio en el pk 4 de la carretera de Helechosa al poblado de Guadisa - Collado de la Cigüeña: 3 horas y 30 minutos. Collado de la Cigüeña - Cruce del Cerro del Cabezo: 45 minutos. Cruce del Cerro del Cabezo - Apreturas de Benazaire - Cruce del Cerro: 2 horas. Cruce del Cerro Cabezo - Puerto del Lobo: 2 horas y 30 minutos. Puerto del Lobo - Piscina Natural: 1 hora y 30 minutos. Piscina - Villarta de los Montes: 30 minutos.
Desnivel: 150 metros aproximadamente.
Dificultad: Media, por la larga distancia a recorrer.
Tipo de camino: Pista, senda.
Agua potable: Fuente a 500 m del inicio de la ruta; dos fuentes entre el cruce del Cerro del Cabezo y la senda a las Apreturas de Benazaire; otra en el inicio a la subida del Puerto del Lobo; una más a dos kilómetros de la piscina del Castañar o del Robledillo; y en la misma piscina, donde también hay un chiringuito.
Época recomendada: Todo el año, si bien en verano puede resultar asfixiante.
Sugerencias: Avisar a la guardería de nuestras intenciones. Llevar prismáticos. Buitrera en una isla del embalse, yendo a Bohonal. Especialmente aconsejable en septiembre-octubre, cuando primero tiene lugar el celo de los ciervos, y el de los gamos después. Sombrero en los días calurosos. Posibilidad de visitar el vecino Parque Nacional de Cabañeros, al este. Toda la ruta puede cubrirse en bicicleta, salvo la aproximación final a las Apreturas de Benazaire.
Conservación: Reserva de Caza de Cíjara. Amenazas: incendios forestales; caza furtiva; uso de venenos en los cotos de caza próximos...
Cartografía: Hojas 733 y 734 escala 1:50.000 del S.G.E.

Para llegar al inicio de este único recorrido por la Reserva de Caza de Cíjara debemos acceder al pk 4 de la carretera que une Helechosa con el poblado de Guadisa, en el lado derecho de la presa del embalse. Aquí encontramos una amplia pista que se adentra entre las escasas muestras remanentes de encinas y quejigos que orlan este tramo de la

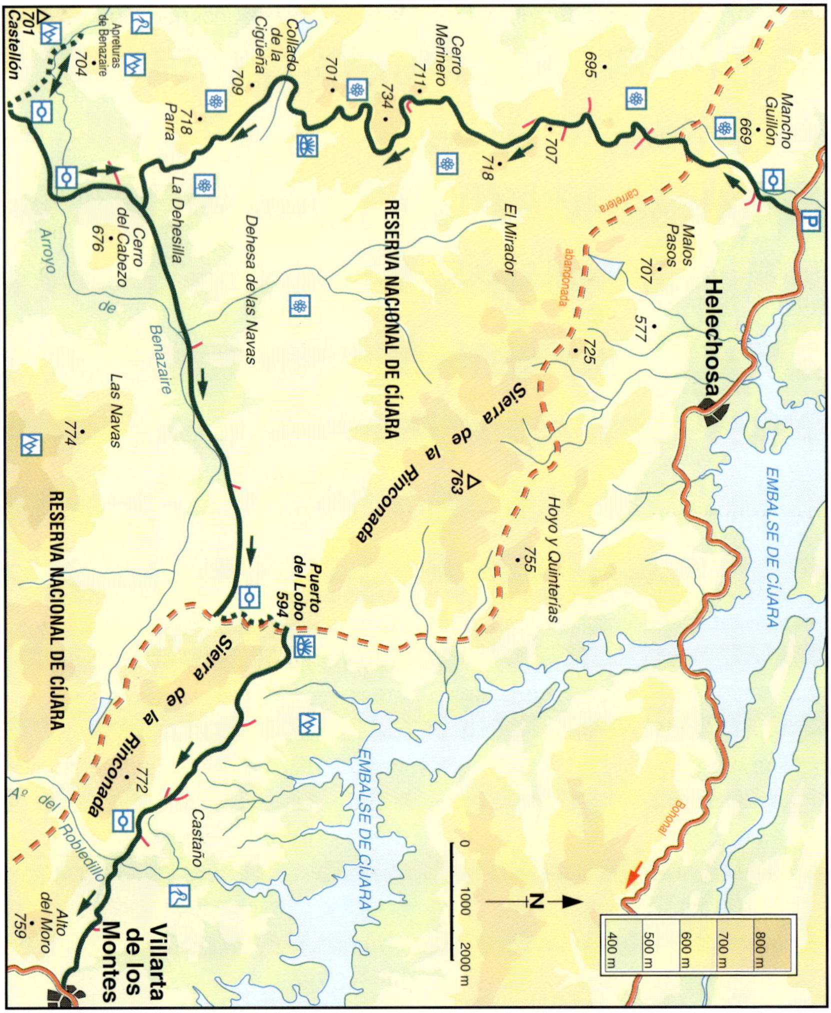

carretera, para seguidamente profundizar en el pinar. Un 80 % de la superficie de la Reserva está ocupada por plantaciones realizadas décadas atrás, entre las que dominan la de pino piñonero, pino resinero y eucalipto, densas masas que caracterizan mayoritariamente los cerros, lomas y laderas del territorio, con la excepción de la hoya natural incluida entre las sierras, la nava del arroyo de Benazaire, en la que la labor forestal respetó sus dehesas y rañizos. A medio kilómetro del inicio pasamos ante una fuente, justo a la entrada del pinar. Observamos grandes pies de alcornoque, quejigo y encina incluidos entre los pinos, de bellos portes retorcidos que contrastan con los monótonos mástiles de las coníferas. Aunque nos aparecen dos ramales a la izquierda, y uno posterior a la derecha, seguimos por la pista principal, dejando una risquera a la derecha y un evidente barranco que sin embargo no vemos por la espesura de la vegetación. También contemplamos parcelas del pinar en diferentes estados de crecimiento, como resultado de las cortas y sacas a que se somete toda la explotación forestal. Junto a ésta y al aprovechamiento cinegético de la Reserva de Caza, existen otros sistemas utilizados por el hombre para la explotación de los distintos recursos que ofrece el bosque: extracción de resina mediante la apertura de cortes en el tronco del pino resinero, y su acumulación en vasijas de barro; aprovechamiento melífero; creación de picón o carbón vegetal; recolección de setas... Llegamos posteriormente a un cruce principal y atravesamos una vieja carretera que llega hasta Villarta de los Montes; el merendero a nuestra derecha suele utilizarse como lugar de reunión previa y posterior a las cacerías que, de manera controlada, se suceden año tras año en la Reserva, batidas que suponen una importante inyección económica y una manera de mantener la calidad y salud de las poblaciones de especies cinegéticas. Desde aquí el camino transcurre bajo el dosel de pinos, haciéndose cada vez más sinuoso como consecuencia de la topografía. Caminamos sin salvar desniveles importantes, siempre manteniéndonos a una misma altura, por lo que debemos atravesar las arroyadas y barrancos que se suceden. Son éstas precisamente las que albergan una mayor diversidad de especies arbustivas que, si bien aparecen de manera dispersa incluidas en el pinar, proliferan más en estos reductos que facilitan los accidentes del relieve. En algunos puntos del recorrido podemos apreciar manchas de lo que otrora ocupara estas sierras, un matorral noble formado por madroños (en ocasiones madroñeras monoespecíficas), durillos, labiérnagos, jaras diversas, carrascas, alcornoques, quejigos... Durante este gran tramo de marcha, hasta alcanzar el Collado de la Cigüeña, dejamos algunos cortafuegos y ramales a izquierda y a derecha; nuestro itinerario se mantiene a favor de la pista principal. A unos mil metros antes de alcanzar el collado se abre un claro entre los pinos que permite vislumbrar toda la nava del arroyo de Benazaire y el puerto del Lobo muy al fondo. Un magnífico mirador que nos desvela la nava circundada por sierras de escasa elevación pero muy enriscadas, en las que anidan algunas aves rupícolas como el águila real, el buitre leonado, el búho real y el alimoche. Todas utilizan la nava como zona de campeo. Algo similar ocurre con ciervos, jabalíes, gamos, corzos... que bajan a la dehesa durante las noches y las alboradas, bien para alimentarse en los pastizales, bien durante la fase reproductiva, especialmente espectacular en los casos del ciervo y del gamo, y en menor medida del corzo. Observamos además algunas risqueras faldeadas por muestras de un matorral noble que crece con profusión al amparo de la umbría, hábitat forestal muy adecuado para el refugio de diversos carnívoros entre los que, desgraciadamente, parece haber desaparecido el lince ibérico. Continuamos la marcha hasta el collado, que definitivamente dejamos a nuestra derecha en el lugar ocupado por un olivar y dos nuevos ramales. La bajada hasta la nava se realiza a través de un denso eucaliptal que ocupa buena parte de la vertiente de umbría. Así bajamos un buen trecho hasta que el eucaliptal se abre en un terreno más suave ocupado por la dehesa de encinas; algo más allá dejamos un ramal a la derecha, y seguidamente llegamos a un cruce principal, a los pies del Cerro del Cabezo. Aquí nos dirigimos a la derecha. Obviamos un camino que parte a la derecha y alcanzamos el vado sobre el arroyo de Benazaire, poblado escasamente con algunos chopos, rosales silvestres, majuelos y juncales. En los siguientes dos kilómetros caminando por la dehesa dejamos algunas casas y dos fuentes antes de llegar a un cruce, a unos 500 metros de la última. La senda está poco marcada, pero el discurrir del arroyo, la hilera de vegetación ligada al mismo, y los riscos que jalonan la pequeña portilla del Benazaire formando las Apreturas, nos sirven como referencia adecuada. Para acercarnos hasta los rochos de roca consideraremos previamente la época en la que realizamos la visita; nuestro acercamiento no excederá del viejo represamiento en el arroyo cuando visitemos la zona entre enero y agosto, los momentos críticos en la reproducción de especies amenazadas que anidan aquí. Tras satisfacer nuestro paseo por las Apreturas regresamos al cruce del Cerro del Cabezo. Un largo paseo nos espera desde aquí hasta el Puerto del Lobo, atravesando toda la nava de Benazaire. Aunque vamos a dejar diversos ramales a ambos lados nuestra pista resulta fácil de seguir. Las encinas y los quejigos alternan a lo largo de todo el paseo por el rañizo; en ocasiones muestran formas que se identifican

❧ *Piscina natural del barranco de los Castaños* ❧

con un proceso de gestión forestal secular, pero en otros casos exhiben portes magníficos, principalmente algunos quejigos que se ligan a las proximidades del arroyo. La nava es el lugar natural al que tienden la mayoría de los habitantes alados y terrestres de la Reserva, para alimentarse, formalizar lazos reproductivos, establecer los territorios de caza y campeo... Antaño el conejo era muy abundante aquí y formaba parte esencial de la dieta de todos los depredadores; pero hoy por hoy su población no ha conseguido recuperarse de algunas enfermedades que han diezmado a la especie, algo que también ha redundado negativamente en muchos carnívoros. Tras un largo rato disfrutando del paisaje de la nava alcanzamos una cancela y una fuente estacional. Pasamos la cancela y en seguida salimos a una vieja carretera que tomamos a la izquierda. Algo más de un kilómetro nos permite llegar al Puerto del Lobo, paso natural en la divisoria de aguas de la Sierra de la Rinconada. Antes de alcanzar el puerto hemos dejado un ramal a la izquierda que se dirige al vivero forestal experimental de la Reserva. Afortunadamente la política de estos montes parece cambiar ligeramente, empezándose a sustituir algunas masas de pinos y especialmente eucaliptos, por quercíneas nativas y sus arbustos acompañantes, que poco a poco despuntan entre las plantaciones. Desde el Puerto del Lobo tomamos la pista que discurre hacia el este; el eucaliptal adquiere máxima expresión a nuestra izquierda, mientras que laderas arriba se mantiene una excelente muestra del monte de umbría. A medida que avanzamos el arbolado comienza a escasear y los cerros se suceden poblados de jarales; aquí y allá dejamos una casa, sus ruinas, un aprisco, una tenada... También atravesamos algunas pedreras que, si coincide nuestra visita con la primavera, descubrimos cubiertas de peonias o rosas del bosque. El camino realiza una serie de descensos y repechones; aparecen algunas casas y huertos dominados por higueras; una fuente más allá y finalmente la gran bajada hasta el vado sobre el arroyo del Robledillo, en cuyo encajamiento se habilitó hace unos años una piscina natural. Un magnífico lugar para bañarnos si el calor nos lo pide, y escudriñar la vegetación del enclave que goza de gran benignidad térmica, lo que facilita la presencia de fresnos, helechos reales, castaños, quejigos, arraclanes, sauces, ruscos, nogales y limoneros en la huerta. Desde aquí sólo nos queda subir hasta Villarta, por una carretera que deja una umbría poblada de fresnos a la izquierda.

RUTA 10

PUERTO PEÑA

Distancia total: Aproximadamente 5 kilómetros.
Duración total: De 1 hora y 30 minutos a 2 horas.
Tipo de marcha: Ida y vuelta.
Tiempos de marcha: Aparcamiento - Cueva de la Mora: 30 minutos. Cueva de la Mora - Antena: 30 minutos. Camino de regreso: 30 minutos.
Desnivel: 280 metros.
Dificultad: Escasa.
Tipo de camino: Camino, senda.
Agua potable: En el poblado de la presa y en el cámping.
Época recomendada: Todo el año, incluso en las mañanas y tardes del verano.
Sugerencias: Llevar prismáticos. Sombrero en los días calurosos. Recolección de espárragos y setas en otoño y primavera. Posibilidad de hacer otras rutas en el entorno, como las ligadas al embalse de La Serena, además de las señalizadas en toda la comarca, resultado del proyecto Leader II, La Serena.
Conservación: Sin protección alguna. Principales amenazas: construcción de una nueva carretera en la Sierra de El Escorial; incremento de las actividades recreativas en las aguas del embalse; aumento del número de visitantes a los lugares más sensibles durante la época de reproducción de las aves rupícolas; riesgo de incendios forestales; caza furtiva, etc.
Cartografía: Hoja 756 escala 1:50.000 del S.G.E.

Desde los alrededores de la presa del embalse de García de Sola, que regula una vasta superficie del tramo medio del Guadiana, podemos contemplar una magnífica panorámica de los paredones y riscos que jalonan la vieja portilla del río, utilizada décadas atrás para la instalación de la obra de ingeniería. Resaltan numerosas las zonas blancas entre los ocres y los oscuros tonos de la formidable pared, signo inequívoco de la presencia de una nutrida buitrera. Si nos armamos de un poco de paciencia, disponemos de buenos prismáticos y seleccionamos la adecuada posición (un mirador estupendo de la pared existe a la vera del camping, donde existe un pequeño centro de interpretación del medio rupícola),

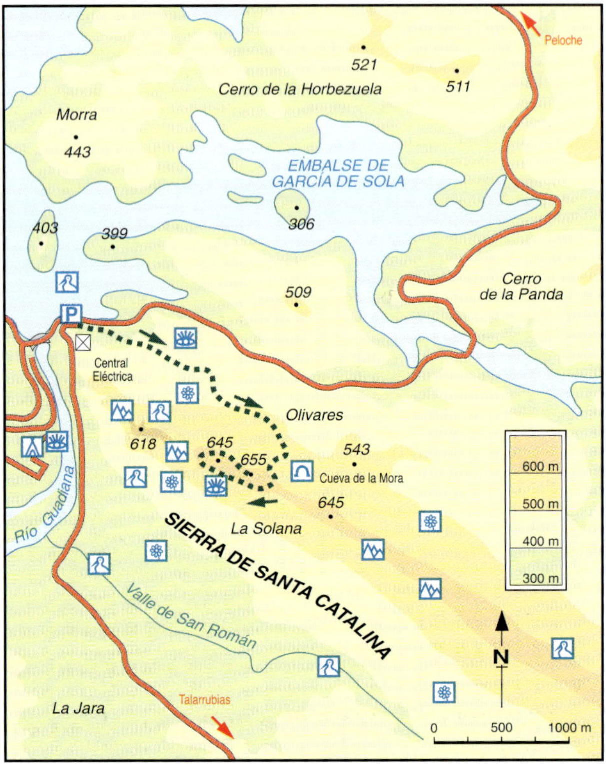

además del buitre leonado podemos ver a la cigüeña negra, el alimoche, el águila perdicera, la chova piquirroja, el vencejo real, el búho real...

Para llegar al inicio de este breve pero intenso itinerario hemos de situarnos en la orilla izquierda de la presa. A unos 200 metros de la misma, por la carretera en dirección a la pedanía de Peloche, existe un aparcamiento de coches a la derecha. De aquí sube un camino utilizado por vehículos hasta un merendero, lugar visitado asiduamente por los numerosos bañistas que en verano se acercan hasta el embalse, y que dispone de barbacoas y fuente (aunque esta última suele encontrarse cegada). Continuamos el camino que parte a la izquierda de la zona alta del merendero; tras dejar unos pocos pinos nos introducimos en la umbría de este extremo de la Sierra de Santa Catalina, una magnífica muestra de monte mediterráneo conservada hasta la fecha. En esta zona baja todavía acompañan a las encinas algunos arbustos de distribución amplia por laderas soleadas, linderos, manchas adehesadas, como el torvisco, diferentes jaras, el cantueso, la retama, el romero, el espino negro, etc. Pero seguidamente vamos apreciando un incremento en la diversidad del matorral noble que acompaña a la quercínea, con durillos, madroños, fresnos, jazmín de monte, brezos, madreselvas, teucrios, majuelos, esparragueras, labiérnagos, cornicabras, codesos, enebros, escobas... Salimos a una pequeña explanada herbácea desde la que podemos interpretar nuestra senda de subida a la antena que culmina estos riscos de la sierra. Apreciamos que esta vertiente, aún siendo abrupta, no alcanza la magnitud de las paredes de la solana, siendo los riscos menos elevados y limitados a las cumbres de la serreta. Por el contrario, el tapiz verde de la vegetación se extiende hasta ocupar los mismos pies de las risqueras. A la izquierda del clareo podemos aproximarnos hasta una zona utilizada como mirador por los visitantes del itierario, con amplias vistas sobre las aguas y cerros del entorno del embalse. Tras dejar el llano herboso el camino se hace definitivamente senda y comienza a hacer zetas según se incrementa la pendiente. A escasa distancia pasamos bajo un precioso dosel de quejigos, otra evidencia de la presencia de humedad ambiental existente en esta umbría; por esta zona es también posible apreciar la belleza de las rosas del bosque o peonias, siempre que realicemos la visita en primavera. Algo más allá alcanzamos una pequeña pedrera, cuando aún no hemos iniciado la subida fuerte. Debemos girar hacia la izquierda, por la vereda que se abre unos metros más adelante, y obviamos otra que parece se intuye a la derecha. Desde aquí nuestro camino entre el matorral comienza a tomar más y más pendiente; son momentos en los que nos detenemos puntualmente para tomar el aliento, así como para intentar divisar a las numerosas currucas rabilargas, cabecinegras y carrasqueñas, los carboneros y herrerillos, los agateadores comunes, los mirlos y zorzales, los arrendajos... Vamos sorteando las ramas de la vegetación, y en ocasiones algún tronco que se desplomó tiempo atrás sobre la senda. Así debemos caminar alrededor de unos quince minutos, hasta que a la izquierda de la senda reconocemos la Cueva de la Mora. Este abrigo natural presenta abundantes muestras de lo que no debe hacerse en tan singular hito del relieve, como son pinturas con aerosoles, restos de hogueras, acumulación de basuras, etc. Aunque hay constancia de la limpieza ocasional del lugar, por desgracia se nota que aún existen visitantes poco cuidadosos con la naturaleza en la que se mueven... Esta cueva alberga la invernada de algunos murciélagos, así como es el lugar elegido para la instalación de los nidos de barro de la golondrina dáurica y el avión roquero. Atacamos el último repecho de la subida. Continuamos la marcada senda, y a escasos metros tiramos por el ramal de la izquierda; el de la derecha va hasta una pequeña olla en la roca y se pierde algo más allá. Remontamos la fuerte pendiente por senda y pedrera; en otoño-invierno debemos cuidarnos de los resbalones que provocan la humedad y las rocas mojadas; con un poco de suerte podemos ver aquí al roquero solitario y a la collalba negra, residentes a lo largo de todo el año en los riscos que dejamos a la espalda y a ambos lados. Finalmente alcanzamos el rellano que nos indica que hemos alcanzado la cumbre y la antena. Las vistas son desde aquí insuperables, con el embalse que se extiende a nuestras espaldas, las cresterias de la Sierra de Santa Catalina, de la que parten los buitres, las dehesas y campos de La Serena al sur.

Embalse de García Sola desde el alto risco de Puerto Peña

RUTA 11

SIERRA DE PELA

DISTANCIA TOTAL: Aproximadamente 9 kilómetros.
DURACIÓN TOTAL: De 2 horas y 30 minutos a 3 horas.
TIPO DE MARCHA: Lineal.
TIEMPOS DE MARCHA: Camino de Valdemembrillo - Manantial de El Chorrero: 1 hora. Manantial de El Chorrero - Puerto de Sierra Morena: 1 hora. Puerto de Sierra Morena - Orellana de la Sierra: 1 hora.
DESNIVEL: 300 metros aproximadamente.
DIFICULTAD: Media.
TIPO DE CAMINO: Pista, camino, senda, trocha.
AGUA POTABLE: Fuente en el inicio; y en el manantial de El Chorrero.
ÉPOCA RECOMENDADA: Todo el año, excepto el verano.
SUGERENCIAS: Llevar prismáticos. Sombrero en los días calurosos. Recolección de espárragos y setas en otoño-primavera. Posibilidad de hacer otras rutas en el entorno, como las del embalse de La Serena, la de Puerto Peña, por la presa de García Sola, además de las señalizadas en toda la comarca del proyecto Leader II, La Serena.
CONSERVACIÓN: Zona de Especial Protección para las Aves, Z.E.P.A., "Embalse de Orellana y Sierra de Pela". Principales amenazas: incremento del recreo en las aguas del embalse; riesgo de incendios forestales; caza furtiva; uso de venenos en los cotos de caza próximos...
CARTOGRAFÍA: Hoja 755 escala 1:50.000 del S.G.E.

Para el inicio de esta ruta debemos llegar a la peculiar fuente enclavada al inicio del camino de Valdemembrillo, en la zona oeste de la localidad. Dicha fuente está formada por dos grandes depósitos de agua a los que se adosa una hilera de grifos. El camino que debemos coger es la prolongación natural de la calle que parte hacia el oeste, camino que bordea la zona norte de la Sierra de Pela. Partimos inicialmente por un camino recientemente rehabilitado –y por consiguiente ensanchado desmesuradamente–; a unos escasos 300 m dejamos un ramal de la pista que gira a la izquierda. Se trata de un camino muy atractivo de realizar, remontando un regato a través de un denso alcornocal, siempre y cuando se esté dispuesto a

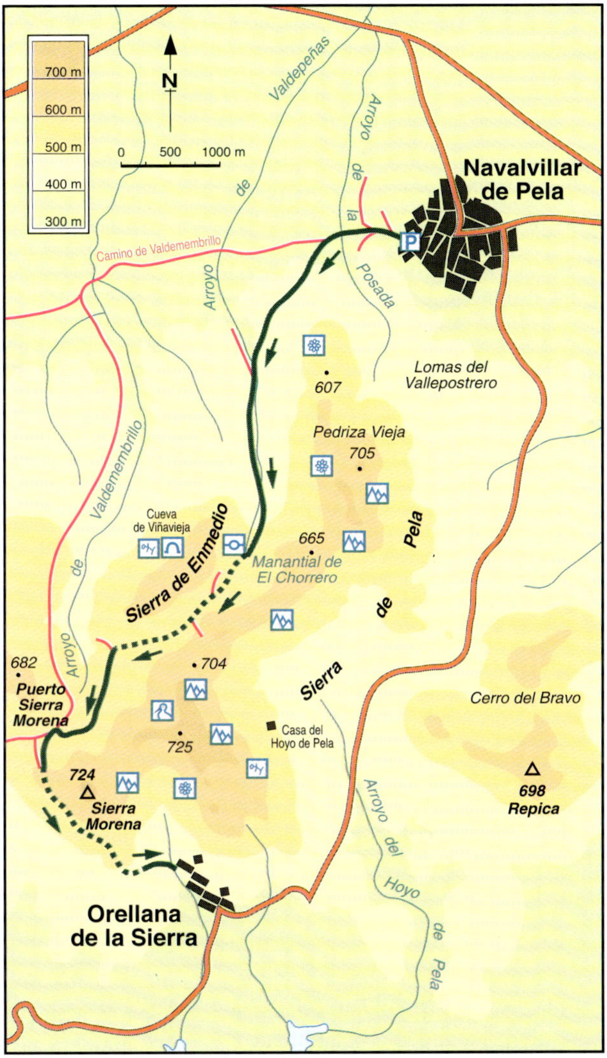

atrochar por muestras de denso matorral; por dicho camino es posible alcanzar la cumbre Pedriza Vieja. Nosotros sin embargo no abandonamos la pista principal, atravesando olivares y campos herbáceos de secano, así como algún regato estacional, hasta alcanzar el kilómetro de marcha. Es entonces cuando nos desviamos a la izquierda y abandonamos el camino de Valdemembrillo, tomando un ramal que muestra la reciente actividad de las máquinas que han facilitado su ensanchamiento. Vamos atravesando olivares de considerable extensión entre los que se intercalan algunas parcelas dedicadas a la higuera o al almendro; según avanzamos los contrafuertes de la sierra se van elevando a nuestra izquierda. Podemos distinguir en el horizonte serrano las cumbres que comienzan a enriscarse, aflorando toda una sucesión de perfiles rocosos que albergan importantes poblaciones de buitre leonado, así como parejas dispersas de águila real, águila perdicera, halcón peregrino, búho real, alimoche... Bajo los riscos se extiende una ancha franja de color verde lustroso, básicamente dominada por alcornoques en el estrato arbóreo, así como por diversos matorrales nobles acompañantes en el estrato arbustivo. En algunas zonas también se distinguen pedreras que se pierden en el dosel del ramaje de eucaliptos y pinos plantados tiempo atrás en las zonas medias e inferiores. La pista discurre posteriormente paralela a un arroyo, y comienza a encajarse entre la Sierra de Pela y la pequeña Sierra de Enmedio. Siguiendo la pequeña vega fluvial del arroyo, originado a partir del manantial situado aguas arriba, se desarrollan algunos huertos en los que abundan frutales diversos, desde naranjos, limoneros, manzanos, granados... a nogales y castaños. En algunos tramos aparecen manchas de cañaveral en los recodos del arroyo que otorgan cierta diversidad y cobertura a la avifauna local. Llegamos finalmente a unas casas residenciales y a un refugio cerrado, donde el camino muere, justo frente al manantial de El Chorrero, fuente que nos alivia con su agua fresca. Actualmente están construyendo una zona recreativa en este lugar, alterando drásticamente el pequeño manantío natural, en cuyo fondo destacan algunos grandes alcornoques sobre un tapiz poblado de helechos, junto a una gran roca cubierta de hiedra. Si estamos en primavera-verano es un magnífico sitio para descubrir a la oropéndola y al ruiseñor común. Tras el reposo cogemos la senda que sube entre los helechos y unos alcornoques jóvenes; unos minutos de subida después obviamos un ramal a la derecha, y un poco más allá salimos a un camino principal. Giramos a la izquierda; en cuanto al camino de la derecha es el requerido para pasar a la vertiente de poniente de la Sierra de Enmedio, en cuyas laderas se sitúa la cueva de la Viñavieja, si bien para llegar a ella hay que improvisar una trocha por el viejo camino en desuso. En seguida llegamos a una zona arrasada por la maquinaria en la misma depresión del arroyo, en donde existe una caseta, una alberca seca y unas ruinas. Dejamos el camino de la izquierda, pasamos la depresión y vamos por el jaral de la derecha. A unos pocos minutos salimos nuevamente a un camino principal. Mientras que a la izquierda nos jalona un denso eucaliptal, a la derecha las laderas de la Sierra de Enmedio nos muestran alcornoques, madroños, labiérnagos, olivillas, brezos, mirtos, jaras de hoja de álamo, coscojas... Aquí son asiduos el azor y el gavilán; también abundan los

❧ Cercado ganadero para la protección contra el ataque de lobos ❧

jabalíes y diversos carnívoros, entre los que destacan por su abundancia el zorro y la garduña. Más eucaliptos proliferan al alcanzar el puerto. Aquí tomamos el camino de la derecha, que baja hasta Valdemembrillo. El de la izquierda sube y circunda buena parte de la Sierra de Pela, si bien algunos ramales quedan cegados y se hacen complicados para caminar. Según descendemos, dejando los contrafuertes del monte Sierra Morena y otros riscos sobresalientes a la izquierda, contemplamos las vastas plantaciones acometidas en el fondo de valle y sus laderas, principalmente de eucaliptos y pino piñonero; también existen muchas parcelas dedicadas al olivar. Pasamos la cabecera de Valdemembrillo tras dejar un camino a la derecha, y subimos la ladera repoblada hacia el puerto. Cuando lo sobrepasamos el camino se pierde y se transforma en trocha que debemos seguir como mejor podamos, en dirección al este, hacia un hombro que inicialmente no nos permite ver Orellana de la Sierra. Sólo es un rato de lucha con la vegetación mediterránea; luego salimos a un olivar y unas pedreras que hacen el descenso más sencillo. Una franja más de matorral espinoso para llegar a los campos de labor que circundan Orellana; y finalmente por un camino que nos lleva hasta la iglesia del Espíritu Santo y el castillo de los Bejaranos.

RUTA 12

CASTILLO DE ALCOCER – EMBALSE DE LA SERENA

DISTANCIA TOTAL: Aproximadamente 9 kilómetros.
DURACIÓN TOTAL: De 2 horas y 30 minutos a 3 horas.
TIPO DE MARCHA: Lineal.
TIEMPOS DE MARCHA: Esparragosa de Lares - Castillo de Alcocer: 30 minutos. Visita al Castillo: 30 minutos. Castillo - Puebla de Alcocer: 15 minutos. Puebla de Alcocer - Galizuela: 1 hora. Galizuela - Embalse de La Serena: 15 minutos.
DESNIVEL: 330 metros.
DIFICULTAD: Escasa.
TIPO DE CAMINO: Camino, senda y carretera.
AGUA POTABLE: Únicamente en las localidades que visita el itinerario.
ÉPOCA RECOMENDADA: Todo el año, excepto el verano.
SUGERENCIAS: Llevar prismáticos. Sombrero en los días calurosos. Recolección de espárragos y setas en otoño y primavera. Posibilidad de hacer otras rutas en el entorno, como la de La Serena, la de la Sierra del Torozo... además de las señalizadas en toda la comarca, resultado del proyecto Leader II, La Serena.
CONSERVACIÓN: Sin protección alguna. Principales amenazas: incremento de las actividades lúdicas en las aguas del embalse; caza furtiva; uso de venenos en los cotos de caza próximos...
CARTOGRAFÍA: Hoja 780, escala 1:50.000 del S.G.E.

Iniciamos este nuevo itinerario por un camino que parte hacia la ermita de la Virgen de la Cueva y al castillo de Alcocer, desde la zona norte de la localidad de Esparragosa de Lares, adentrándonos por los olivares que faldean la pequeña serreta del Castillo. Tenemos que dejar un camino a la derecha así como pequeñas entradas a las fincas, antes de que los olivos se queden atrás y empecemos a andar entre manchas de vegetación natural. Esta solana todavía mantiene encinas, jaras diversas, lentiscos, cornicabras, torviscos, romeros, cantuesos, peralillos... hacia las zonas elevadas de la sierra, donde el afloramiento de riscos, la fuerte pendiente y la escasa formación de suelo imposibilitan la explotación olivarera. Un paseo durante la época primaveral permite captar la afanosa actividad de las

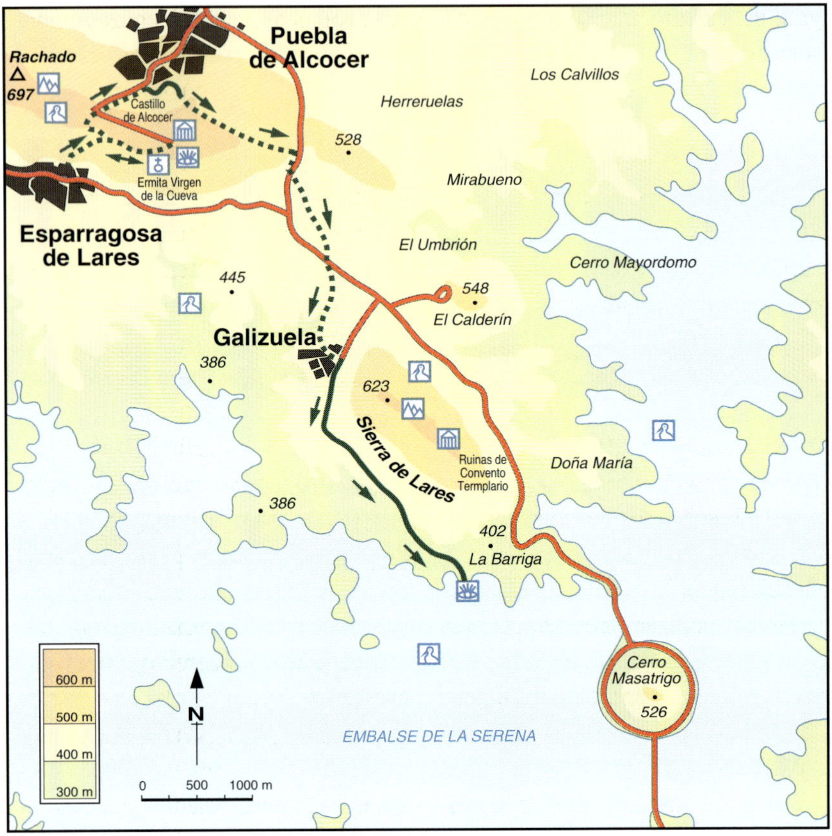

numerosas aves que aquí se reproducen: el críalo parasita los nidos de córvidos y sus pollos son criados por grajillas, rabilargos y mayoritariamente por urracas; el escribano montesino, la collalba negra y el roquero solitario utilizan las oquedades entre las rocas para anidar, como también hacen el avión roquero y la golondrina dáurica, aunque éstos crean sus cuencos de anidamiento con barro; las currucas rabilarga, cabecinegra, carrasqueña... se mueven como pequeños fantasmas alados en el interior del matorral. El efecto isla que tienen las sierras que vertebran toda la comarca de los embalses pacenses, como lugares de refugio dominando amplios campos abiertos, incide positivamente en la diversidad de aves y en el conjunto de la fauna y la flora local.

Según subimos contemplamos la

figura del castillo, que se muestra de planta estrecha y alargada, como si de una prolongación natural de la crestería se tratara. Antes de alcanzar la ermita de la Virgen de la Cueva dejamos una senda a la izquierda, por la que luego hemos de continuar tras la visita al castillo. Pasamos el recoleto templo y trepamos entre pequeños riscos para salir a un amplio aparcamiento a los pies de la fortaleza. Aquí podemos disfrutar de algún refrigerio en el chiringuito, siempre que hagamos la visita en primavera-verano. Para entrar en la conservada construcción medieval trepamos una escalera que da paso a una sala abierta por la que el viento sopla fuertemente; cruzamos el estrecho patio de armas, en el que se distinguen pozos y sótanos, pero inmediatamente ascendemos por la escalera de piedra hacia el pasillo que recorre todos los lienzos del castillo, y nos lleva a la imponente torre del homenaje. A través de cálidas salas que invitan a instalarnos allí subimos hasta la terraza de la torre, punto culminante de la visita. Un lugar singular con panorámicas estupendas sobre el embalse y La Serena, con magníficas puestas y amaneceres. También es una atalaya que permite observar discretamente a chochínes, mirlos, vencejos reales y comunes, aviones roqueros y comunes, golondrinas dáuricas, roqueros solitarios, collalbas negras, lechuzas comunes, cernícalos primillas... todas aves que residen estacional o permanentemente entre los muros del castillo.

Regresamos por el sendero de la ermita hasta el cruce dejado anteriormente (también podemos bajar directamente por la carretera del castillo). Alcanzamos el pequeño puerto para descender a Puebla de Alcocer por la carretera. Aprovechamos para contemplar cómodamente la risquera a nuestra izquierda, refugio de algunas rapaces rupícolas que pueden mostrarse en cualquier momento. Antes de entrar al pueblo cogemos un camino a la derecha que unos cientos de metros más allá se une a otro principal. Giramos a la derecha para caminar de nuevo por el olivar; subimos otra vez, si bien la pendiente y la orografía son más suaves, y facilitan nuestro andar. Cómodamente atravesamos los olivos y algunos huertos con higueras, almendros... hasta que alcanzamos una zona pequeña de encinar que nos lleva a la carretera. La cruzamos y pasamos la valla; entramos en un paisaje alomado que da pie a la depresión inundada por el embalse, peinado por herbazales y campos de secano que cambian de tonalidad y textura visuales según las estaciones del año. También se descubren dispersas algunas muestras de retamar.

Volvemos a salir a la carretera saltando una valla; enfilamos directamente el campo frente a nosotros, que nos lleva a la pequeña pedanía de Galizuela, de bonita arquitectura popular. Una elevación aislada, casi monolítica, da cobijo a las viejas casas. La pequeña Sierra de Lares se muestra desafiante ante el azul de las aguas del embalse y los dorados campos estivales, con su variada tonalidad de ocres, grises, verdes lustrosos y blanquecinos a la par... En la vertiente nororiental aloja una numerosa colonia de buitre leonado, además de algún que otro alimoche, búho real, halcón peregrino... Caminamos por la vieja carretera cortada por el embalse que parte al sur de Galizuela, y muy pronto llegamos hasta la orilla misma de las aguas; si es época calurosa podemos aprovechar y darnos un buen baño en este relajante lugar. Además podemos contemplar las evoluciones de algún cormorán, gaviota o azulón; o incluso admirar el frágil vuelo y los precisos picados que realiza el charrancito zambulléndose en las aguas veraniegas. Un estupendo final de esta nueva etapa por tierras extremeñas.

Galizuela, Sierra de Lares y embalse Zújar-La Serena

☞ LA SERENA

Aspectos ambientales

La Serena constituye una amplia llanura en la parte más oriental de la planicie que ocupa el centro de la provincia de Badajoz. Sus tierras herbosas no encuentran horizontes dada la amplitud y homogeneidad del territorio, si bien en ocasiones la llana comarca se ve interrumpida por elevaciones aisladas de cierta entidad que constituyen montes islas, de imponente aspecto ante tan ralo paisaje. En otras situaciones, algunas masas forestales, principalmente de encinas o plantaciones ancianas de olivos, también rompen con la textura continua del paisaje estepario de La Serena, sobre todo en el piedemonte y las laderas de las aisladas sierras.

Los límites de la comarca no son del todo precisos. Las tierras de Ciudad Real y de Córdoba sirven de margen oriental; por el norte, la porción este está claramente definida por el río Zújar, mientras que la parte oeste coincide con la línea teórica marcada por localidades como Villanueva de la Serena y Don Benito. El oeste conecta con el inicio de la Tierra de Barros a la altura de localidades como Puebla de la Reina y Retamal. Y por el sur la comarca llana

tiene continuidad en la sucesión de llanos que constituyen la Campiña Sur pacense, transición definitiva hacia el conjunto montañoso de la Sierra Morena central.

La Serena es una extensa penillanura formada en un elevado tanto por ciento por materiales pizarrosos de origen en la era primaria (precámbricos y cámbricos), integrados dentro del denominado complejo *esquisto-grauwáquico.* Dicha penillanura se ve recortada en sus horizontes por elevaciones montañosas de escasa extensión pero de cierta altura, denominadas montes islas como consecuencia de formar parte de un complejo serrano mayor que con el paso de la historia geológica ha sido arrasado por los diferentes procesos erosivos y la actividad tectónica. Están coronados por los riscos de cuarcitas armoricanas, y a sus flancos aparecen regularmente las pizarras y areniscas típicas.

En la porción noroccidental del territorio de La Serena aparecen también depósitos pliocenos formados por materiales ligeros, posiblemente procedentes de zonas graníticas próximas (al N está la Sierra de Montánchez), y afloramientos incluidos en la misma comarca de La Serena, al S. Estos afloramientos de rocas plutónicas que aparecen en este llano territorio tienen su explicación en la distribución de la banda granítica que atraviesa el conjunto de Extremadura, de NO a SE.

Excepcionalmente también aparecen algunos afloramientos de rocas carbonatadas, tal y como es el caso de la sierra que jalona por el sur a la pequeña localidad de Puerto Hurraco.

El clima de la comarca de La Serena es típicamente continental, si bien precisa de ciertas aclaraciones con respecto a otras zonas situadas en posición interior, dentro de la Península Ibérica, con acusadas características estepáricas parecidas a las de la zona en cuestión. El ciclo termopluviométrico responde al esquema clásico de un máximo período de lluvias en otoño - invierno, y un estiaje desmesurado durante el verano, estación que acoge temperaturas sofocantes frente a un dilatado período de heladas que se extiende más allá de los propios meses del invierno.

Dentro de estas características de clima mediterráneo seco hay que hacer una diferenciación por zonas, ya que los enclaves más interiores sufren mayor sequedad (mediterráneo seco medio) frente a los terrenos periféricos a este núcleo, en los que el período de lluvias se extiende hasta alcanzar valores que los posicionan en el mediterráneo seco superior. En cualquier caso, toda la comarca presenta índices de humedad superiores a los detectados en otras comarcas esteparias de la Península, un hecho que tiene que ver en la excelente producción de pastos ganaderos generados en toda La Serena.

Junto a los factores climatológicos característicos conviene mencionar la existencia de un permanente viento que ejerce un claro efecto desecante, y que por norma general extiende su acción a lo largo de la mayor parte del año.

Todo el territorio de La Serena se incluye dentro del denominado piso bioclimático *mesomediterráneo,* común a la totalidad de la superficie ocupada por la provincia de Badajoz, según se establece a partir del estudio de las relaciones existentes entre los valores de distintos parámetros climáticos, en particular la temperatura y las precipitaciones, y la distribución de los seres vivos, en especial las comunidades vegetales. Este piso bioclimático en la comarca se correspondería con la presencia de bosques de quercíneas, mayoritariamente encinares, si bien tendrían cabida ciertas manchas de alcornocal en situaciones favorecidas por la humedad, así como en los sustratos con predominio de los materiales pliocenos. Este paisaje vegetal está completamente transformado por el hombre en la actualidad.

Los suelos de la comarca presentan una generalizada textura arcillosa. Proceden en su mayoría de la meteorización de los materiales pizarrosos. El arrastre y sedimentación de las arcillas se produce como consecuencia de al menos un período de fuertes lluvias a lo largo del año. Por su naturaleza estos suelos permiten una mayor retención del agua y son relativamente fértiles, lo que añadido a la cierta benignidad del clima y la topografía llana posibilitan el mantenimiento de los afamados pastizales de La Serena, de interés ganadero histórico.

La penillanura de La Serena carece prácticamente en su totalidad de cursos fluviales de aguas permanentes. El río Zújar constituye la principal vía acuática, si bien delimita el territorio a lo largo de su trazado por el E y el N. Además algunas cabeceras de afluentes del Guadiana por su margen izquierda se sitúan en sierras de la comarca, caso de los ríos Ortiga y Guadámez; de cualquier forma son cursos con escasos caudales que durante parte del año dejan de fluir con continuidad.

Por otro lado, resultan evidente las características naturales del sustrato y su capacidad de retención de agua, un hecho que pone de manifiesto la existencia de abundantes praderas juncales a lo largo de los barrancos y vaguadas que se suceden en el suave relieve de La Serena, y que favorece el mantenimiento de pastizales frescos buena parte del año.

El paisaje vegetal de la comarca ha sufrido un proceso de transformación secular en el que la actividad humana ha ejercido su predominio como principal agente modelador. Antes de cualquier intervención humana estas tierras estaban ocupadas por encinares más o menos densos, probablemente aclarados en muchas parcelas herbosas en las que pastarían los herbívoros silvestres. Las condiciones climáticas atemperadas, la mediana fertilidad de los suelos limoso-arcillosos y el suavemente ondulado relieve, propiciaron que con la llegada del sedentarismo el hombre comenzará a aprovechar su valor ganadero, algo que sin duda comenzó a provocar la desaparición del arbolado para favorecer el crecimiento de pastos y que se consumó probablemente hace ya tiempos bastante remotos.

Así se explica el aspecto actual de esta comarca ganadera, en la que las únicas formaciones leñosas existentes aparecen en fincas aisladas, encinares y alcornocales adehesados, así como olivares, comunidades que se repiten en las laderas de las sierras y serretas que como montes isla asoman en determinadas zonas de la penillanura.

Los extensos pastizales de hierbas y gramíneas, los montes y laderas adehesadas, y los roquedos y crestas posibilitan en la comarca de La Serena la existencia de una importante representación faunística, en la que destaca la comunidad de aves esteparias. El aislamiento de estas tierras del este extremeño, abiertas a lo largo de los siglos únicamente al uso ganadero, ha permitido la preservación de estas estepas que por sus características paisajísticas y su fauna ornítica recuerdan a los extensos herbazales de las llanuras asiáticas.

Llanos de La Serena

Además de constituir uno de los reservorios de la avifauna esteparia en Europa, la llanura es atractiva para muchas otras especies que campan por ella, por ejemplo, durante la noche, cuando los mamíferos salen de sus refugios en las sierras y montes en búsqueda de alimento, o durante el día, cuando son prospectadas por variadas aves de presa que utilizan los roquedos y el arbolado para anidar.

Finalmente hay que destacar la importancia que tienen algunos pasos situados entre sierras de La Serena, por ejemplo la alineación de Benquerencia-La Nava-Helechal, para la migración de aves, y en particular para la invernada de la grulla europea en el este de la provincia de Badajoz, un espectáculo que acontece a finales de otoño, y durante todo el invierno, cuando las aves realizan sus desplazamientos locales a los comederos (dehesas de bellota, principalmente) y a los dormideros (enclaves al menos algo encharcados, por lo general).

Aspectos socioculturales

Para conocer la historia de esta comarca pacense hay que remontarse a la prehistoria, de la que proceden multitud de restos, hallazgos, abrigos y otros yacimientos encontrados que

Castillo de Benquerencia de la Serena

confirman el paso del hombre primitivo por ella. Probablemente sea el yacimiento de Cancho Roano el más importante de cuantos se conocen en la zona, concretamente en la localidad de Zalamea de la Serena. Se trata de un templo preromano de interés religioso comercial en cuyas excavaciones se han obtenido abundantes piezas de época orientalizante, algunas de ellas ubicadas actualmente en el Museo Arqueológico Provincial de Badajoz.

También son destacables las estelas funerarias de la Edad del Bronce localizadas en las inmediaciones de la localidad de Cabeza del Buey; y el dolmen de Magacela, en el norte de la comarca, situado al pie del promontorio que eleva a la población y permite otear toda la comarca de La Serena, al este y al sur, y la comarca de los Llanos y Vegas del Guadiana, al norte y al oeste. De entre las muestras de pinturas rupestres esquemáticas citar los abrigos dispersos que se encuentran en las sierras de Peñalsordo.

Como botón de muestra de la huella romana en la comarca, muy difusa por lo general, hay que dar a conocer la localidad de Zalamea de la Serena por su magnífico monumento funerario constituido por sendas columnas que otrora pudieron alcanzar hasta los 24 m de altura. Entonces la actual localidad pacense era conocida como *Iulipa,* por la que probablemente pasaría la vía de comunicación entre Medellín y Mérida, y la vieja Córdoba.

La comarca adquiere cierta importancia histórica a partir de la época islámica, cuando fueron erigidas numerosas edificaciones defensivas a lo largo de alineaciones serranas, perfectas atalayas naturales que permitían el dominio de las amplias llanuras situadas al norte y al sur. En estas tierras estuvieron situadas durante siglos tramos de la línea fronteriza que separaba los dominios árabes de las tierras cristianas. Las mejores muestras de estos imponentes castillos, situados en elevadas cotas, se encuentran en Benquerencia de la Serena, Almorchón, Capilla y Magacela.

La importancia ganadera de la comarca de La Serena se realza a partir de la Reconquista, cuando la Mesta adquiere gran relevancia. La Cañada Real Leonesa pasaba por allí y buena parte de los rebaños trashumantes que la cruzaban se mantenían pastando en sus límites durante la parte favorable del año. Durante el dominio de las órdenes militares, y con la presencia de la omnipresente Orden de Alcántara en particular, la comarca se convirtió en un gran feudo de la Baja Extremadura. De esta época y en los sucesivos siglos procede el desarrollo de estilos arquitectónicos como el renacentista y el neoclásico en algunas localidades, entre las que destaca la de Castuera, uno de los principales núcleos comarcales. Esta profunda historia de la comarca de La Serena conserva rastros no sólo a través de los monumentos y las edificaciones militares, sino que igualmente conserva multitud de rasgos del patrimonio etnográfico reflejados en su tradición oral, su arquitectura popular, la artesanía, el folclore y la gastronomía.

El interior de muchas pequeñas localidades encaramadas a los montes isla y a las laderas soleadas conserva buena parte del entramado de calles empedradas y estrechas, con fuertes pendientes, que se encuentran jalonadas por casas de piedra pizarrosa, de fuertes muros, bajas y con estrechos ventanales. Buenos ejemplos de esta arquitectura popular se encuentran en Benquerencia de la Serena, Puerto Hurraco, Magacela, etc.

La artesanía encuentra magníficos ejemplos en Villanueva de la Serena, en donde se trabaja la cestería y la madera en general; estos materiales son igualmente bien utilizados en Cabeza del Buey, localidad que también se halla a la cabeza en el trabajo de la piel y el cuero, y en la cerámica. La alfarería también es renombrada en Castuera, mientras que los trabajos en piedra sobresalen en Quintana de la Serena.

El queso de oveja y el cordero son los elementos por excelencia de la comarca de La Serena. La cría extensiva de la oveja merina está enfocada principalmente hacia la producción de la leche que genera posteriormente esos cremositos, tortas, quesos y quesucos que dan renombre a la zona. Actualmente estos productos se encuentran dentro de la Denominación de Origen de La Serena.

Como ya se ha dicho, el cordero es junto a los quesos la otra pieza fundamental en la cocina de esta tierra. La forma más generalizada de su consumo son las calderetas, pero también se toma asado, en cardincha (con alcachofas y espárragos trigueros), con patatas, etc. Otros platos tradicionales son, por localidades: el ajo de cardillos y el gazpacho de huevos fritos, en Castuera; los dulces borrachuelos de Cabeza del Buey; el pollo campero relleno de queso, en Higuera de la Serena; la peladilla al horno, en Monterrubio de la Serena; etc.

Para acabar con este repaso cultural y etnográfico por los pueblos y las gentes de la comarca de La Serena conviene citar algunas de sus fiestas más renombradas. Destacan por su carácter de fiestas de interés regional la Romería de Piedrascrita, en Campanario, y la Octava del Corpus, en Peñalsordo. La Romería de Piedraescrita tiene lugar el lunes de Pascua, y transcurre en las proximidades de la localidad de Campanario. Es una característica romería popular a la ermita del pueblo en la que se unen la algarabía y la devoción de un pueblo por su virgen. La Octava del Corpus de Peñalsordo es una celebración que arranca allá por el siglo XVI; conmemora la toma del castillo de la vecina localidad de Capilla a los moriscos. Durante todo un fin de semana durante el que se simula la batalla ocurrida entonces, se satirizan los acontecimientos, se crea un gran castillo humano y se suelta una vaquilla que todos los mozos del pueblo se encargan de correr.

PINTURAS RUPESTRES ESQUEMATICAS DE LA SIERRA DE PIROS. (BADAJOZ)
HELECHAL
MORTON
LA NAVA
BENQUERENCIA DE LA SERENA
PUERTO MEJORAL
LAS CALDERAS
LA MORISCA
EL VALLE
MORISCA
ABRIGO 1º

RUTA 13
SIERRA DEL TOROZO - EMBALSE DE LA SERENA

Distancia total: Aproximadamente 20 kilómetros (varía según la alternativa elegida).
Duración total: De 5 a 6 horas.
Tipo de marcha: Lineal.
Tiempos de marcha: Cabeza del Buey - Vía del Ferrocarril: 30 minutos. Vía del Ferrocarril - Pista de Peñalsordo: 30 minutos. Pista Peñalsordo - Torozo: 1 hora. Torozo - Camino a Zarza Capilla: 1 hora. Camino a Zarza Capilla - Peñalsordo: 2 horas (continuar hasta Capilla supone 1 hora más de recorrido a través de un viejo camino vecinal).
Desnivel: 500 metros.
Dificultad: Media.
Tipo de camino: Pista, camino, senda, cortafuegos, trocha.
Agua potable: Únicamente en las localidades que visita el itinerario.
Época recomendada: Todo el año, excepto el verano.
Sugerencias: Llevar prismáticos. Sombrero en los días calurosos. Recolección de espárragos y setas en otoño y primavera. Posibilidad de hacer otras rutas en el entorno, como la de La Serena... además de las señalizadas en toda la comarca, resultado del proyecto Leader II, La Serena. Abundancia de pinturas rupestres en muchos refugios de la sierra. Ciclabilidad 100%, siempre que no optemos por las alternativas que se salen de la pista principal.
Conservación: En el área se sitúa una Z.E.P.A., La Serena - Sierra de Tiros, de reciente creación. Amenazas: apertura de nuevas pistas; incendios; caza furtiva; uso de venenos en cotos de caza.
Cartografía: Hojas 806 y 807 escala 1:50.000 del S.G.E.

Iniciamos el recorrido por la salida oriental de Cabeza del Buey; justo frente al lugar que se cruza con la carretera de Belalcázar parte una pista que es la que debemos seguir durante varios kilómetros, a través de lomas pobladas de encinas y alcornoques. Descendemos para llegar al vado de un arroyo poblado de adelfas y eucaliptos y tras remontar la ladera unos metros cruzamos la vía del tren. Obviamos el camino que sale a la derecha, a la finca El Enjugadero, y nos adentramos por la pista a través de unas dehesas en las que se atisban diferentes jaras, cantuesos, torviscos y lentiscos, matorral abierto que da cobertura a conejos y perdices, entre otra

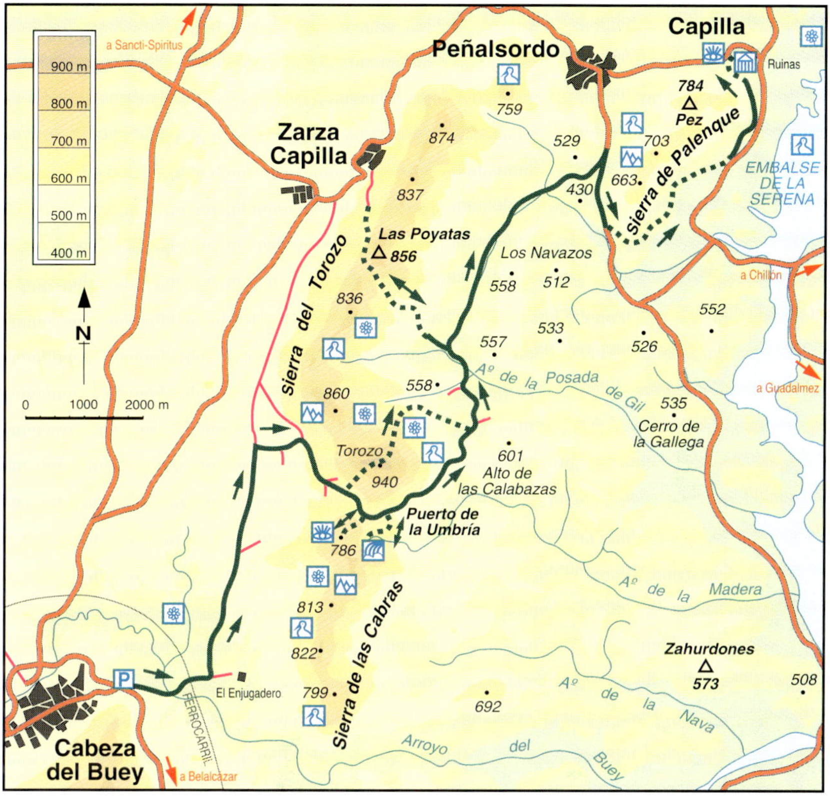

variada fauna común. Necesitamos más de media hora de marcha para llegar al cruce señalizado que separa las pistas a Zarza Capilla, a la izquierda, y Peñalsordo. Durante el hermoso paseo por el encinar, contemplando la variada avifauna que alberga el sistema adehesado y las sierras aledañas en consonancia con la época del año en la que realizamos nuestra excursión, dejamos a izquierda y derecha algunos ramales que entran en diversas fincas particulares y que nunca confunden nuestra marcha.

Al girar a la derecha hacia Peñalsordo comenzamos inmediatamente a subir en dirección al Puerto de la Umbría, que separa las serretas del Torozo y de las Cabras. Tras dejar sendos caminos, primero a la derecha y luego a la izquierda, abandonamos las muestras del olivar y comenzamos a remontar la falda del puerto, poblada de encinas, lentiscos, cornicabras, romeros, jaras diversas... En una rampa nos sale a la izquierda un cortafuegos que sube al pequeño collado a la izquierda del Torozo, y unos 300 metros más allá otro cortafuegos que alcanza su misma cumbre. Este es el que debemos abordar para alcanzar el punto más elevado de nuestro itinerario, un cortafuegos de cómoda ascensión, debido al mantenimiento al que se somete periódicamente en la lucha contra incendios. También podemos optar por continuar la pista al Puerto de la Umbría; en el puerto y en la bajada existen sendos cortafuegos a la derecha interesantes de caminar por la presencia de un mirador y una pequeña cascada. Más allá se encuentra posteriormente la conexión con la senda que desciende desde el Torozo, un tanto perdida pero que mantiene constantemente la referencia de la pista principal, por lo que no debe suponer grandes conplicaciones al excursionista. En este recorrido por la umbría disfrutamos de la magnífica diversidad del monte mediterráneo, con alcornoques, brezos, madroños, durillos, cornicabras, lentiscos, torviscos, peralillos, escobas, diferentes jaras; las torrenteras que bajan de la sierra mantienen mirtos y brezos blancos, sauces, arraclanes. La salida de la senda se encuentra antes de un ramal que parte a la derecha de la pista y que circunda un cerro en actual forestación, con pinos de escaso desarrollo.

Tras pasar el Puerto de la Umbría y más allá de la conexión de la senda y la pista principal, el paisaje de las laderas aparece dominado por pinares; principalmente se trata de repoblaciones de pinos piñoneros y resineros, si bien según caminamos descubrimos algunas parcelas e hileras en las que se alzan otras especies de uso industrial y maderero. El matorral natural y el alcornocal de la umbría se restringen en estos lugares a las barranqueras y los enclaves de mayor complejidad de relieve. Al observar las cresterías distinguimos las zonas aún cubiertas por vegetación natural, entre pedreras y las homogéneas manchas de pinos. También vadeamos en nuestro caminar sendos arroyos en los que las adelfas adquieren protagonismo. Tras el segundo arroyo parte a la izquierda un camino señalizado con poste y cartel que, atravesando el Collado de las Poyatas nos puede llevar a Zarza Capilla. El paseo supone una alternativa de gran interés si se quiere acortar la ruta, adecuado para la observación de aves rupícolas y forestales, y de fácil seguimiento por la señalización puntual del camino. Desde aquí el itinerario se mantiene en la pista principal, con continuas perspectivas sobre la vertiente oriental de la Sierra del Torozo, mayoritaria-

Panorámica desde el castillo de Capilla

mente cubierta por los pinares en las zonas inferiores y con exelente representación del monte mediterráneo en las zonas intermedias. Sin embargo, por el camino comienzan a aparecer casas rurales con huertos y parcelas dedicadas al olivo, la higuera, etc.; algunos setos y lindes aparecen armados con pitas y chumberas; diversos caminos parten a izquierda y a derecha, algunos a fincas en las que el alcornocal se ha conservado, si bien el nuestro se mantiene claro y no nos supone duda alguna. Salimos finalmente a una vieja carretera que va a la estación de Belalcázar; sólo nos queda girar a la izquierda para acceder a Peñalsordo y contemplar el mar interior que es el embalse de la Serena, en el río Zújar. O bien podemos prolongar unos kilómetros más el recorrido, caminando por la carretera hacia Belalcázar algo más de 1 km, optando por un sendero que sale a la izquierda, y que bordeando la Sierra de Palenque nos lleva a Capilla y su castillo, privilegiado lugar para contemplar unas estupendas vistas sobre el embalse.

RUTA 14

LA SERENA

Distancia total: Aproximadamente 34 kilómetros.
Duración total: De 8 a 9 horas.
Tipo de marcha: Circular.
Tiempos de marcha: Cabeza del Buey - Ermita de Belén: 2 horas. Ermita de Belén - Carretera de la Golondrina (a Puebla de Alcocer): 1 hora y 15 minutos. Carretera de la Golondrina - El Naranjo: 2 horas. El Naranjo - Cabeza del Buey: 3 horas.
Desnivel: Escaso.
Dificultad: Media.
Tipo de camino: Camino, pista, senda.
Agua potable: En Cabeza del Buey.
Época recomendada: Todo el año excepto el verano.
Sugerencias: Llevar prismáticos. Sombrero en los días calurosos. Posibilidad de hacer otras rutas en el entorno, como la de Benquerencia de la Serena, la de La Nava, la de la Sierra de Tiros... además de las señalizadas en toda la comarca, resultado del proyecto Leader II, La Serena. Abundancia de pinturas rupestres en muchos refugios de la sierra. Ciclable 100 %.
Conservación: En el área se sitúa una Z.E.P.A., La Serena - Sierra de Tiros, de reciente creación. Principales amenazas: transformación de los usos tradicionales; excesivo uso de pesticidas; caza furtiva; uso de venenos en los cotos de caza próximos...
Cartografía: Hoja 806 escala 1:50.000 del S.G.E.

Realizamos un nuevo recorrido por la comarca de La Serena en búsqueda del aspecto que más se identifica con la idea generalizada que tenemos sobre la región, el medio estepario creado por continuos pastizales y campos de secano que se pierden en el horizonte. Hábitat de gran interés para especializadas aves que a buen seguro tendremos oportunidad de observar durante el recorrido. Partimos en el inicio del camino de Campanario, una pista situada al oeste de la población; un panel informativo explica una ruta similar que nos sirve de apoyo para la interpretación de la nuestra. Caminamos contemplando la parte sur del Cerro La Almagrera, a través de parcelas y pequeñas fincas dedicadas a los cultivos de secano, especialmente al olivar. Dejamos un ramal a la izquierda y

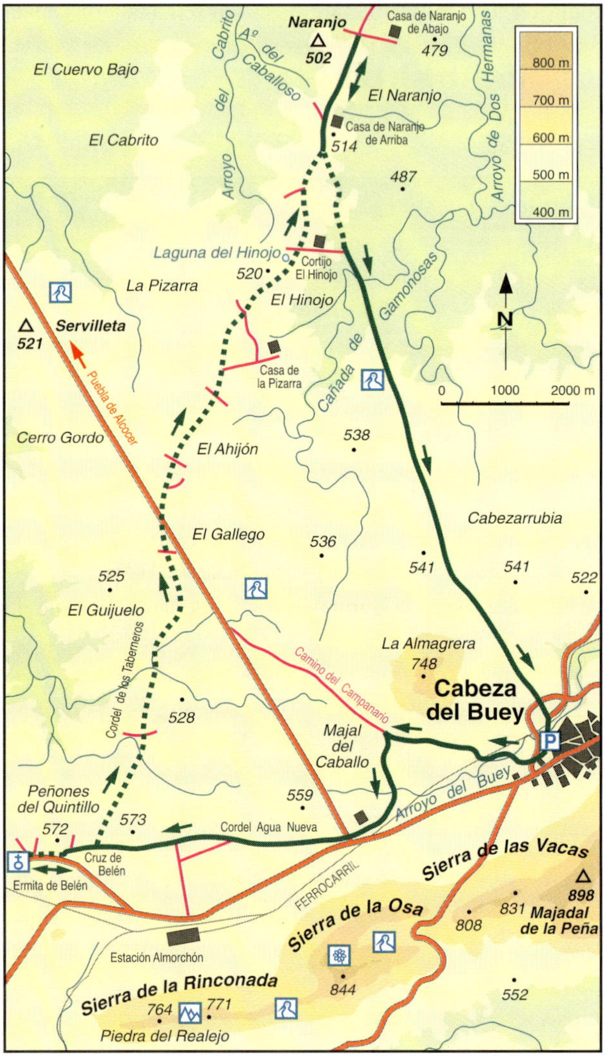

pasamos la vía del ferrocarril. Un notable número de pajarillos comunes nos acompañan: jilgueros, pardillos, verdecillos, se alimentan en los cardales; cogujadas y trigueros; alcaudones real y común... Tras caminar algo más de kilómetro y medio, a la altura del descansadero de la Majal del Caballo, tomamos el camino que sale a la izquierda, señalizado con un poste y cartel de madera. Nos lleva nuevamente hacia la vía del tren, entre los olivos; pero antes de alcanzarla gira a la derecha, dejando a un lado el matadero municipal. Un poco más allá cruza la carretera de la Golondrina, con destino a Puebla de Alcocer, y continúa por los campos de secano a través del cordel de Agua Nueva. Desde aquí comenzamos a apreciar la enorme superficie herbácea que se extiende al norte si bien todavía contemplamos algunos pies de encinas dispersos, en buena medida por la incidencia en nuestro campo visual de las zonas de influencia de las sierras al sur. Según avanzamos entre los terrenos de labor nos apoximamos a la ermita de Belén; dejamos la estación de Almorchón a nuestra izquierda, hacia donde también contemplamos el cerro que aún sustenta un viejo castillo, de espectacular planta. No nos separamos de nuestro andar hacia el oeste, obviando algunos ramales de caminos que encontramos. Finalmente topamos con la carretera que lleva a la ermita, a la altura de la Cruz de Belén. Tras descansar un rato en el emplazamiento de la ermita, desandamos el tramo de carretera y medio kilómetro escaso del camino, para girar a la izquierda en un cruce señalizado como cordel de Taberneros. Nos encaminamos hacia el norte; rápidamente apreciamos un cambio cualitativo en la composición del paisaje, que si bien se mantiene ralo y despejado, se ve formado ahora principalmente por baldíos cubiertos de cardales, como la tagarnina, el cardo corredor, la carlina y otros diversos, así como por pastizales de gramíneas y leguminosas de cierta consideración pascícola. En las suaves depresiones afloran pequeños asomos rocosos, de aspecto pizarroso que otorgan un contraste característico al verde primavero-otoñal y al dorado estival de los herbazales. Algunos terrenos más arcillosos presentan cierta capacidad de encharcamiento, por lo que durante las lluvias y fechas posteriores favorecen la aparición de charcas de vital función en el ecosistema estepario: lugares de puesta para diversos anfibios; abrevadero para aves, mamíferos y reptiles. También podemos observar otras zonas inundadas correspondientes a charcas artificiales creadas para el suministro del ganado. Estos lugares son imprescindibles para aves como la ganga y la ortega, a las que podremos ver en las mañanas primaverales cuando vuelan diariamente durante la reproducción largas distancias para empapar las plumas del pecho y suministrar la humedad suficiente para la pollada. A lo largo de todo este tramo nos mantenemos caminando al norte, obviando diferentes ramales que cruzan nuestro camino, bien delimitado en todo momento y con algunas cancelas, principalmente al inicio del cordel y a la salida a la carretera de la Golondrina. Al pasar esta vía nos adentramos más en los pastizales, caminando ahora por un paseo escasamente rodado. A la derecha dejamos una balsa abrevadero. Dependiendo de la época de nuestra visita nos encontramos con los herbazales más o menos crecidos, algo que influye notoriamente a la hora de localizar a las especies más emblemáticas de estos parajes. A la avutarda podemos sorprenderla desde lejos, si bien podemos confundir los bandos con manadas de ovejas; generalmente observaremos un grupo no numeroso, siendo especialmente llamativo contemplar las nupcias y el apareamiento de los grandes "barbones" (por las largas bigoteras de los machos) con las más pequeñas hembras. También son relevantes aves como el alcaraván y el sisón, la calandria, el aguilucho cenizo... Después de un largo caminar en el que dejamos varios ramales y casas a ambos lados, nos unimos a un camino principal, más allá de la finca El Hinojo, señalizado como Cañada Real de Extremadura. Lo tomamos a la izquierda un par de kilómetros más, hasta la finca El Naranjo. Desde aquí la continuidad de los pastos esteparios hacia el norte llega al infinito; hacia el sur, la visión que obtenemos es similar, si bien se encuentra limitada por un cordel de sierras que otorgan gran originalidad paisajística. El recorrido de vuelta consiste en desandar el camino hasta el cruce de la finca de El Hinojo, en donde tomaremos la pista principal, a la izquierda, siempre con la referencia del cerro La Almagrera y Cabeza del Buey en nuestro andar.

❧ Afloramientos pizarrosos en la penillanura de La Serena ❧

RUTA 15

SIERRA DE TIROS

Distancia total: Aproximadamente 8 kilómetros (varía según las alternativas propuestas).
Duración total: De 3 a 4 horas según la alternativa elegida.
Tipo de marcha: Ida y vuelta (también puede hacerse circular o lineal).
Tiempos de marcha: Helechal - Morisca: 15 minutos. Morisca - Puerto de Navacerrada: 15 minutos. Ascenso a Tiros: 30 minutos. Regreso a Helechal: 1 hora y 30 minutos. (Las alternativas posibles del Collado de la Osa y el cortijo del Corchito suponen algunas variaciones en el horario previsto.)
Desnivel: 350 metros.
Dificultad: Media-alta, según la alternativa elegida. Complicada de realizar por los impedimentos de la guardería de la finca Navacerrada.
Tipo de camino: Senda y trocha.
Agua potable: En Helechal.
Época recomendada: Todo el año, excepto el verano.
Sugerencias: Llevar prismáticos. Sombrero en los días calurosos. Posibilidad de hacer otras rutas en el entorno, como la de Benquerencia de la Serena, la de La Nava, la de la Sierra del Oro... además de las señalizadas en toda la comarca, resultado del proyecto Leader II, La Serena. Abundancia de pinturas rupestres en muchos refugios de la sierra.
Conservación: En el área se sitúa una Z.E.P.A., La Serena - Sierra de Tiros, de reciente creación. Principales amenazas: instalación de explotaciones forestales y cinegéticas que inhabilitan el paso por caminos vecinales y a lugares de interéshistórico como son los refugios y abrigos con pinturas rupestres de la sierra; cambios en el funcionamiento hidrológico natural por la alteración de terrenos y la implantación de eucaliptos; caza furtiva; uso de venenos en cotos de caza próximos...
Cartografía: Hojas 806 y 832 escala 1:50.000del S.G.E.

Este recorrido por la Sierra de Tiros, además de mostrar sus estupendas cualidades ecológicas, pretende ser un alegato en favor de los derechos de todos nosotros, los vecinos de la sierra y los excursionistas, derecho a atravesar los caminos y senderos que sirvieron a nuestros predecesores para abrirse al exterior, y hoy impedido en muchos lu-

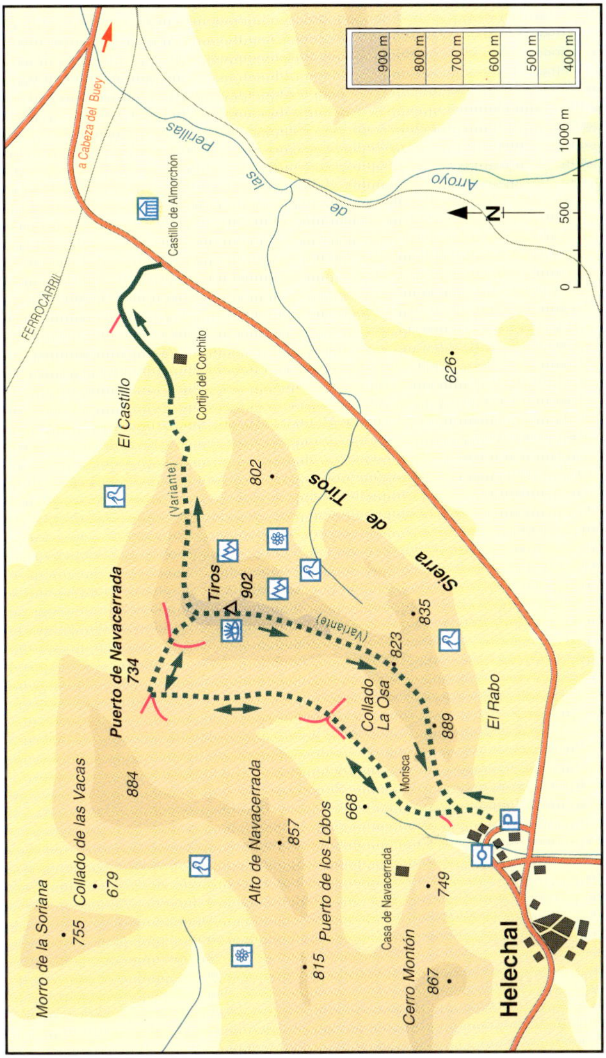

gares de la geografía peninsular, particularmente en Extremadura, por la instalación de explotaciones cinegéticas y/o forestales, en manos privadas.

Antes de iniciar el recorrido es muy interesante hablar con Polín, afable hombre que vive en la misma calle de partida de nuestro itinerario y que gustosamente nos pondrá en conocimiento de lo que requiramos. Previamente nos abastecemos de agua en la fuente situada donde cruza el arroyo que baja de la Morisca. Un cartel señala el camino hacia el Puerto de Navacerrada, según subimos por el jardín que tiene Polín en la vericueta calle del Risco. La senda sigue un muro durante escasos metros, y luego gira a la izquierda. Caminamos entonces por un tramo empedrado, circundados por encinas y alcornoques, olivos, labiérnagos, lentiscos, cornicabras, jaras, romeros, cantuesos... En los riscos del paso de la Morisca podemos descubrir a la collalba negra y al roquero solitario, bellas aves sedentarias de eminentes hábitos rupícolas. Antaño colgaba una cascada del salto natural y formaba una poza utilizada para el baño; pero las condiciones hidrológicas del enclave fueron desfiguradas por la actuación forestal llevada a cabo aguas arriba, donde hoy se instala un vasto eucaliptal. Al llegar al paso natural, tras sortear una valla cinegética junto a un olivar y una pedrera de grises tonos, alcanzamos la nava. Justo bajo nosotros una casa; y a la izquierda otra. Si queremos tener éxito en nuestra excursión debemos obviar el camino que cómodamente sube hasta el puerto, puesto que con toda seguridad nos echaría un guarda (podemos plantearnos desde un inicio hablar con los propietarios o los guardas; pero hasta la fecha nunca ha sido una estrategia con resultados favorables...). Por el contrario, andando por trochas de la margen izquierda de la nava (es decir, a nuestra derecha), en la transición entre la vegetación natural y el eucaliptal, aunque si bien con mayores complicaciones, podemos alcanzar primeramente el Puerto de Navacerrada, donde existe una cancela de finca, para posteriormente atacar la subida a Tiros, siempre con la referencia de la antena en su cumbre. Esto será mejor hacerlo atrochando por el matorral, o ascendiendo una pedrera, en vez de utilizar el camino existente.

A pesar de la transformación sufrida, el paisaje de la nava y sus apriscos entre las cresterías de las que se derraman grisáceas pedreras otorga una gran satisfacción al excursionista; además mantiene su importancia ecológica para el desarrollo de la avifauna rupícola que anida en los cantiles rocosos. Por otro lado alberga un importante contingente de especies cinegéticas, tales como el ciervo, el jabalí, el conejo, la perdiz roja... potenciadas por una ingente gestión encaminada hacia el desarrollo de la industria de la caza. Estas actuaciones suponen por otro lado el detrimento de algunas especies de carnívoros y aves rapaces, generalizados como "alimañas", ya que supuestamente están en contradicción con la adecuada gestión cinegética del lugar.

Para regresar podemos utilizar diferentes alternativas. La más cómoda es la vuelta por el camino realizado, si bien supone una mayor exposición a la vista de la guardería. Podemos también optar a adentrarnos entre la vegetación, bastante tupida, y encaminarnos al Collado de la Osa, para luego crestear y descender por la pedrera que baja hasta la entrada de la valla cinegé-

Castillo de Almorchón, al pie de la Sierra de Tiros

tica, justo antes del paso de la Morisca. En la misma pedrera debemos solventar otra valla que cruza el río de piedras. La otra alternativa también supone adentrarnos entre la densa vegetación esclerófila que en nada facilita nuestra marcha. Debemos iniciar la bajada por el mismo camino de la subida, para girar a la derecha según desciende la cresta de la Sierra de Tiros. Hay que salvar atrochando un desnivel de unos cien metros, para posteriormente salir a una vereda escasamente marcada que se dirige por la vertiente norte de la divisoria hacia el cortijo del Corchito y posteriormente hasta la carretera de Almorchón y Cabeza del Buey. La vista del enriscado castillo al final del duro recorrido, así como la visión a nuestra espalda de la Sierra de Tiros, contentan finalmente nuestro enorme esfuerzo.

RUTA 16

LA NAVA

DISTANCIA TOTAL: Aproximadamente 18 kilómetros.
DURACIÓN TOTAL: De 4 horas y 30 minutos a 5 horas.
TIPO DE MARCHA: Circular.
TIEMPOS DE MARCHA: Puerto Mejoral - Casa del Herradero: 2 horas. Casa del Herradero - La Nava: 30 minutos. La Nava - Casa Mirabete: 30 minutos. Casa Mirabete - Puerto Mejoral: 1 hora.
DESNIVEL: 250 metros.
DIFICULTAD: Escasa.
TIPO DE CAMINO: Camino, pista y senda.
AGUA POTABLE: En el Puerto Mejoral y en La Nava.
ÉPOCA RECOMENDADA: Todo el año, incluso en las mañanas del verano.
SUGERENCIAS: Llevar prismáticos: excelente recorrido para ver aves durante todo el año. Observatorio para el paso de las grullas y estación ornitológica de ADENEX, en el Puerto Mejoral. Reserva Biológica Los Berciales. Sombrero en los días calurosos. Posibilidad de hacer otras rutas en el entorno, como la de Benquerencia de la Serena, la de la Sierra de Tiros... además de las señalizadas en toda la comarca, resultado del proyecto Leader II, La Serena. Abundancia de pinturas rupestres en muchos refugios a lo largo de toda la sierra. Ciclabilidad 100%.
CONSERVACIÓN: En el área se sitúa una Z.E.P.A., La Serena - Sierra de Tiros, de reciente creación. Amenazas: caza furtiva; uso de venenos en los cotos de caza próximos...
CARTOGRAFÍA: Hojas 806 y 832 escala 1:50.000 del S.G.E.

Durante este interesante itinerario vamos a atravesar los diferentes hábitats existentes en este corazón de La Serena, desde las dehesas de encinas y los campos abiertos de carácter estepario, a las laderas y risqueras de la sierra. Partimos de Puerto Mejoral, por el camino señalizado como cordel de Monterrubio de la Serena, que parte hacia el sur. Llegamos a un primer cruce principal tras un kilómetro de marcha, concretamente al Camino del Fanjo, que obviamos. Nos introducimos en el dominio de la dehesa de encinas tras dejar atrás algunos espacios abiertos y parcelas con olivos. Todo el sotobosque se encuentra perfectamente acla-

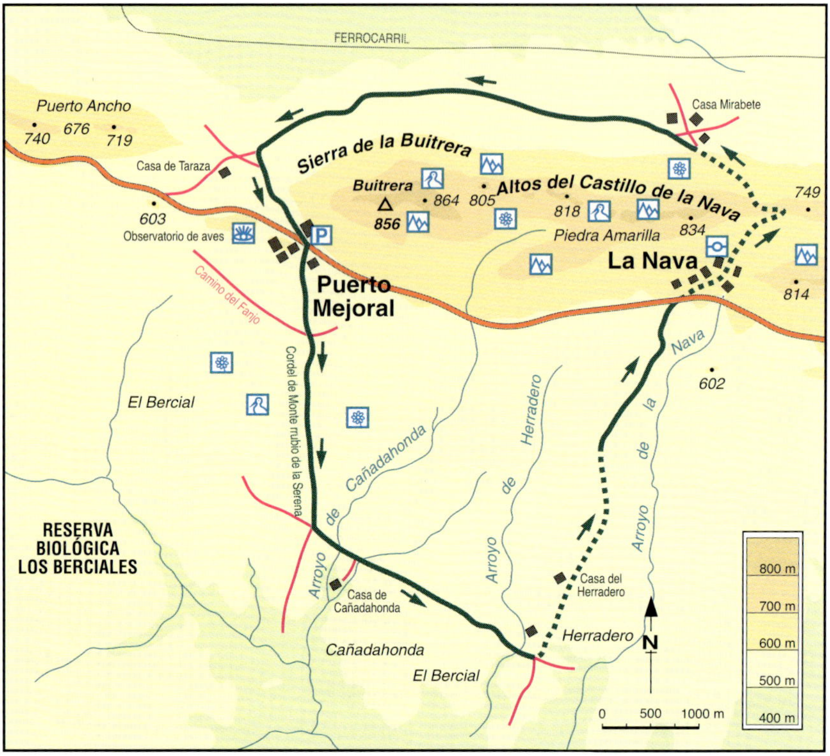

rado, ocupado por un alto herbazal durante las estaciones benignas del año, la primavera y el otoño. Las muestras de arbustos naturales quedan recluidas a linderos de fincas y a las orillas de los caminos y regatos estacionales que surcan la zona. A lo largo de todo este tramo nos siguen los trigueros, los alcaudones comunes –en la estación reproductora–, las tarabillas comunes... a menudo posados sobre la valla de alambre que cierra las fincas. Tras dejar dos ramales, primero a la izquierda y luego a la derecha, salimos a un cruce principal en el que existe una señal en dirección al Puerto Mejoral. Nosotros cogemos por el camino de la izquierda, que desciende suavemente a vadear un arroyo estacional. Algo más allá dejamos un nuevo cruce y la casa de Cañadahonda a la derecha. Disfrutamos de la densa cobertura de la dehesa en este tramo, una zona especialmente atractiva para las grullas que, en la otoñada, vienen hasta estos rincones extremeños para alimentarse y pasar el invierno. Más tarde pasamos el arroyo del Herradero y alcanzamos un nuevo cruce, en el que giramos a la izquierda, a través de una cancilla de fácil apertura (hay que recordar cerrarla). A la izquierda de esta zona dejamos una casa de campo. El cruce se encuentra señalizado con un poste y cartel de madera, como camino de Castuera a Belalcázar. Toda la finca del Herradero mantiene una magnífica representación del encinar adehesado, gestionado de manera secular por el hombre. Uno de sus principales usos, junto al pecuario, es la elaboración del carbón vegetal de encina. En nuestra llegada a la casa del Herradero, una magnífica edificación en abandono rodeada de cabras, gallinas, ovejas y cerdos, podemos apreciar uno de los grandes apilamientos en forma piramidal que crean los leñeros para provocar la adecuada combustión del recurso y la obtención del preciado carbón de barbacoa. Unos cientos de metros más allá salimos de la finca por una cancela, lugar en el que cambia la dehesa a olivar. Cogemos a la izquierda y seguimos el camino derecho que nos lleva hasta La Nava, tras andar aproximadamente tres kilómetros entre olivos, higueras y almendros. El pequeño núcleo rural se asienta a los pies de los grandes paredones de la Sierra Buitrera y de los Altos del Castillo, que exhiben su dominio rocoso ante la llanura adehesada. Enclave de gran importancia para aves emblemáticas de nuestra fauna, como el águila real, el águila perdicera, la cigüeña negra, el búho real, el alimoche, el buitre leonado, el halcón peregrino... y para diversos carnívoros de la espesura del monte.

Salimos por la parte nororiental de La Nava, por el camino que parte a la derecha del parque y la fuente de buen agua que nos calma la sed. Nada más comenzar tomamos el ramal de la izquierda, un callejón que discurre entre muros de piedra y que nos lleva hasta el puerto. En la ascensión dejamos una nave a la derecha, así como unas casas ya alcanzando la cumbre. La zona baja del recorrido está ocupada por olivares y huertos, mientras que según nos aproximamos a las cotas superiores el dominio es de la encina y los arbustos acompañantes en la solana, como cantuesos, romeros, torviscos, lentiscos, coscojas, jaras de diversas especies... A la derecha de nuestra marcha, ocupando amplias laderas del barranco aledaño, vastas plantaciones de eucaliptos en la finca Navacerrada. Desde arriba podemos contemplar el descenso hacia la casa de Mirabete, un camino que discurre entre la vegetación densa de la umbría de la sierra. También disfrutamos de nuestra cercanía a las grandes moles pétreas que nos jalonan, y que de alguna forma nos impresionan. Todas estas risqueras acogen abrigos naturales, cuevas, etc., en las que se encuentran las huellas prehistóricas de los antiguos moradores de estas tierras, pinturas rupestres que en la mayoría de los casos son de complicado acceso, o su secreto está guardado en la memoria de muy pocas personas. También albergan importantes colonias de murciélagos trogloditas, algunas concentran a miles de ejemplares. Tras la bajada tomamos un ramal a la izquierda antes de alcanzar la casa de Mirabete. La profusión de encinas, labiérnagos, madroños, lentiscos, cornicabras, coscojas, majuelos... queda ahora a nuestra izquierda, mientras que caminamos por un tramo llano cubierto por jarales y retamas, olivares y parcelas de pastos y secanos. La vía del tren queda a nuestra derecha; nos acompaña hasta que el camino comienza a girar a la izquierda, allá donde circunda la Sierra Buitrera para enfilar finalmente la subida hasta el Puerto Mejoral, el lugar de partida del recorrido.

Sucesión de llanos y dehesas al sur de La Serena

RUTA 17

BENQUERENCIA DE LA SERENA

Distancia total: Aproximadamente 12 kilómetros.
Duración total: 3 horas.
Tipo de marcha: Circular.
Tiempos de marcha: Benquerencia de la Serena - Camino del Fanjo: 45 minutos. Camino del Fanjo - Cordel Puerto Mejoral - Vía Ferroviaria: 1 hora y 15 minutos. Vía Ferroviaria - Castillo de Benquerencia: 1 hora.
Desnivel: 120 metros.
Dificultad: Ninguna.
Tipo de camino: Camino y senda.
Agua potable: En Benquerencia de la Serena y en el Puerto Mejoral.
Época recomendada: Todo el año, incluso en las mañanas del verano.
Sugerencias: Llevar prismáticos: excelente recorrido para ver aves durante todo el año. Observatorio para el paso de las grullas y estación ornitológica de ADENEX, en el Puerto Mejoral. Sombrero en los días calurosos. Posibilidad de hacer otras rutas en el entorno, como la de La Nava, la de la Sierra de Tiros, la de la Sierra del Oro... además de las señalizadas en toda la comarca, resultado del proyecto Leader II, La Serena. Ciclabilidad 100%.
Conservación: En el área se sitúa una Z.E.P.A., La Serena - Sierra de Tiros, de reciente creación. Principales amenazas: caza furtiva; uso de venenos en los cotos de caza próximos...
Cartografía: Hoja 806 escala 1:50.000 del S.G.E.

Salimos de Benquerencia de la Serena en dirección este, hacia Helechal. Debemos caminar por la carretera unos cientos de metros hasta llegar al cruce de la pista que se dirige hacia el sur, a Puerto Hurraco. Tal y como bajamos entre olivos, huertos y granjas damos con un camino que sale a la izquierda, marcado con poste y cartel de madera que señaliza el camino del Fanjo. Andamos un primer trecho dedicado al cultivo de secano, carente de las encinas que se atisban algo más allá. Aprovechamos para girarnos y observar la población y su castillo árabe, encaramados a los riscos de una serreta que se extiende como columna vertebradora entre Castuera y Cabeza del Buey.

A medida que avanzamos por el

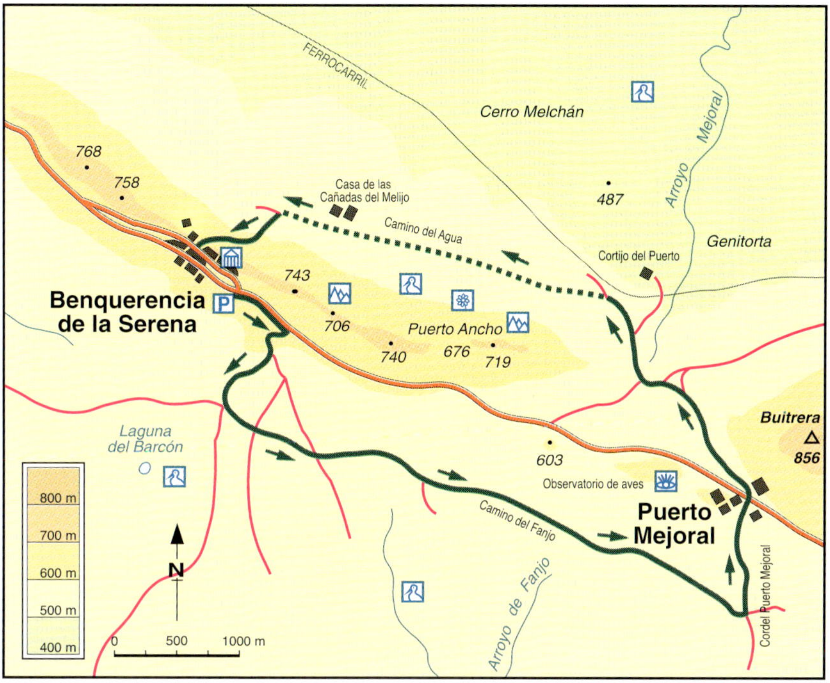

paisaje abierto a los pies de la sierra atisbamos el cielo y los roquedos a la búsqueda de la silueta del buitre leonado, el alimoche, la cigüeña negra, el águila perdicera... todos moradores del medio rupícola que utilizan las tierras y dehesas del sur como lugares habituales de campeo. Alcanzamos luego las formaciones adehesadas de encinas, que evidencian en su porte y forma un tratamiento forestal llevado a cabo desde hace cientos de años. Efectivamente, cada temporada se somete a parte del arbolado a una limpieza del ramaje, material que se utiliza posteriormente para la elaboración del carbón vegetal. No es ésta la única explotación de los recursos de la dehesa: todo el territorio está ocupado por pastizales de diente que mantienen una importante cabaña ganadera, mayoritariamente ovina. No dejamos el camino principal durante aproximadamente una hora de marcha, entre pastos y secanos, olivares y dehesas de encinas. Algo que no nos resulta complicado hacer por la escasa presencia de ramales y cruces, así como por la propia señalización del itinerario. Llegado un momento alcanzamos un cruce de cuatro caminos en el que giramos a la izquierda, itinerario señalizado como cordel del Puerto Mejoral a Monterrubio de la Serena. En seguida salimos a la carretera y llegamos a las casas del puerto. Andamos unos metros a la izquierda para tomar el camino que parte a la derecha, lugar en el que existe un gran panel informativo sobre algunos itinerarios en la comarca. Antes de partir podemos asomarnos al observatorio, así como probar a contactar con alguien en la estación ornitológica que ADENEX tiene aquí. Si nuestra visita se realiza en otoño-invierno tenemos la oportunidad de contemplar el paso matinal de las grullas hacia los comederos de bellota en las dehesas de Benquerencia, Cabeza del Buey, Castuera y Monterrubio de la Serena, procedentes de los lugares de descanso en los embalses del norte, una espectacular cita a la que no podemos faltar.

Bajamos la pista que desciende paralela a un regato estacional. Comprobamos a izquierda y derecha del puerto la existencia de importantes roquedos que mantienen en los lugares más accidentados de sus faldas muestras de encinar acompañado por diversos arbustos, tipo labiérnago, lentisco, cornicabra, retama, jaras diversas... Al llegar a un cruce tomamos el ramal izquierdo para, seguidamente, tomar nuevamente el izquierdo en una próxima bifurcación. Otros metros más allá y seguimos el ramal derecho, el de menor entidad. Luego tenemos que dejar otros dos ramales que salen a la derecha, ya en las proximidades de la vía ferroviaria. Nuestro camino definitivo está señalizado como camino del Agua. Atravesamos un denso retamal consecuente de la degradación de las masas de encinas que antaño acompañaban todas las tierras circundantes a la sierra. Se observan algunos conejos que se esconden rápidos en uras y vivares, aunque la abundancia de años atrás parece haber descendido enormemente. Más allá de las retamas y algunas muestras de olivar se extiende una densa formación esclerófila, un monte mediterráneo de umbría en el que abundan arbustos nobles como el madroño, el codeso, la cornicabra, algunos enebros y alcornoques, encinas, coscojas, espinos negros, majuelos... El camino del Agua discurre así oculto entre las altas jaras, en un bonito paseo plagado de sorpresas que surgen repentinamente de la espesura: un conejo, la disputa territorial de las currucas cabecinegras, incluso un jabalí o un zorro. Tampoco perdemos de vista el cielo sobre nuestras cabezas, seguros de la proximidad de las grandes planeadoras sobrevolando los riscos. Final-

Benquerencia de la Serena

mente salimos a un cruce con una pista principal a izquierda y derecha, que obviamos, y algo más allá el viejo camino de entrada a la parte norte de Benquerencia, por el que ascendemos entre olivos, almendros e higueras. Los ruinosos lienzos del castillo vigilan nuestra entrada al pueblo. Cuando comenzamos a bajar por la calle tomamos la de la izquierda; la llegada al castillo podemos hacerla por las rocas a través de un callejón que parte cerca de un pequeño depósito de agua, o continuar calle adelante por el camino convencional. Tras pasar entre setos de pitas y chumberas disfrutamos de las magníficas panorámicas que se abren desde estas ruinas, que son un magnífico lugar para algunas aves como los vencejos real y común, la golondrina dáurica, el cernícalo primilla, la lechuza común, la collalba negra, la chova piquirroja e incluso el búho real.

TIERRA DE BARROS

Aspectos ambientales

Las tierras bajas y llanas del centro de la provincia de Badajoz dan forma a la comarca de Tierra de Barros, una amplia llanura colmatada de arcillas de gran valor agrícola. Este territorio incluye además un conjunto de sierras en su porción meridional, preludio de las primeras estribaciones de Sierra Morena, que se extiende más al sur, en las comarcas de las Dehesas del Suroeste, Tentudía y la Campiña Sur.

Más al norte de la localidad de Almendralejo, uno de los centros comarcales más importantes, la Tierra de Barros se prolonga en llanuras bajas y tierras de regadío al alcanzar los Llanos y Vegas del Guadiana. El oeste está ocupado por las frondosas dehesas del suroeste pacense, mientras que hacia el este el relieve llano se continúa en las penillanuras de La Serena y la Campiña Sur. La Sierra Grande de Hornachos representa el relieve más sobresaliente en el límite oriental de la comarca.

La llanura que ocupan las tierras bajas de la comarca es una vieja planicie desgastada por su edad geológica que en la actualidad aparece parcialmente cubierta por procesos de se-

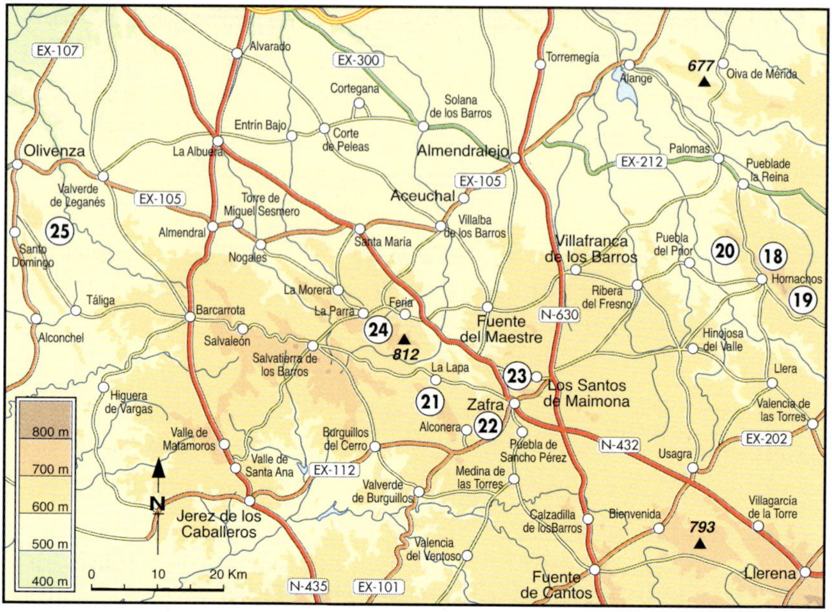

dimentación continental. En dicha llanura se incluyen algunos materiales pizarrosos de edad antigua en una matriz arcillosa que se conoce localmente como "barro", sedimentada durante el Terciario. Dicha matriz también alberga nódulos calcáreos, y constituye el origen de formación de suelos de alto potencial agronómico, en particular vitivinícola, que caracterizan a la comarca.

Hacia el sur y el oeste, al igual que hacia el este, en las Sierras de Hornachos, algunas elevaciones comienzan a recortar la penillanura. Entre estas sierras se intercalan algunas otras de naturaleza caliza que, aunque no superan los 600 m de altitud, otorgan al paisaje un aspecto peculiar, sobre todo por los colores grisáceos y rojizos de sus rocas, así como por el verde brillante de los matorrales de coscoja que las recubren. Algunas localidades que ilustran estas particularidades geológicas son la Sierra Alconera, las sierras circundantes a La Parra, en Feria, en los alrededores de Los Santos de Maimona, etc.

Otra característica geológica de la Tierra de Barros es la existencia de afloramientos graníticos en algunas de sus localidades limítrofes con las estribaciones de Sierra Morena, caso de Burguillos del Cerro y Fuente de Cantos, asomos de batolitos plutónicos que están ligados a la banda granítica que atraviesa esta porción de la península, desde Cáceres hasta Jaén.

La comarca presenta unas condiciones climáticas típicamente mediterráneas, muy benignas en cuanto a las precipitaciones anuales que incrementan su presencia según nos desplazamos hacia el oeste y al sur, pasando de un ombroclima seco a subhúmedo. Las temperaturas también se rigen por un gradiente que disminuye sus rigores según nos desplazamos hacia el suroeste, evidenciándose igualmente una disminución de las ligeras características continentales más propias de la porción interior de la comarca.

Atendiendo a la distribución de las comunidades vegetales respecto al patrón de comportamiento de los parámetros climáticos más importantes, la temperatura y las precipitaciones, se establece la inclusión del territorio ocupado por la Tierra de Barros dentro del piso bioclimático *mesomediterráneo,* que en la zona se correspondería con la presencia de encinares y alcornocales, estos últimos con mayor presencia según nos desplazamos hacia las sierras del sur y el oeste. También tienen cabida los coscojares, sustitutos en la mayoría de los casos de antiguos encinares basófilos. Y de manera más anecdótica los acebuchales en los ámbitos más térmicos (barrancos encajados de las sierras meridionales).

Los suelos más típicos de la comarca son los denominados "barros", suelos rojos mediterráneos en los que la matriz arcillosa tiene importancia relevante. Funcionan como auténticas esponjas por su gran capacidad de retención del agua. De gran importancia en la agricultura local, en particular para el cultivo de la vid, los barros no sólo se han venido utilizado con estos fines; además son una señal de identidad de muchos de los pueblos de la comarca, que han usado el material para la ingeniería civil y la labor artesanal de la alfarería.

La hidrología de la parte llana de la comarca está formada por cursos lentos de llanura que desaguan en los ríos Matachel y Guadajira. Esta red de drenaje contrasta con la existente en la parte serrana, en la que los ríos discurren encajados entre pizarras y sus aguas descienden más rápidas. De igual forma varía la vegetación de ribera de unos y otros cursos. Mientras que en las llanuras de inundación de la zona sedimentaria la vegetación estaría dominada por alamedas y olmedas, dado la mayor riqueza de los suelos carbonatados, los riberos serranos, mucho más complicados topográficamente y con menor posibilidad de desarrollo edáfico, albergarían comunidades diversas, alisedas en estrechas hileras en las zonas más elevadas de los cursos de aguas permanentes, y fresnedas en tramos inferiores, incluso tamujares en las zonas de carácter estacional.

Tal y como ya se introdujo con antelación, el resto del territorio no ligado a las márgenes fluviales estaría en un origen formado por comunidades vegetales esclerófilas en las que la encina y el alcornoque tendrían un papel preponderante, y serían más dispersas las manchas de quejigos, acebuches y coscojares, estos últimos especialmente significativos en los sustratos básicos del territorio. A todas estas formaciones acompañaría un denso matorral mediterráneo noble, muy diversificado en especies, especialmente según nos desplazamos en dirección suroeste.

Sin embargo este teórico paisaje vegetal primigenio no se corresponde con la realidad actual. La mayor parte del territorio está dedicado a la agricultura extensiva de secano y, sobre todo, a la producción vitivinícola. En las zonas de llanura son escasas las muestras de arbolado autóctono que aún se mantienen. Por el contrario, estas masas muestran un magnífico esplendor hacia los extremos occidental y oriental de la comarca, enclaves serranos en los que tampoco faltan las plantaciones realizadas con coníferas y eucaliptos. Por último, los pastizales naturales son también abundantes en la porción más oriental de Tierra de Barros, dando continuidad natural a las comarcas de La Serena y la Campiña Sur.

Toda esta diversidad de medios habitables para la fauna, representada por la variedad de campos de labor y pastizales, matorrales y dehesas, roquedos y riberas, supone en su conjunto una magnífica representación zoológica del bosque mediterráneo. La red ecológica se centra en herbívoros como el conejo, la presa por excelencia de los carnívoros y las aves rapaces. De ambos grupos existen buenas poblaciones en las sierras del sur y oeste de la comarca. Particularmente interesante resulta otro isleo serrano, en este caso en situación oriental en la comarca, para las aves rupícolas: la Sierra Grande de Hornachos. Igualmente atractivas resultan las zonas llanas dedicadas al desarrollo de pastizales ganaderos, por la presencia de una abundante comunidad de aves esteparias.

El medio acuático muestra interesantes tramos fluviales y abundantes charcas para el abastecimiento del ganado, en muchas fincas ganado bravo, en los que se desarrollan buenas poblaciones de peces, algunas de las cuales se ven reforzadas por las sueltas realizadas por propietarios y pescadores que gustan de la práctica deportiva. También las charcas son enclaves fundamentales para muchos anfibios y reptiles, grupos sensibles que cada vez sufren mayores agresiones sin que se los considere especialmente. Las aguas serranas de los río Bodión, Guadajira y Matachel son también muy interesantes para la nutria.

Para finalizar, la Tierra de Barros resulta al igual que muchas otras comarcas adehesadas de la región extremeña, un excelente lugar para el descanso de multitud de aves migradoras que buscan en sus fructíferas dehesas y su frescos pastizales los cuarteles de invernada.

❧ *Sierras calizas en el corazón de Tierra de Barros* ❧

Aspectos socioculturales

La comarca de Tierra de Barros fue poblada desde épocas remotas, tal y como lo atestiguan algunos restos y hallazgos de asentamientos prehistóricos localizados, por ejemplo, los abrigos naturales de la Sierra Grande de Hornachos, que muestran numerosas pinturas rupestres esquemáticas procedentes de la Edad del Bronce. La localidad de Hornachos resulta ser además uno de los mejores emplazamientos para ahondar en el conocimiento del pasado histórico de la comarca, ya que en ella se encuentran los pocos vestigios romanos del territorio que reflejan su origen, cuando se denominaba *Fornacis.* Este asentamiento debió surgir a partir de los trabajos mineros que se realizaban en las sierras cercanas, si bien algunos autores suponen su fundación en épocas anteriores, posiblemente en honor a una diosa protectora, a la que daban tributo en sus abundantes hornos de pan. Más probable parecen ser dichos hornos antiguos puntos de fundición de metales, utilizados en época romana y árabe.

El testimonio de la época musulmana se encuentra mejor representado. Las fortalezas se reparten actualmente por localidades como Hornachos, Feria, Burguillos del Cerro, Nogales,

Salvatierra de los Barros, Zafra, si bien muchas aparecen hoy con el aspecto aproximado de aquellas otras que se levantaron sobre las ruinas árabes bajo la encomienda de la Orden Militar de Santiago, asentada en Almendralejo, y del Señorío de la Casa de Feria, en Zafra, cierto tiempo después.

Sin duda alguna que es bajo la tutela de estos garantes cuando se produce el mayor auge histórico de la comarca. De la etapa mudéjar son relevantes diferentes edificaciones religiosas, monasterios, iglesias, plazas porticadas, etc., por ejemplo en Hornachos, Fuente del Maestre, Zafra, la Parra. El estilo gótico, con escasa muestras repartidas a lo largo y ancho de la provincia de Badajoz, tiene en la comarca de Tierra de Barros magníficos ejemplos, como el retablo gótico-mudéjar de la iglesia de Calzadilla de los Barros, y diversos edificios de la localidad de Zafra.

Las corrientes renacentistas encuentran otra vez en Zafra y sus alrededores, concretamente en la localidad de Los Santos de Maimona, los principales ejemplos reseñables en la comarca. Finalmente, los siglos posteriores, el XVII y el XVIII, dan paso primero al barroco, y al neoclasicismo después, estilos artísticos que reflejan una nueva avalancha de creatividad en la comarca, principalmente en forma de obras religiosas. Localidades de interés resultan ser Almendralejo, Fuente del Maestre, Villafranca de los Barros, Los Santos de Maimona y Zafra.

En cuanto al folclore y las costumbres populares, la comarca de Tierra de Barros atesora un importante legado de manifestaciones que todavía mantienen hoy algunos viejos artesanos y buena parte de la población rural, en forma de fiestas y celebraciones, pero también a través de la arquitectura, la manufacturación de útiles artesanales, la gastronomía...

Buenos ejemplos del manejo popular en la construcción y la ingeniería se encuentran en muchos de los cascos históricos de localidades de mediano y pequeño tamaño, caso de Hornachos, Zafra, Burguillos del Cerro, Salvatierra de los Barros. Las casas responden al patrón más extendido en la región: bajas, construidas en roca, generalmente pizarrosa, con gruesos muros, y de colores pálidos, principalmente blancos, como consecuencia del encalado que usualmente se aplica cada año.

La artesanía de la comarca, que durante mucho tiempo formó parte de las necesidades cotidianas de la población, caso de los enrejados, la cerámica ornamental y para la construcción, el trabajo con pieles, la cestería, y que utilizaba el marco de los mercados y las ferias para su comercialización, hoy representa más un elemento emblemático en el desarrollo etnográfico de cada pueblo y localidad. Algunos trabajos que destacan en la labor de los tejidos, bordados y encajes se hallan en Villafranca de los Barros; la alfarería y la cerámica son artes muy extendidas en una región afamada por la naturaleza de sus suelos o "barros", caso de Salvatierra de los Barros, Los Santos de Maimona; la cestería sobresale en Villafranca de los Barros; y la labor de piedra y cantera en Alconera.

Fuente de los Moros, en Hornachos

Respecto al conocimiento culinario desarrollado a través de los tiempos en la comarca, hay que hacer destacar la importante producción de chacinas y jamones que comienza a darse en la porción suroccidental de la comarca, Zafra, Burguillos del Cerro, etc., donde aparece el paisaje serrano y en cuyas dehesas campan con libertad los cochinos ibéricos; los caldos tintos de la comarca de Tierra de Barros son de excelente calidad, dispersándose su producción a lo largo de toda la llanura, si bien Almendralejo resulta ser el principal enclave bodeguero de estos vinos denominación de origen "Ribera del Guadiana"; y las migas de Tierra de Barros, de gran consumo y tradición por toda la comarca. Otros platos de interés culinario más particulares de cada localidad son el bacalao a la cantina de Los Santos de Maimona; la caldereta de setas de Fuente del Maestre; las sopas de tomate de Almendralejo; la chanfaina de Fuente de Cantos; los dulces tradicionales del convento de las Clarisas de Zafra...

Varios son los acontecimientos de interés regional que tienen lugar a lo largo del año en la comarca. Destacan por estar catalogados como fiestas de interés turístico en Extremadura cuatro eventos. En una localidad meridional de la comarca, Fuente de Cantos, en una zona en la que los barros ya han desaparecido y la tierra comienza a mostrar el aspecto serrano que más al sur se desarrolla en la Sierra Morena, tienen lugar la Chanfaina (último domingo de abril) y la romería de San Isidro (15 de mayo). La primera tiene connotaciones culinarias ya que ocurre alrededor de la elaboración de la mejor chanfaina de cordero. Los mejores momentos ocurren durante las catas de platos y vinos. Por otro lado, la romería de San Isidro resulta ser una multitudinaria peregrinación a una ermita en la que se desbordan la alegría y la devoción por el patrón local. En la localidad de Almendralejo tiene lugar la fiesta de Las Candelas, el 2 de febrero, en pleno invierno. La quema de maderos y trastos viejos acumulados durante días en las principales plazas y calles de la localidad tiene sus orígenes allá por el siglo XVII, y hoy representa una fecha de cordialidad entre los habitantes de la ciudad y los muchos visitantes que se acercan hasta allí, quienes comparten los excelentes vinos de la tierra junto a quesos y chacinas. La otra gran fiesta de interés regional es La Santa Cruz de Feria, que acontece del 1 al 3 de mayo, y que representa una característica celebración de exaltación a la Cruz que incluye representaciones en la calle de hechos históricos.

Para acabar el repaso por el saber y la cultura de la atractiva comarca que es la Tierra de Barros conviene recordar dos últimas citas de naturaleza bien distinta. Por un lado señalar la celebración anual de la Feria Internacional Ganadera de Zafra, en los primeros días del mes de octubre, que a parte de su carácter mercantilista tiene un marcado ambiente lúdico y de esparcimiento. Y también comentar la existencia de un magnífico balneario, El Raposo, concretamente al este de Zafra, en el término municipal de Puebla de Sancho Pérez, unas aguas declaradas de utilidad pública hace ya muchas décadas, que parecen asentarse en sus orígenes sobre vestigios romanos.

RUTA 18

UMBRÍA DE LA SIERRA GRANDE DE HORNACHOS

DISTANCIA TOTAL: Aproximadamente 14 kilómetros (se puede alargar conectando con *Ruta 19)*.
DURACIÓN TOTAL: De 3 horas a 3 horas y 30 minutos.
TIPO DE MARCHA: Lineal.
TIEMPOS DE MARCHA: Ermita de San Isidro - Mirador de La Magrera: 1 hora. Mirador de La Magrera - Vado del Valle del Pocito: 1 hora y 30 minutos. Vado del Valle del Pocito - Carretera de Hornachos: 45 minutos. (1 hora y 15 minutos si se enlaza con la *Ruta 19)*.
DESNIVEL: Poco apreciable.
DIFICULTAD: Escasa.
TIPO DE CAMINO: Pista y camino.
AGUA POTABLE: Al inicio de la ruta, en la Ermita de San Isidro.
ÉPOCA RECOMENDADA: Todo el año (incluidas las mañanas y tardes del estío). En cualquier caso todas las visitas se realizarán con respeto hacia la flora y la fauna de la sierra.
SUGERENCIAS: Llevar prismáticos. Sombrero en los días calurosos. Recolección de espárragos y setas, tanto en primavera como durante el otoño. Posibilidad de hacer otras rutas en el entorno, incluso empalmar con la ruta del Valle del Pocito. Ciclabilidad del 100%. Para realizar rutas ornitológicas por la zona contactar con Juan José Pérez Marín, de ADENEX, en el tel. 924 534 092.
CONSERVACIÓN: Zona de Especial Protección para las Aves, Z.E.P.A., "Sierra Grande de Hornachos". Principales amenazas: caza furtiva, uso de venenos en los cotos de caza próximos...
CARTOGRAFÍA: Hoja 830 escala 1:50.000 del S.G.E.

El inicio de este itinerario, que recorre toda la vertiente nororiental de la Sierra Grande de Hornachos, está a la altura de la ermita de San Isidro, por el pk 11 de la carretera que une Puebla de la Reina y Hornachos. Frente a la explanada dominada por el santuario parte una pista, de reciente firme, que asciende con fuertes rampas junto al precioso risco cuarcítico. Enclave este en el que podemos distinguir la silueta recortada del buitre leonado, una rapaz amenazada sólo unas décadas atrás por la caza y el uso de venenos en nuestros campos, pero que en la actualidad es la más abundante de la Sierra de Hornachos. Tras medio kilómetro de subida entre olivos, retamas y jaras, alcanzamos un rellano, el puerto des-

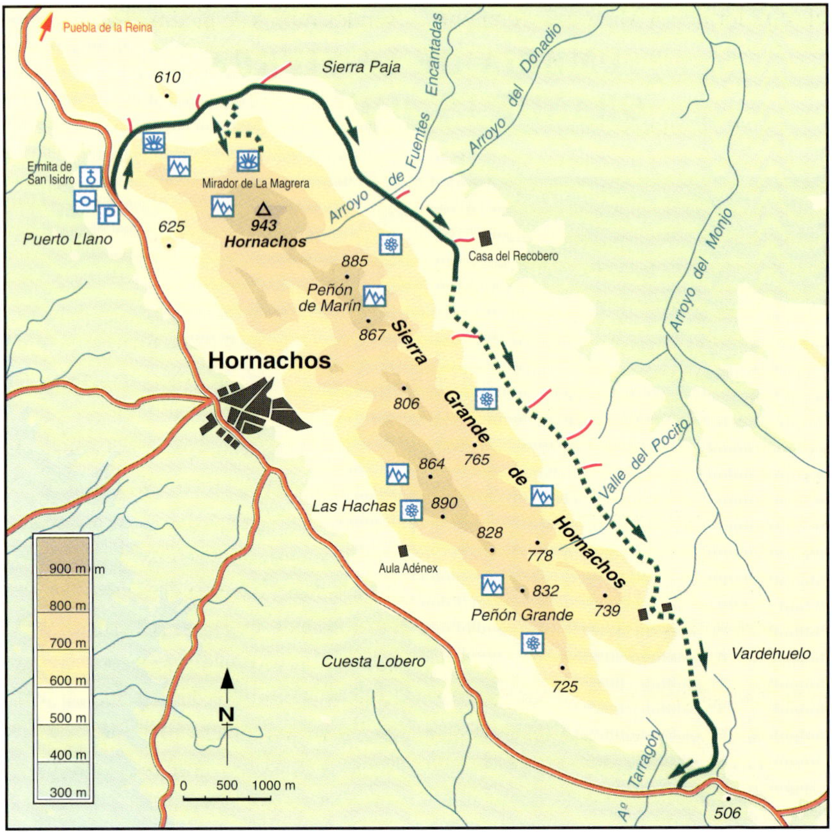

de el que contemplamos la vertiente a recorrer, magnífica vista. Las laderas que se encaraman hacia las crestas aparecen cubiertas de un denso arbolado dominado por encinas en las zonas bajas, pero principalmente por alcornoques entremezclados con madroños, labiérnagos, madreselvas, romeros, jaras diversas, durillos, coscojas... una frondosa umbría, sin duda alguna. Hacia el norte la visión es diferente, aunque no menos espectacular: dehesas que se extienden hasta más allá de donde observan nuestros ojos, territorios de campeo utilizados por la mayoría de las aves que aún se reproducen en los riscos cuarcíticos, águilas perdiceras y reales, alimoches, búhos reales...

Caminamos medio kilómetro en bajada para llegar a una explanada señalizada con un cartel. Desde aquí podemos subir hasta la zona de recreo y el mirador de La Magrera, y contemplar la amplia dehesa pacense y la Tierra de Barros. De regreso a la pista principal andamos siguiendo una valla que delimita los terrenos de ADENEX, la Asociación para la Defensa de la Naturaleza de Extremadura que tanto ha hecho para la conservación de los ecosistemas extremeños. Al alcanzar un cruce (a la izquierda reza "Manzorro-Las Ánimas") cogemos el ramal de la derecha. Casi un kilómetro después obviamos nuevamente un camino a la izquierda cerrado con una cancela. El paisaje es gratificante, siempre incluidos entre las manchas de dehesas y pastizales, y vigilados por las moles pétreas de la Sierra Grande. Los carteles que señalan la reserva biológica de la asociación se suceden según caminamos en paralelo a la valla, al igual que algunas cancelas que cierran perdidos ramales a la derecha. Tras pasar un pozo viejo y dejarlo a la izquierda, obviamos de igual manera la entrada a la finca El Recobero. Posteriormente hacemos igual con un nuevo ramal en la misma dirección, cuando el camino parece adquirir cierta ondulación y se evidencian signos de erosión, ya en las proximidades del vado de un arroyo que discurre en la umbría del alcornocal. Desde aquí mismo parte un camino ascendente de magnífica apariencia, jalonado por sendos muros de piedra, pero que evitamos coger en esta ocasión.

Unos cientos de metros más allá del vado encontramos otra bifurcación: optamos por el ramal con cancela, que dejamos cerrada a nuestro paso. El camino se embarranca nuevamente; cruza un viejo muro derruido, antes y después del cual salen sendos ramales a la izquierda. Luego viene un camino a izquierda que dejamos, otro pequeño arroyo y paso con cancela, un nuevo ramal a izquierda que obviamos. De igual modo hacemos con otro ramal, en este caso a derecha, para poco después vadear un nuevo arroyo, durante la continua sucesión de dehesas de alcornoques y encinas. Allí mismo obviamos el camino descendente que sale a la izquierda. Unos 500 metros después alcanzamos una pequeña llanada aclarada en la que se acumulan muchas lascas que cubren buena parte del suelo, y junto a la que se distinguen viejas ruinas de construcciones humanas.

Más allá pasamos el valle del Pocito, estrecho torrente que aquí se remansa, pero que algunos cientos de metros hacia la sierra desciende estrepitosamente. Nos encontramos en uno de los tramos del recorrido con mayor cobertura de la dehesa, dominada principalmente por los alcornoques. Un medio por el que deambulan algunos de los señores de la noche del monte mediterráneo, como la gineta, el tejón, la garduña, el gato montés... Tras más de un kilómetro andando por la espesura salimos a un cortijo con grandes apriscos ganaderos, lugar desde el que la vegetación comienza a abrirse nuevamente. Un nuevo regato superado y el camino comienza a descender de forma perceptible. Casi estamos alcanzando el extremo meridional de la Sierra Grande, y el cambio de vertiente comienza a notarse en la vegetación, primero por la aparición de plantaciones de eucalipto, pero sobre todo por el dominio de especies más adaptadas a la mayor incidencia solar, tales como el lentisco, el espino negro, la carrasca,... Por esta zona parte un camino a la derecha que alcanza la ruta *"Por el interior de la Sierra Grande de Hornachos"*, tomando como referencia el depósito de aguas que culmina el espolón rocoso. Hasta llegar al cruce con la carretera nos quedan escasos 2 kilómetros, a través de olivos y huertos con casas de campo.

Serreta elevada de la umbría de la Sierra Grande de Hornachos

RUTA 19
POR EL INTERIOR DE LA SIERRA GRANDE DE HORNACHOS

DISTANCIA TOTAL: Aproximadamente 18 kilómetros.
DURACIÓN TOTAL: 5 horas.
TIPO DE MARCHA: Circular.
TIEMPOS DE MARCHA: Ayuntamiento - Abrigo La Sillá - Casa del Puerto: 1 hora. Casa del Puerto - Collado del Carrascal - Los Escalones: 1 hora. El Pósito - Arroyo Tarragón: 1 hora y 15 minutos. Arroyo - Valle del Pocito: 45 minutos. Valle del Pocito - Los Escalones: 1 hora y 15 minutos.
DESNIVEL: 300 metros aproximadamente.
DIFICULTAD: Escasa.
TIPO DE CAMINO: Senda y camino.
AGUA POTABLE: Fuente de los Moros y fuente de la ermita de San Francisco.
ÉPOCA RECOMENDADA: Todo el año (incluidas mañanas y tardes del estío). En cualquier caso siempre deben realizarse visitas respetuosas con la fauna y la flora que alberga la sierra.
SUGERENCIAS: Llevar prismáticos. Sombrero en los días calurosos. Recolección de espárragos y setas, tanto en primavera como durante el otoño. Posibilidad de hacer otras rutas en el entorno, como la de la Sierra Grande de Hornachos, la del Valle del Pocito... Para realizar rutas ornitológicas por la zona contactar con Juan José Pérez Marín, de ADENEX, en el tel. 924 534 092.
CONSERVACIÓN: Zona de Especial Protección para las Aves, Z.E.P.A., "Sierra Grande de Hornachos". Principales amenazas: caza furtiva, uso de venenos en los cotos de caza próximos...
CARTOGRAFÍA: Hoja 830 escala 1:50.000 del S.G.E.

Iniciamos este recorrido por el interior de la Sierra Grande de Hornachos en el Ayuntamiento de la población; continuamos por la calle de la Fuente y seguimos las indicaciones del camino de la fuente de los Moros. Salimos del pueblo a través de un camino en subida, pegados al muro pétreo de la margen izquierda del barranco, en cuyas riberas se ha producido el establecimiento de diversos huertos familiares. Las pequeñas parcelas aparecen deslindadas por muros de piedra y setos hechos con chumberas. A unos 300 m alcanzamos la fuente de los Moros, estructura protegida por altos muros, situada en la surgencia de un manantial permanente que recoge las aguas de La Sillá, la impresionante mole cuarcítica que se

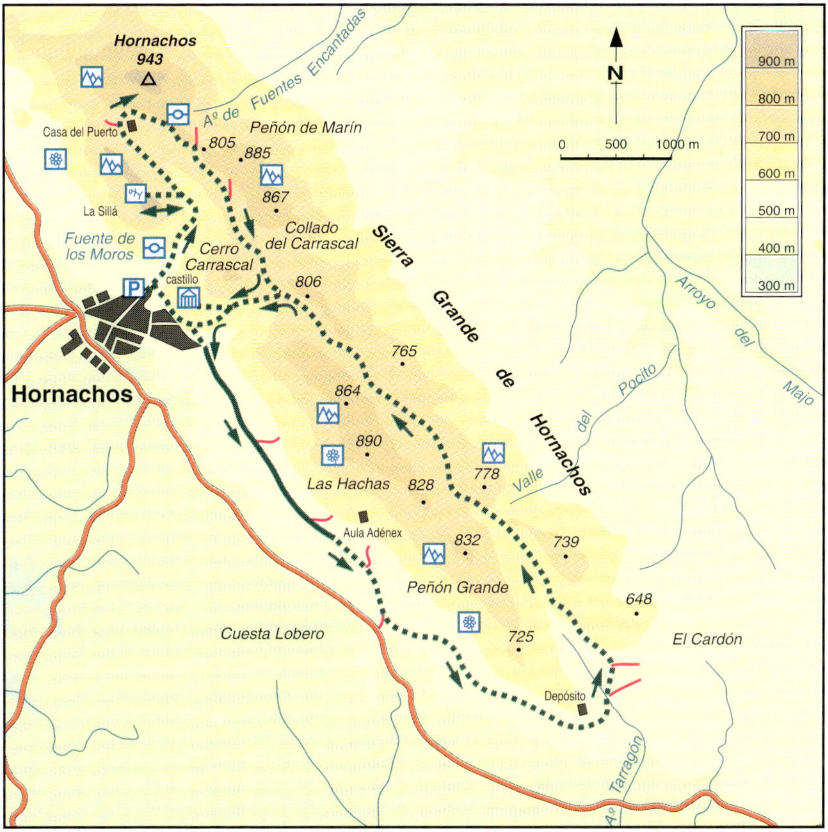

yergue a nuestra izquierda. Las aguas corrientes de la fuente se aprovechaban en el lavadero situado algo más abajo. Seguimos luego por el camino que sube hasta alcanzar un rellano con un pozo sin brocal, observando cornicabras, peralillos, lentiscos... A nuestra derecha un camino asciende siguiendo el muro de piedra que circunda un hermoso olivar hasta el Collado del Carrascal, ese cerro poblado de encinas y alcornoques de contorno suave. A la izquierda se extiende la magnífica visión de un pequeño valle rellenado por una pedrera de tonalidades grises, rojizas y amarillas. Inicialmente decidimos subir a nuestra izquierda (sólo durante otoño e invierno, para evitar molestias a las aves rupícolas), pero por una trocha empinada que nos lleva directamente hasta el Abrigo de la Sillá. Concienzudamente debemos buscar para encontrar unas pinturas rupestres dispersas por el refugio natural, tomando como referencia la ubicación de un gran enebro.

Descendemos nuevamente y alcanzamos, poco antes de llegar hasta el pozo sin brocal, unas trochas de ganado que optamos por seguir hacia la cabecera del valle. La senda discurre a veces oculta entre grandes pies de lentiscos y coscojas, otras perdida en el mar de piedras. Tras unos 20 minutos de ascenso llegamos hasta la casa del Puerto, lugar desde el que observamos con deleite el valle y las elevaciones que lo jalonan. A pesar de los cardales que crecen en los alrededores de la casa, síntoma inequívoco de la presencia habitual de ganado, avanzamos por una trocha entre arbustos y nos encaminamos hacia el collado situado a nuestra izquierda, al sur de la cumbre de la sierra, Hornachos (943 m), y el Peñón de Marín. Tras una dura marcha peleándonos con la vegetación alcanzamos el collado y nos encaminamos a los pies de la serreta que se extiende al sur. En otro corto pero intenso tramo entre arbustos salimos a un camino, la conocida senda Moruna que optamos por seguir a la derecha. Y así, en cuestión de unos pocos minutos, nos plantamos en el Collado del Carrascal, un precioso enclave poblado por alcornoques en donde optamos por coger el camino de la izquierda. El ramal que desciende nos llevaría al pozo sin brocal dejado en el inicio de la ruta. Seguimos paralelos al muro todavía subiendo unos metros. Sólo tomaremos alguna de las trochas que se adentran por el alcornocal a través de zonas derruidas del muro si es que queremos aproximarnos a coronar el Cerro Carrascal, lugar desde el que se contemplan magníficas vistas del pueblo, el castillo árabe y buena parte de la Sierra Grande de Hornachos. Unos minutos más por este magnífico paseo, atentos a la presencia de las numerosas aves que pueblan ramajes y matorral, la bella mancha de alcornoques se sustituye por el sempiterno eucaliptal de las tierras extremeñas, en unas laderas aterrazadas que parecen prolongarse hacia el sur, a lo largo del estrecho valle incluido en la Sierra Grande. Desde aquí nos faltan escasos metros para llegar al cruce de Los Escalones, como se conoce a este tramo de la senda Moruna. A nuestra derecha se eleva el peñón Salto de la Moza, y a la izquierda el de la Campana. Los Escalones descienden justo entre estos pequeños riscos, un tramo del camino tradicional que conserva su aspecto más original. En este tramo es fácil observar a la collalba negra.

Antes de la entrada del pueblo y del mirador del Pósito nos desviamos de

❧ *Umbría de la Sierra Grande de Hornachos* ❧

la senda Los Escalones para observar más detenidamente las ruinas de la fortaleza árabe.

Desde el mirador del Pósito caminamos hacia el sureste. Pasamos junto al pilar de San Francisco, en donde nos refrescamos. Alcanzamos un ramal a la izquierda que desdeñamos; la vegetación natural de esta zona es más escasa, y en ella prevalecen elementos más térmicos y xéricos, acebuches, lentiscos, espino negro. Existen muchas plantaciones de eucaliptos y pinos, así como huertos y parcelas urbanizadas hacia las zonas bajas. Tras caminar un buen trecho durante el que dejamos otro ramal a izquierda, casas, el aula de naturaleza de ADENEX, olivos y almendros, setos hechos con chumberas, y otro ramal a la derecha, llegamos a la altura de un depósito de agua que nos sirve como referencia para pasar a la otra vertiente de la sierra. Seguimos el camino que pasa bajo el depósito y junto a una tapa de alcantarillado, que desciende un repecho hasta alcanzar el vado del arroyo Tarragón, cubierto de eucaliptos y un denso matorral. Remontamos y giramos a la izquierda en el cruce, señalizado con una marca de puesto de caza, la número 1. Ascendemos por el camino. La vegetación parece abrirse en algunos puntos, principalmente en aquellos en los que se sitúan las cabeceras de algunos arroyos que descienden por la vertiente norte de la sierra. Aprovechamos para aproximarnos hasta el borde con el objeto de admirar las fabulosas vistas sobre la penillanura adehesada. Continuamos nuestro camino por el eucaliptal a la vez que nos quedamos con la sucesión de marcas plásticas atadas a ramas y troncos. En un espacio abierto por el que podemos mirar con facilidad las serretas a nuestra izquierda, admiramos la magnífica presencia de un gran peñón aislado del resto de las elevaciones, el Peñón Grande, en cuyas faldas los alcornoques y el matorral de umbría (con madroños, durillos, coscojas... de gran porte) muestran el paisaje vegetal original del conjunto de la serranía.

Continuamos por el camino que atraviesa el eucaliptal. Nos encontramos encajados en la cabecera del pequeño valle formado por un curso estrecho y de corto recorrido, jalonados por sendas serretas de aspecto imponente. En el medio rupícola que impera en este entorno viven aún muchas de las joyas de la avifauna mediterránea, tan amenazadas en otros lugares de la geografía peninsular. Algunas como el alimoche, la cigüeña negra –ambas especies en primavera y verano– el águila perdicera y el buitre leonado no serán complicadas de observar; sólo hemos de estar pendientes del cielo sobre nuestras cabezas, así como de los riscos cuarcíticos allá en lo alto. El eucaliptal aparece denso, numerosos mástiles rectilíneos cuyas ramas se apoyan entre sí; pero también asoma ahora un denso sotobosque en el que prevalecen la jara de hoja de álamo, la jara estepa –ambas evidencian un incremento en la humedad ambiental–, el torvisco, la coscoja, el teucrio, el labiérnago, el romero, el guardalobos... y algunas lianas como la nueza y la madreselva. Avanzamos por la espesura del eucaliptal por el camino cómodo, sin duda habilitado antaño para la saca de la madera explotada, hasta que se ciega con jaras.Tenemos que observar algo más allá un pequeño muro de piedras, una linde semiderruida que tenemos que cruzar para salir a otro camino principal, marcado por una nueva señal de cacería, de color naranja. Tomamos el camino de la izquierda (por la derecha podemos acercarnos a un estupendo mirador natural sobre La Serena) hasta alcanzar nuevamente la zona alta de Los Escalones, allá donde el eucaliptal está aclarado por el fuego. Descendiendo llegamos finalmente a Hornachos.

RUTA 20

LA AFORTUNADA

Distancia total: Aproximadamente 7 kilómetros.
Duración total: De 2 horas a 2 horas y 30 minutos.
Tipo de marcha: Lineal.
Tiempos de marcha: Inicio - Granja de avestruces: 45 minutos. Granja de avestruces - Mina La Afortunada: 45 minutos. Alrededores de la Mina: 1 hora.
Desnivel: Escaso.
Dificultad: Nula.
Tipo de camino: Camino y senda.
Agua potable: Preguntar en el cortijo de la Mina La Afortunada.
Época recomendada: Todo el año, mejor en primavera (incluidas mañanas y tardes del verano).
Sugerencias: Llevar prismáticos. Sombrero en los días calurosos. Posibilidad de hacer otras rutas en el entorno, como la de la Sierra Grande de Hornachos, la de Las Pedrizas, la del Valle del Pocito... Para rutas ornitológicas específicas por la zona, contactar con Juan José Pérez Marín, de ADENEX, en el tel. 924 534 092. Ciclable 100%.
Conservación: Parte de la ruta queda incluida en una Zona de Especial Protección para las Aves, Z.E.P.A., "Sierra Grande de Hornachos". Principales amenazas: deterioro de las viejas instalaciones y edificios mineros; caza furtiva, uso de venenos en los cotos de caza próximos...
Cartografía: Hoja 830 escala 1:50.000 del S.G.E.

El pk 6,7 de la carretera de Puebla de la Reina a Hornachos, por donde reza sobre una tinaja de barro "Casa Rural Sierra de Mampar", es el lugar de partida de este itinerario que, tras faldear por la vertiente meridional de la Sierra de Pinos alcanza los llanos de la Tierra de Barros en el valle del río Matachel. Por lo tanto, y a pesar de su corto recorrido, esta ruta permite acercarnos a dos ambientes naturales muy distintos: primero las manchas de monte mediterráneo que circundan los roquedos cuarcíticos, y después los campos llanos del valle, herbazales y cultivos de secano que funcionan a modo de hábitats esteparios para la

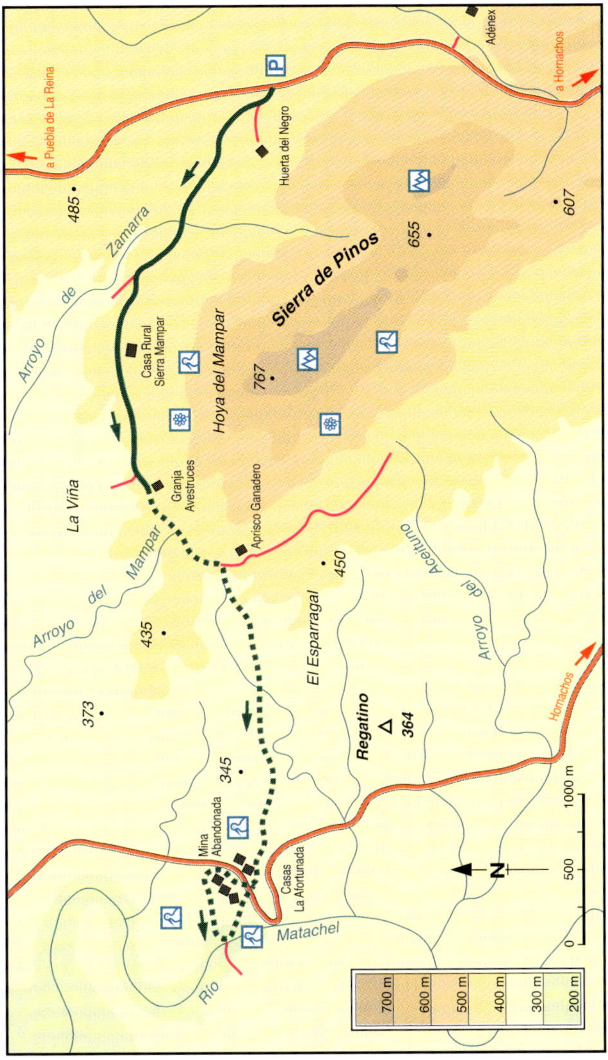

fauna. Tras salirnos de la carretera y caminar unos cientos de metros dejamos un primer ramal a la izquierda que va hacia la Huerta del Negro. Las laderas de la Sierra de Pinos, a escasa distancia de nuestro camino, se asoman al norte con una densa cobertura vegetal dominada por encinas y alcornoques, junto a variadas especies arbustivas, jaras pringosa y de hoja de salvia, escobas, coscojas, guardalobos, labiérnagos, madreselvas... Dominando las laderas sobresalen entre la vegetación riscos de tonalidades oscuras y rojizas, un medio rocoso en las alturas que presenta multitud de oquedades y repisas idóneos para el asentamiento de la avifauna rupícola, así como colonias de murciélagos.

Tras andar algo más de un kilómetro vadeamos un arroyo, llamado de Zamarra. La presencia de agua corriente estacional y, sobre todo, la disponibilidad del recurso hídrico en el cecano nivel freático, permite la proliferación de una estrecha pero densa franja de vegetación ribereña en la que sobresalen algunos fresnos y sauces arbustivos, junto a adelfas, escaramujos y juncos. Un oasis de vida para la fauna en general, y en especial para la avifauna y los anfibios, estos últimos asiduos en las pequeñas pozas y encharcamientos que se forman en el cauce. Aguas abajo del vado, por donde la suavidad del terreno ha permitido al hombre potenciar la proliferación de dehesas abiertas, pastos y cultivos, la línea de la ribera y sus ribazos constituyen los únicos elementos naturales para los animales con preferencias por los medios cerrados.

Alcanzamos un nuevo cruce para tomar el ramal de la izquierda; seguidamente dejamos la entrada de la finca Sierra de Mampar y caminamos en paralelo al muro que nos separa de un olivar añejo orlado con diversos árboles de sombra y eucaliptos en las proximidades de la casa rural. Así llegamos a una nueva bifurcación: a la derecha se extiende la finca de La Viña, un terreno sembrado con muy pocas encinas que contrasta enormemente con la espectacularidad de la vegetación en la ladera. Nosotros continuamos por el camino principal a la izquierda. Medio kilómetro después alcanzamos una casa en cuyo cercado nos llevamos una exótica sorpresa, la presencia de una pequeña explotación avícola ¡de avestruces!, rodeada de olivos. Resulta verdaderamente extraño contemplar a las grandes aves corredoras africanas sobre un fondo dominado por roquedos y un tupido paisaje mediterráneo; aunque en la actualidad se trata de un hecho al que nos acostumbramos poco a poco debido a la reciente expansión de este tipo de granjas en toda la geografía mediterránea peninsular.

Nuestro camino comienza un giro hacia el sur que interpretamos como un próposito de circundar al completo la Sierra de Pinos por la parte inferior de sus laderas. A la derecha se extiende una parcela dedicada a la explotación del eucaliptal. A la altura de un regato, antes de subir un repechón que termina en un aprisco de ovejas, nos separamos del camino a la derecha. Tenemos que pasar una valla para adentrarnos en el eucaliptal, por el que caminamos a lo largo de más de un kilómetro. Caminando por la aromosa mancha de eucaliptos comprobamos el escaso beneficio ecológico (que no económico) que aportan estas plantaciones, carentes de sotobosque alguno y en las que se oyen y ven muy pocas aves. Al salir del arbolado ya observamos las casas de La

Las colonias de cigüeñas y primillas dan vida a la vieja mina

Afortunada: a la izquierda el cortijo moderno, y a la derecha las casas y apriscos viejos, junto a las ruinas de la desmoronada explotación minera y un gran eucalipto. Si realizamos la visita en primavera-verano, al acercarnos al llano del río Matachel descubrimos la numerosa colonia de cigüeñas blancas que se asienta en los viejos muros y tabiques. Nuestra sorpresa aumenta al percatarnos de la presencia de varias parejas de cernícalo primilla que crían en los huecos y repisas de la construcción; a menudo vuelan para posarse en las ramas del viejo eucalipto, por su propia voluntad o atosigados por las molestias de grajillas y palomas bravías. Un muro protegido nos muestra lo que queda de la mina que aquí se explotó tiempo atrás, un gran pozo oscuro y pestilente del que parten diversas galerías, muchas cegadas, al igual que el resto de pozos existentes hasta hace poco tiempo, hoy refugio de murciélagos y palomas. Un breve paseo final por los alrededores de la mina y el curso del río Matachel nos deparará la segura observación de otras aves bien distintas que se ocultan en los herbazales, en la ribera o bien se mimetizan con los tonos ocres del terreno.

RUTA 21

SIERRA ALCONERA

Distancia total: Aproximadamente 9 kilómetros.
Duración total: 5 horas y 30 minutos.
Tipo de marcha: Lineal.
Tiempos de marcha: Camino del Encinar - Puerto: 30 minutos. Puerto - Sierra Alconera: 1 hora y 30 minutos. Sierra Alconera - Fuente de los Caños: 1 hora y 45 minutos. Fuente de los Caños - La Lapa: 1 hora y 15 minutos.
Desnivel: 300 metros.
Dificultad: Alta, por la complicación de andar buscando trochas.
Tipo de camino: Pista, camino, senda y trocha.
Agua potable: En las localidades al inicio y al final de la ruta.
Época recomendada: Todo el año, excepto el verano.
Sugerencias: Imprescindible el uso de pantalones largos. Llevar prismáticos. Sombrero en los días calurosos. Recolección de espárragos y setas en otoño-primavera. Posibilidad de realizar otras rutas en el entorno, como por ejemplo la de la Sierra de Castellar, la de la Sierra de los Olivos... También podemos visitar el manantial de La Canal, a un kilómetro aproximado de la localidad de Alconera, en dirección a La Lapa, en el que se ha creado recientemente una piscina natural.
Conservación: Sin protección alguna. Principales amenazas: explotaciones mineras a cielo descubierto y la apertura de una nueva cantera en la sierra; sobreexplotación de acuíferos; riesgo de incendios forestales; caza furtiva; uso de venenos en los cotos de caza próximos...
Cartografía: Hojas 853 y 854 escala 1:50.000del S.G.E.

A un km escaso del origen de este itinerario podemos visitar la piscina La Canal, construida en la salida de un manantial de aguas carbonatadas. Es un excelente lugar para interpretar la naturaleza caliza de la sierra que vamos a atravesar, ya que se encuentra justo en una zona de contacto en la que se aprecia la transición de la litología y la vegetación respecto a la uniformidad circundante.

Partimos de Alconera en dirección a La Lapa, pero tomamos el desvío de la pista que sube a la izquierda, hacia

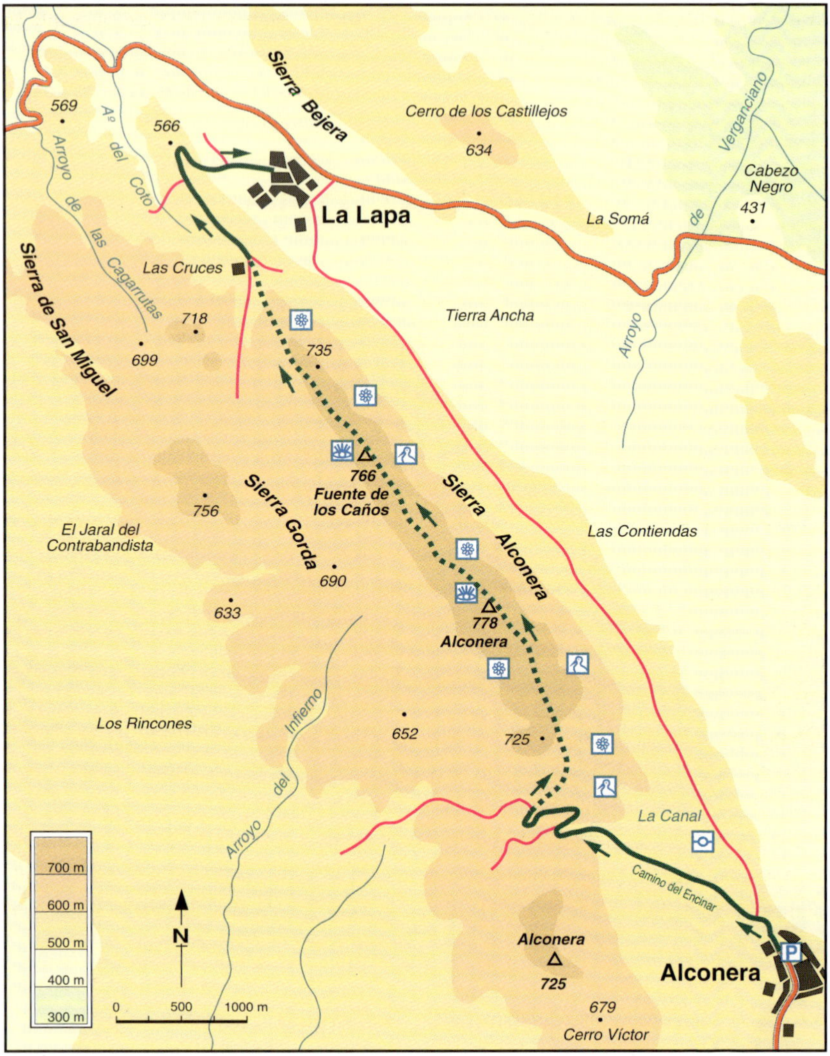

el puerto, situado justo frente a una fuente en la que rellenamos nuestras cantimploras. La subida hasta el puerto transcurre sin mayores incidencias; apreciamos la explotación agrícola de un vasto olivar asentado principalmente sobre suelos arcillosos carbonatados, de ocres y rojizas tonalidades, aunque también contemplamos algunos bloques rocosos de caliza adyacentes al camino, a los que rodean muestras del matorral esclerófilo espinescente. A la izquierda de la pista se sitúan varias explotaciones mineras, concretamente canteras de un mármol muy apreciado que han dado renombre al pueblo. Al llegar al puerto, aproximadamente bajo un gran tendido eléctrico que atraviesa la sierra, dejamos la pista y nos adentramos de lleno entre la vegetación natural utilizando un camino que parece perderse, pero que durante un buen trecho mantiene su continuidad. Es el momento de comenzar a apreciar la gran diversidad botánica de esta sierra, un enclave de naturaleza básica que facilita el asentamiento de plantas distintas a las que ocupan los llanos y sierras circundantes, mayoritariamente de terrenos ácidos. Destacan los arbustos esclerófilos armados con espinas contra el ramoneo de los herbívoros, como la coscoja, la carrasca, el espino negro, la ahulaga, etc. Si nuestra visita se realiza en primavera también sobresale el aspecto floral de la estepa blanca, la jara de hoja crispa, el matagallo, la peonia o rosa de los bosques, el teucrio, el jazmín de monte, el cantueso, el orégano, numerosas orquídeas... Nuestro camino discurre por trochas; tres referencias principales debemos mantener constantes durante la marcha, para no perder la dirección adecuada. Por un lado es importante seguir los puestos de cazadores que se extienden a lo largo de toda la cuerda. Los descubrimos gracias a la presencia de plásticos y trapos de colores llamativos (blanco, rojo, naranja...) atados a los arbustos, que señalizan la inmejorable situación del cazador durante las batidas de jabalíes y ciervos. Además resulta fundamental mantenerse caminando por la misma cuerda de la sierra, o ligeramente hacia la vertiente oriental, ya que la espesura de la vegetación es mayor si nos desplazamos hacia zonas más bajas. Para conseguir ésto seguimos un viejo muro de piedra durante todo el ascenso al vértice de Alconera; en ocasiones son dos, que forman una bonita calleja muy oculta por la vegetación. Entre las rocas crecen numerosos espárragos que harán nuestras delicias culinarias, así como también son abundantes algunas setas de excelentes sabor y aroma, como el rebozuelo, el boleto... Desde la cumbre de la Sierra de Alconera, a través de algunos clareos entre la vegetación, podemos maravillarnos con el paisaje de las tierras y sierras que circundan Zafra, al este, así como con las interminables serranías y dehesas que se prolongan hacia el oeste. No podemos detenernos aquí por mucho tiempo ya que estamos en plena cresta y aún nos queda un largo trecho por caminar, tan duro como el anterior... El entorno merece la pena, completamente cubiertos por el matorral, pero cada tramo que avanzamos nos cuesta decidir qué trocha nos irá mejor. Conviene armarse de paciencia y disfrutar con todos los sentidos. En cualquier momento surge de la maraña el movimiento de un animal que nos sobresalta; más sencillo es determinar la presencia de la garduña, el zorro, el gato motés, el erizo común, etc., gracias a los numerosos excrementos que encontramos, generalmente en lugares llamativos, como rocas, pequeñas depresiones en el terreno, clareos herbosos... Tampoco resulta difícil distinguir los trinos de las aves forestales, aunque su observación suele ser más complicada, y en todo caso fugaz; o toparnos con alguna culebra o lagarto. Tras pasar una pequeña elevación nos pasamos a la vertiente contraria, sobre la que nos mantenemos ya hasta alcanzar el vértice de Fuente de los Caños. Antiguas explotaciones ganaderas y alguna parcela de olivar marginal nos ayudan ligeramente en la marcha. Desde el vértice seguimos cresteando hasta alcanzar un pequeño promontorio desde el que ya dominamos la localidad de La Lapa y el último trecho de la dura jornada. Nos encaminamos hacia unas naves y casas que nos aseguran definitivamente la llegada a un camino más cómodo. Obviamos una camino que parte a la derecha y continuamos por la cuerda de la sierra. Al pie de una pequeña elevación el camino gira y desciende entre olivos, campos y huertos, dejando el cementerio a la izquierda y entrando finalmente en la población, en donde nos damos un merecido homenaje.

❧ *Rosa del bosque en la espesura del matorral* ❧

RUTA 22

SIERRA DE CASTELLAR

DISTANCIA TOTAL: Aproximadamente 7 kilómetros.
DURACIÓN TOTAL: De 2 horas a 2 horas y 30 minutos.
TIPO DE MARCHA: Circular.
TIEMPOS DE MARCHA: Calle Belén (Zafra) - Castellar: 1 hora. Castellar - Puerta de Jerez (Zafra): 1 hora y 30 minutos.
DESNIVEL: 150 metros.
DIFICULTAD: Escasa.
TIPO DE CAMINO: Camino, senda y pista.
AGUA POTABLE: Ermita Virgen de Belén. Fuente en el cruce de la Rivera de Zafra.
ÉPOCA RECOMENDADA: Todo el año, excepto el verano.
SUGERENCIAS: Llevar prismáticos. Sombrero en los días calurosos. Recolección de espárragos y setas, tanto en primavera como durante el otoño. Posibilidad de hacer otras rutas en el entorno, como la Sierra Alconera, Zafra-Los Santos de Maimona...
CONSERVACIÓN: Sin protección. Principales amenazas: incendios y repoblaciones forestales...
CARTOGRAFÍA: Hoja 854 escala 1:50.000 del S.G.E.

Iniciamos esta ruta por la calle de Belén, en la salida hacia Fregenal. Tras salir de la calle cementada caminamos entre algunas casas y huertos por una pista. A unos escasos metros dejamos el ramal de la izquierda, continuando por el de la derecha, para seguidamente alcanzar el cruce de dicha carretera. La ermita de Belén se yergue en la loma que debemos alcanzar poco después de pasar un pequeño puente y dejar la pista a la derecha. En la pradera del santuario, habilitada como zona recreativa, se celebra una afamada romería de la comarca, el domingo de Quasimodo, el siguiente al domingo de Resurrección. De la ermita conviene destacar sus retazos barrocos, como la fachada porticada y el campanario, y su inmaculado color blanco. Frente al santuario se extiende un eucaliptal que sustituye al alcornocal que antaño ocuparía estos enclaves de naturaleza ácida. Caminamos por una senda que se introduce en la plantación. Según avanzamos podemos ver algunas especies de plantas que nos recuerdan el dominio

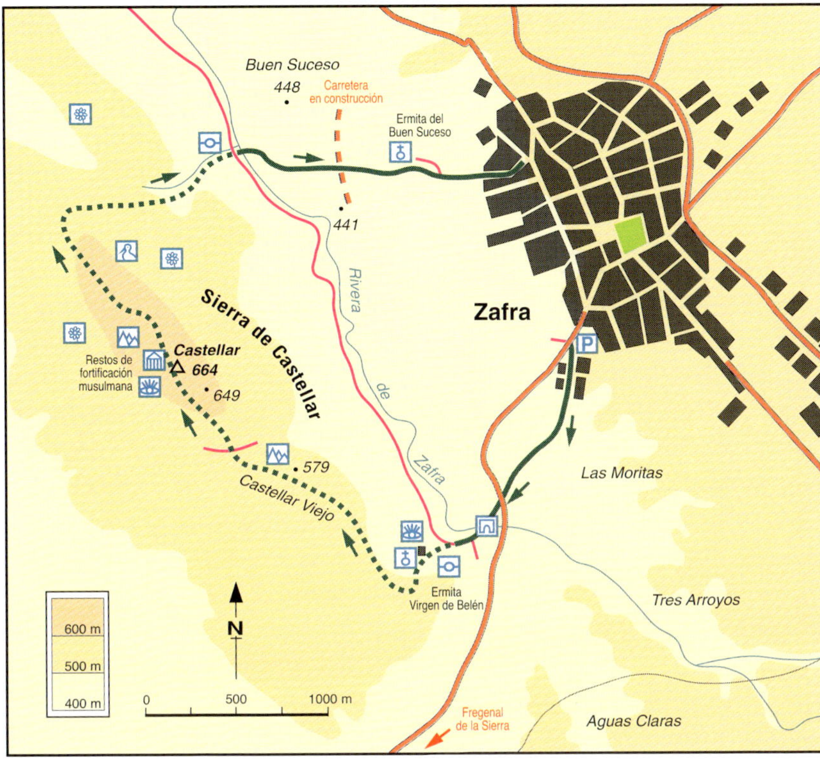

original del alcornoque, ya que suelen ser sus fieles arbustos acompañantes, madreselvas, escobas, torviscos, jaras de diversas características, majuelos... También descubrimos algunas parcelas dedicadas al cultivo del olivar, así como otras en las que se han llevado a cabo plantaciones con pinos. A nuestra derecha dejamos una gran casa. La senda cruza el muro de piedra semiderruido de una finca, a través de una cancela retorcida. Aquí existen varias posibilidades de continuar optando por la que asciende por la izquierda, ahora por un pinar con roquedos que ha sido habilitado aparentemente como zona recreativa. Un poco más arriba llegamos hasta los restos de un palomar típico de la zona, con techumbre en cúpula, por desgracia bastante abandonado y utilizado para el cobijo de ganado. Es justo la zona en la que el pinar se abre, lo que nos permite visualizar a Zafra en todo su esplendor. Continuamos ascendiendo entre los restos ralos del matorral, a menudo rozado por los ganaderos o menguado por incendios acaecidos en la zona, no muy lejanos en el tiempo. Ocasionalmente descubrimos algunos rodales de peralillos de monte, en otoño mostrando su frutescencia de tamaño considerablemente menor que el de las variedades frutícolas. Tomamos como referencia un bonito muro de piedra, que seguimos dejando a nuestra izquierda. Los estragos del fuego se extienden por este tramo hasta llegar a un gran pino piñonero, un claro hito en nuestro camino. A la izquierda del muro que seguimos las parcelas están ocupadas por plantaciones de eucaliptos. En cualquier caso se trata de una buena zona para contemplar la resistencia de algunas especies aquí existentes al fuego, que evidencian cubiertas ignífugas, caso de la corcha del alcornoque, o la cubierta del piñón; otras una gran capacidad de rebrote... La senda se introduce más en la espesura del matorral en la que ahora también descubrimos a la encina, mayoritariamente en su aspecto arbustivo o carrasca. Vamos ascendiendo, en ocasiones entre rocas, pero siempre manteniéndonos en la vertiente de la sierra que mira a Zafra. Cuando los riscos nos impiden continuar cresteando caminamos a sus pies, aprovechando siempre las numerosas trochas abiertas por el ganado. Por aquí son abundantes el acebuche, el arísaro, la esparraguera, en ocasiones orlando pequeñas fincas explotadas con olivos y almendros. Pasamos así bajo una risquera, parte ya de lo que se conoce localmente como el Castellar viejo. Tenemos que salvar pequeños muros de piedras que separan diferentes parcelas, algunas cubiertas por densos y altos herbazales primavero-otoñales. Seguimos jalonados a nuestra izquierda por los contrafuertes de la parte baja de la sierra, así hasta que la senda asciende y nos lleva hasta un pequeño collado, con valla y puerta alambrada incluidas, lugar en el que pasamos a la otra vertiente. El paisaje y el aspecto del suelo se muestran por aquí diferentes. Al fondo se ve la localidad de Alconera, en una amplia vega que se muestra ante nuestros ojos muy rala de vegetación, sólo ocupada en uniformes parcelas con eucaliptos. Más al oeste, la Sierra de Alconera, con el tono verde brillante de las coscojas. Más cerca el suelo y la vegetación tienen aspectos diferentes; son suelos que comienzan a enriquecerse en carbonatos, facilitando la entrada de plantas calcícolas, si bien la exposición al sol también potencia la presencia de estos elementos más térmicos: matagallos, jara blanca. También se extienden los cardales, facilitado sin duda por el uso ganadero del lugar

Zafra desde la Sierra de Castellar

y el incremento de la nitrofilia. Sólo nos queda el repechón para alcanzar las cotas más altas de la Sierra de Castellar, en donde se pueden descubrir los restos de una vieja fortificación musulmana. Hoy por hoy, este lugar es más bien el dominio de aves como el roquero solitario, el avión roquero, la golondrina dáurica... del acebuche y la cornicabra. Desde el vértice geodésico cresteamos a veces, otras caminamos por el lado de Alconera, disfrutando del paisaje a ambos lados de la sierra. Así hasta alcanzar el final de los riscos, por donde se intuye la cabecera de un regato estacional, por cuya margen derecha bajamos hasta un camino ancho, que nos lleva hacia la Rivera de Zafra, incluidos entre una densa vegetación de encinas y pinos principalmente. Hacia el río se aprecia mayor presencia de huertos y olivares. Una vez en la ribera, y tras beber un trago de agua en la fuente cercana, ascendemos por la pista que nos lleva hasta la ermita del Buen Suceso, cruzando previamente las obras de una nueva carretera y la estación depuradora de aguas. La calleja aparece asfaltada mientras disfrutamos de los variados setos vivos y ribera del arroyo, con olivares, viñedos, manzanos, olmos, zumaques, granados, jazmines de monte, cambrones...

RUTA 23

SIERRA DE LOS OLIVOS

DISTANCIA TOTAL: Aproximadamente 11 kilómetros.
DURACIÓN TOTAL: De 3 horas a 3 horas y 30 minutos.
TIPO DE MARCHA: Lineal.
TIEMPOS DE MARCHA: San Francisco - Sierra de los Olivos: 1 hora. Sierra de los Olivos - Rivera de Robledillo: 1 hora. Rivera de Robledillo - Los Santos de Maimona: 1 hora.
DESNIVEL: 130 metros.
DIFICULTAD: Escasa.
TIPO DE CAMINO: Pista, senda y camino.
AGUA POTABLE: Pozo en la Rivera de Robledillo. Fuente en las proximidades del cortijo El Chapín.
ÉPOCA RECOMENDADA: Todo el año, excepto el verano.
SUGERENCIAS: Llevar prismáticos. Sombrero en los días calurosos. Recolección de espárragos y setas, tanto en primavera como durante el otoño. Posibilidad de hacer otras rutas en el entorno, como la Sierra Alconera, la Sierra de Castellar...
CONSERVACIÓN: Sin protección alguna. Principales amenazas: incendios y repoblaciones forestales; apertura de pistas nuevas; pérdida de la vegetación de las riberas...
CARTOGRAFÍA: Hoja 854 escala 1:50.000 del S.G.E.

El punto de partida de este itinerario se encuentra a los pies de la torre de San Francisco, el último vestigio que se preserva de un antiguo monasterio franciscano aquí situado. Tomamos el camino, recientemente ensanchado por la proliferación de segundas residencias en las faldas de la Sierra de los Olivos (o de los Santos), conocido como "de la Herradura". A pesar de que nos encontramos con numerosos ramales que parten a derecha y a izquierda no tenemos dificultades en continuar por el camino principal, puesto que los otros se intuyen como accesos a las parcelas y cortijos que jalonan todo el inicio del camino. Así hasta alcanzar, tras un pequeño repechón, un cruce importante: a la derecha y frente a nosotros obviamos sendos caminos (hasta una antena y a los Santos de Maimona, respectivamente; este último señalizado con flecha amarilla, es el camino de Santiago del Sur). Nosotros continuamos por la iz-

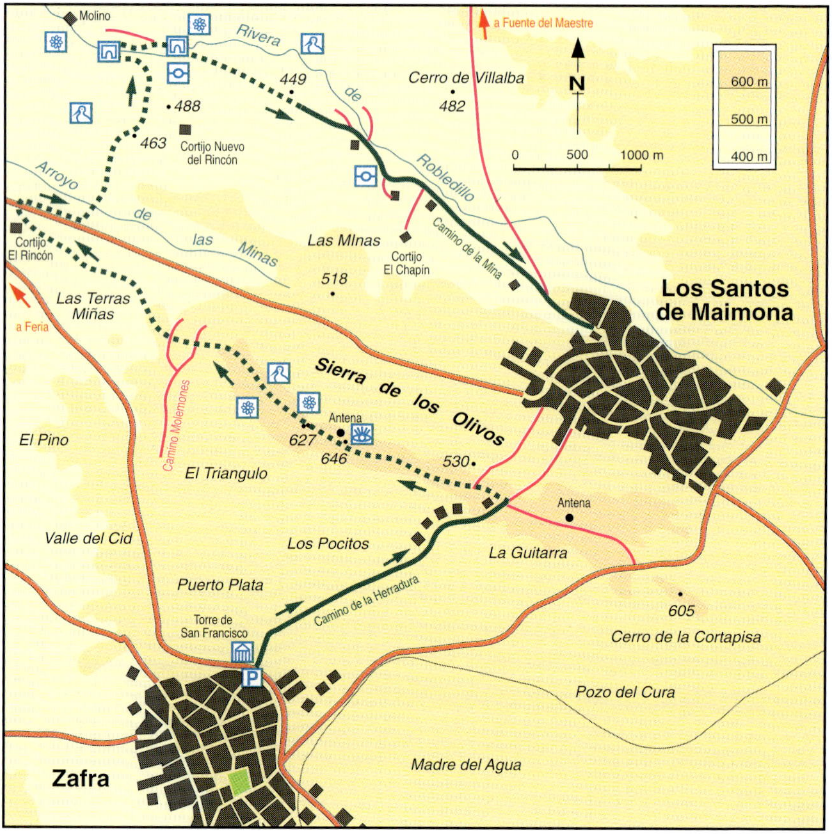

quierda, dejando una casa a la izquierda y un pinar de repoblación muy uniforme, que da paso, a unos 500 metros de marcha, a un matorral ralo y espinoso dominando la roca caliza que compone esta pequeña sierra, así como a pequeñas parcelas con olivos, almendros e higueras.

A 1,5 km, más o menos, llegamos a los pies de otra antena o repetidor, situado en lo más alto de la sierra. Pasamos a su derecha, por donde el camino se estrecha y se interna entre la maraña de arbustos, dominados principalmente por la espinosa coscoja. Aquí y allá también apreciamos jaras, matagallos, tomillos, acebuches, teucrios, madreselvas, cornicabras, nueza, rudas, jazmín de monte... La existencia de suelos ricos asentados sobre las rocas y las arcillas calizas también favorecen la presencia de orquídeas, gladiolos, y otras vistosas flores de bulbo y rizoma. Admiramos también el paisaje que dominamos desde estas alturas: al sur, Zafra y parcelas de cultivos; al oeste, en primer plano el feo edificio del nuevo hotel rural, y en el horizonte el castillo de Feria; y al norte y al este, la campiña de Los Santos de Maimona.

El camino se pierde en el matorral, si bien las trochas de ovejas y cabras, así como los clareos en los que establecen los vivares multitud de conejos, nos permiten continuar descendiendo por la cresta hasta un camino (camino de los Molemones) que observamos algo más abajo, previo salto de una vieja valla. Tiramos a la derecha sin desviarnos del camino principal, para llegar hasta el cortijo de El Rincón, ya junto a la carretera de Los Santos a Feria. Hacemos un giro de 180º y vamos por la cuneta izquierda en dirección hacia Los Santos hasta alcanzar un muro de finca perpendicular a la carretera, muy cerca ya de estar bajo un gran tendido eléctrico. Caminamos por trocha por el lado derecho del muro, algo más de 1 km; en un cruce cogemos por el ramal derecho, sin perder en ningún momento el tendido eléctrico. A cierta distancia de pasar bajo la línea eléctrica giramos a la izquierda siguiendo el curso descendente de una vaguada, y nos introducimos en una dehesa abierta de encinas para desembocar, tras otro kilómetro más, en la Rivera de Robledillo.

El pequeño valle es un bello enclave en el que se conjugan la naturaleza y el hombre. El cauce discurre recto, con una ribera igualmente lineal, formada en tramos salteados por una única franja de olmos que engalanan el paisaje, siempre rodeado por pequeños huertos familiares y alguna casa rústica. En una tierra altamente influenciada por la actividad y el uso humano, estos pequeños cursos de agua y vida funcionan como islas de refugio para muchos animales, lugares por los que se desplazan, así como corredores naturales para la fauna migradora. Los ribazos entre ribera y huertos permiten además mantener una notable variedad de hierbas arvenses y arbustos.

Tenemos que remontar la orilla izquierda unos metros para alcanzar un puente artesano que nos permite salvar el curso de agua, justo donde también encontramos un pozo y una casa. Aguas abajo del vado dejamos un viejo molino, a escasos cientos de metros. Nosotros debemos, por el contrario, remontar el estrecho valle, algo encajado en este tramo por la proximidad del cerro de Dehesa Vieja, en la margen derecha. Tras cruzar un vado continuamos remontando huertos frutales, olivos, higueras, granados, manzanos, nogales... A 1,5 km aproximados el camino se ensancha, en el camino de La Mina; dejamos un desvío a la izquierda, justo antes de volver a aproximarnos al curso de agua de la rivera. Por aquí presenta algunos tramos cubiertos de densos cañaverales y carrizales, si bien mayoritariamente las riberas aparecen totalmente despobladas. Al igual que en otros puntos dejados atrás, con abrevaderos, pozos y canales, al llegar al cortijo El Chapín descubrimos una gran alberca, y a su lado una fuente que nos refresca. Estos enclaves repartidos por el pequeño valle son importantes para la vida de diversos anfibios y reptiles. Una última caminata por los campos abiertos que circundan la localidad minera nos lleva finalmente a la entrada noroeste del pueblo, de donde parte la pista hasta Fuente del Maestre.

❧ Los Santos de Maimona ❧

RUTA 24

FERIA

Distancia total: Aproximadamente 13 kilómetros.
Duración total: De 3 horas a 3 horas y 30 minutos.
Tipo de marcha: Circular.
Tiempos de marcha: Ayuntamiento de Feria - Puerto del Castaño: 45 minutos. Puerto del Castaño - Cortijo del Puerto: 1 hora. Cortijo del Puerto - La Parra: 30 minutos. La Parra - Castillo de Feria: 1 hora.
Desnivel: 150 metros.
Dificultad: Escasa.
Tipo de camino: Pista, camino y senda.
Agua potable: En el muro de la Hermandad de la Cruz, en el inicio y final de la ruta. Fuentes en La Parra.
Época recomendada: Todo el año, excepto el verano.
Sugerencias: Llevar prismáticos. Sombrero en los días calurosos. Recolección de espárragos y setas en los meses de otoño y primavera. Posibilidad de hacer otras rutas en el entorno, como la de la Sierra Alconera, la Sierra de Castellar, etc. Buena parte de la ruta es ciclable.
Conservación: Sin protección alguna. Principales amenazas: proliferación de pistas en el entorno, y pérdida de los caminos tradicionales; caza furtiva; uso de venenos en los cotos de caza próximos...
Cartografía: Hojas 828 y 853 escala 1:50.000 del S.G.E.

La bella plaza del Ayuntamiento de Feria sirve como punto de partida para este itinerario. Seguimos las señales que indican la subida al castillo, por una calle empedrada que se empina desde el inicio de su recorrido. A la derecha, tras caminar escasos metros, dejamos un bello enclave de la localidad serrana conocido como el Rincón de la Cruz, una vieja cruz de piedra circundada de bellas plantas y flores que la gente local mima. Un lugar para el deleite y la meditación. Cuando alcanzamos el final de la calle y llegamos a la salida del pueblo, nos encontramos frente a la Casa Hermandad de la Cuz. No subimos hacia el castillo; tampoco cogemos ninguno de los dos caminos que salen a la derecha de la

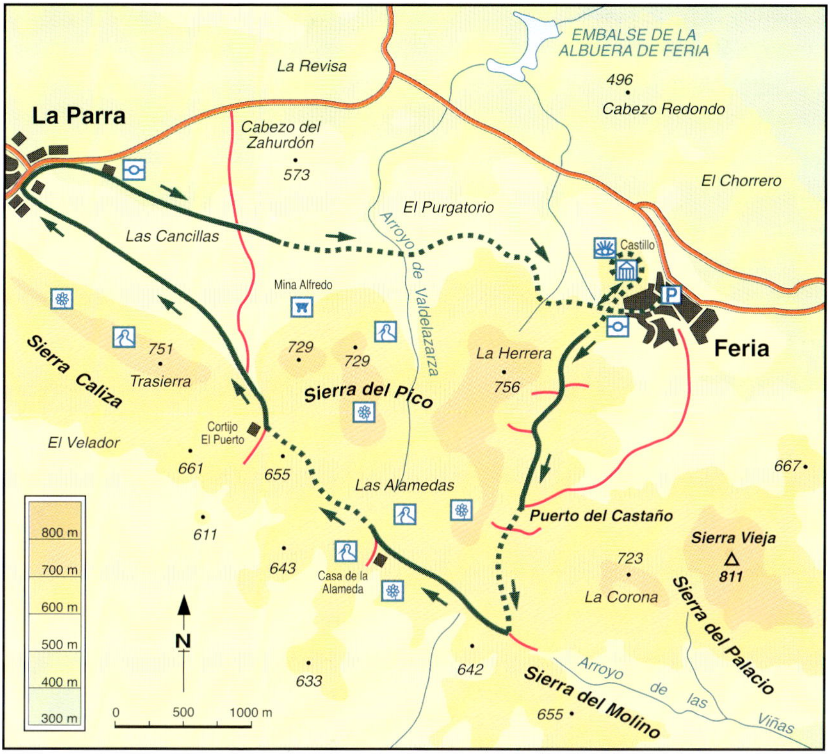

casa (aunque sí nos acercamos hasta la fuente para rellenar nuestras cantimploras). Decididos tomamos el camino de la izquierda, que corre paralelo al polideportivo local. En seguida nos vemos envueltos por olivos, almendros e higueras que cubren los cerros y lomas más próximos al pueblo, a la par que caminamos por un bello camino empedrado tipo calleja, jalonado por sendos muros de piedra. Dejamos sucesivamente a la derecha un camino y dos sendas. Luego encontramos otros tres ramales, lugar en donde optamos por la vía frontal, la de aspecto principal. La vegetación continua dominanda por los cultivos leñosos extensivos de secano, excepto en los pequeños regatos, como el que cruzamos a continuación (dejando además una nueva senda que sube a la derecha), en el que se mantienen algunos arbustos naturales como la carrasca, la retama, la escoba, el cantueso... Dejamos más allá una casa a la izquierda y seguidamente un nuevo ramal a la izquierda para, posteriormente, alcanzar el Puerto del Castaño.

Justo a la derecha de la carretera, al coronar el puerto, parte un viejo camino que primeramente discurre en paralelo a la misma, pero que luego se separa. Caminamos entre más olivos y almendros dejando alguna casa de campo a nuestra derecha. Tras casi un kilómetro salimos a un camino principal, en donde giramos a la derecha. Los rodales de vegetación natural se ciñen exclusivamente a los setos y ribazos entre cultivos, lugares en los que se refugia buena parte de la fauna asociada a este territorio. Unos metros más allá dejamos, a izquierda y derecha, una vieja calleja vecinal, hoy medio perdida por la falta de uso. Luego obviamos las cancelas de la casa de la Alameda por dos veces, que salen a la izquierda. Cuando vadeamos el arroyo temporal homónimo, el camino se pierde ligeramente entre el herbazal y los arbustos, que ahora crecen con cierta profusión, si bien no resulta especialmente complicado su seguimiento, bien delimitado en ocasiones por una valla y un muro de piedra que corren en paralelo.

Salimos así, entre encinas, cantuesos y jaras, a un carril principal, justo frente al cortijo del Puerto. Jalonados por sendas moles serranas de la Sierra del Pico, bien pobladas de matorrales espinosos dominados por la coscoja y el espino negro, tomamos el camino de la derecha, desde donde ya contemplamos las blancas casas de La Parra. Algo más de dos kilómetros nos separan de la localidad, si bien la marcha se hace rápida debido al fácil camino a seguir.

Una vez en La Parra repostamos agua y víveres en alguno de sus establecimientos. Entonces partimos por la carretera que va a Feria; pero sólo unos escasos cientos de metros: justo frente a la instalación de la piscina municipal y el polideportivo sale un carril a la derecha, al lado de un gran pilar de agua potable y una enorme alberca circular. Parece que vamos nuevamente en dirección al cortijo del Puerto, pero no es así: al llegar a un cruce principal optamos por el ramal frente a nosotros, obviando los que salen a izquierda y derecha. Tras pasar la llanura herbosa y de cultivos de secano, comenzamos a subir ligeramente, justo al adentrarnos en nuevas manchas de olivar. A la derecha contemplamos unos riscos preciosos, lugar de reproducción de algunas aves rupícolas, junto a los que descubrimos los restos de una vieja explotación minera ya abandonada, la conocida como mina Alfredo. Tras un rato de ascensión, vadeamos el arroyo de Valdelazarza, un reguero estacional que, sin embargo,

Lomas y dehesas al oeste de Feria

permite el mantenimiento de un bosquete de adelfas y zarzas, de bella floración estival. Luego el camino se estrecha y se hace calleja, caminando entre olivares incluidos en parches de la vegetación natural, básicamente encinar con jaras, escobas, coscoja, espino negro... Este componente de la sierra y su prolongación natural al oeste (Sierra del Pico y Sierra Caliza respectivamente) presentan enclaves en los que comprobamos el afloramiento de materiales calizos, o al menos de naturaleza básica. Únicamente nos quedan las últimas rampas de ascenso para llegar a la plataforma de salida, a la que llegamos por una pedregosa calleja mejorada recientemente. Tras un pequeño trago de agua en la fuente, subimos definitivamente al castillo, emblemático monumento de la localidad visible a muchos kilómetros de distancia, y a su vez magnífica atalaya desde la que se domina buena parte de la Tierra de Barros y las sierras del sur de Badajoz.

RUTA 25

SIERRA DE ALOR

Distancia total: Aproximadamente 10 kilómetros.
Duración total: De 3 horas y 30 minutos a 4 horas.
Tipo de marcha: Circular.
Tiempos de marcha: Casa del Pozo del Caño - Final de Camino: 30 minutos. Final de Camino Alor: 1 hora y 30 minutos. Vuelta hasta el final del camino nuevamente: 1 hora y 30 minutos. Salida a la carretera de San Jorge - Olivenza: 30 minutos.
Desnivel: 300 metros.
Dificultad: Media.
Tipo de camino: Camino, senda y trocha.
Agua potable: Se puede pedir en la casa del Pozo del Caño, o consumir la de éste, siempre y cuando verificamos su potabilidad (si tiene saca habitual y carece de olores sospechosos).
Época recomendada: Todo el año, excepto el verano.
Sugerencias: Llevar prismáticos. Sombrero en los días calurosos. Fundamental el uso de pantalones largos. Recolección de espárragos y setas en los meses de otoño y primavera. Posibilidad de hacer otras rutas en el entorno, como la del Puente Ayuda. También podemos aproximarnos a territorio portugués, gracias a la carretera y puente nuevos (septiembre de 2000), junto al Puente Ayuda.
Conservación: Sin protección alguna. Principales amenazas: caza furtiva; uso de venenos en los cotos de caza próximos...
Cartografía: Hoja 827 escala 1:50.000 del S.G.E.

El inicio de esta ruta por la Sierra de Alor, al sur de la localidad fronteriza de Olivenza, se situa a unos 5 kilómetros de dicha población, una vez tomado el cruce en dirección a San Jorge de Alor, una pequeña pedanía del sur, al pie oriental de la sierra. Como referencia conviene tener presente una casa de campo con una chimenea encalada, de curiosa construcción. A la izquierda del lugar de inicio, ya en las proximidades del núcleo urbano, se levanta una elevación de escasa notoriedad pero especialmente significativa por la presencia de una atalaya o torre de vigía en su cumbre, oteadero elegido tiempo atrás por los diferentes pue-

tar y llenar nuestras cantimploras (si bien hemos de tener en cuenta que durante el estiaje o en meses de sequía no corre el agua). Continuamos por el camino para llegar muy pronto a los pies de unos depósitos, junto a un pozo. Inicialmente estamos rodeados de un ordenado olivar que parece extenderse hasta la cumbre de la Sierra de Alor. Tras caminar unos cientos de metros dejamos un ramal a la izquierda, que corre paralelo a la valla de una casa con huerto. A los bordes del olivar podemos distinguir algunos de los arbustos que cubrían antes estos terrenos alomados;

blos y culturas para visualizar el avance de los posibles agresores.

Al pie de la casa existe un pilar y abrevadero en el que podemos repos-

posteriormente, contemplaremos esta muestra en todo su esplendor, según ganamos altura en la sierra. Destacan los aladiernos, las madreselvas, los guardalobos... todos con sus frutos del otoño, que surten de abundante alimento a multitud de aves y mamíferos de la zona. También sobresalen por su vistosidad y abundancia el lentisco, la cornicabra (también conocida como charneca a escala local), la coscoja, las jaras pringosa y de hoja de salvia, la carrasca... El terreno muestra en este tramo del recorrido un aspecto rojizo, delatando su naturaleza arcillosa carbonatada, tierras feraces que posibilitan ricos cultivos, si bien a medida que se incrementa la complejidad orográfica estos dan paso a las formaciones naturales de matorral. Dejamos algo más allá una zahurda, un tipo de aprisco ganadero que cobija numerosas cabezas de ganado caprino y lanar.

Todavía continuamos en el interior del olivar atentos al vuelo de numerosos devoradores otoñales de olivas, como los zorzales común y charlo, la curruca capirotada, etc. Alcanzamos una cancela que cierra un muro de piedra, lugar a partir del cual el camino comienza a endurecerse en la subida, así como se pierde su trazado nítido. Con posterioridad dejamos un ramal a la izquierda; luego pasamos una nueva portera en la que se puede leer un cartel, "La Piedra Furada", nombre que evoca la antigua posesión portuguesa de estas tierras. Unos cientos de metros más allá la vegetación parece comerse definitivamente el camino. A la derecha un camino evidente baja: no nos interesa ahora, si bien es el camino que utilizaremos más tarde para el regreso. Hemos de buscar a la izquierda de nuestra marcha unas viejas rodadas que definitivamente, tras un par de cientos de metros, salen a una estrecha vereda que discurre entre la maraña de arbustos espinosos. Aquí y allá podemos descubrir diversas flores de interés, siempre que realicemos la visita durante la época primaveral: orquídeas y espectaculares rosas del bosque, o peonias, harán las delicias de los excursionistas amantes de la botánica.

Seguimos la vereda que ocasionalmente nos asoma a algunos miradores sobre las tierras que se extienden al sur de la sierra, hasta que parece perderse definitivamente. Entonces debemos orientarnos bien para poder llegar hasta el vértice geodésico de Alor, nuestro principal objetivo que ya se intuye a escasos centenares de metros más arriba. Una vez alcanzado este punto de referencia disfrutamos de las magníficas vistas que se extienden a nuestro alrededor, a la vez que apaciguamos nuestro respirar: al este destaca la lámina plateada de agua del embalse de Piedra Aguda. Al sur, el primer pueblo que contemplamos más allá de las dehesas de encinas, es Táliga, lugar al que llega nuestra vista tras recorrer visualmente la carretera y la alineada Sierra de Valdecuello, de clara orientación norte-sur. Al oeste destaca en primer término la atalaya de San Amaro; y algo más al norte, la blancura de Olivenza. Tras el reposo retomamos la vereda hasta alcanzar a ver el camino que antes observamos, descendente; ahora queda a nuestra izquierda. Unos metros de matorral espinoso nos separa de alcanzarlo. Tras salvar el escollo comenzamos el descenso. Nuevamente aparecen los olivos, en ocasiones encaramados a laderas de gran pendiente. Unos metros más allá se pierde nuestra vía, pero tomamos seguidamente un nuevo camino, tras atrochar en bajada unos metros más. Desde este punto, en el que dejamos retirada una casa a nuestra derecha, no tenemos más problema que continuar el camino principal que atraviesa el olivar, sin preocuparnos de los distintos ramales que salen; así hasta alcanzar la carretera de San Jorge-Olivenza.

Llanos de Olivenza desde la Sierra de Alor

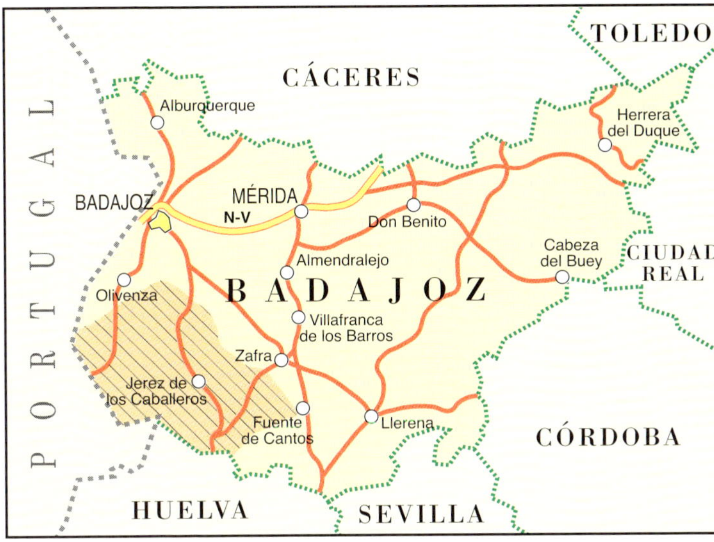

☞ DEHESAS DEL SUROESTE

Aspectos ambientales

Las tierras del suroeste pacense se encuentran en el grupo de las mayores extensiones de superficie forestal cubierta por arbolado de toda la Península Ibérica. Se trata de un paisaje continuo de dehesas, lomas y estrechos valles fluviales que se desarrolla en las estribaciones de la vertiente norte de la Sierra Morena occidental, enclavado en una porción del territorio extremeño relativamente aislada, y en la que la permanencia de las actividades humanas tradicionales en consonancia con el medio ambiente ha favorecido su conservación.

La comarca tiene su límite norte formado por la línea teórica de las Dehesas de Cheles, los Llanos de Olivenza y la Sierra de Alor, y que se continua hacia el este por las alineaciones serranas de la porción occidental de la comarca de Tierra de Barros, desde Nogales, pasando por Salvatierra de los Barros, Burguillos del Cerro, y hasta Fuente de Cantos.

El río Guadiana hace en buena medida de frontera natural entre las tierras portuguesas y extremeñas por el oeste, de igual forma que ejerce su papel el río Ardila, ya en parte del límite sur, y al que acompañan muchas sierras bajas de la Sierra Morena occidental, elevaciones que alcanzan su máxima expresión en el territorio pacense en la vecina comarca de Tentudía.

Las estribaciones de Sierra Morena occidental por su vertiente norte tienen lugar en la comarca de las Dehesas del Suroeste. Desde aquí esta porción serrana se muestra como el conjunto de alineaciones montuosas de mediana y baja altitud que tienen lugar tras las penillanuras al sur del valle del Guadiana, descubriéndose como un desnivel que alcanza escasa entidad de manera gradual, sin bruscos saltos de relieve.

Los materiales que constituyen estas Sierras de Jerez, Fregenal, etcétera, son de edad antigua, precámbricos y cámbricos, y están formados por una compleja alternancia de capas de pizarras, areniscas y conglomerados, muy variada; en cualquier caso se trata de rocas en general de escasa resistencia a los agentes erosivos, muy deleznables, un hecho que puede explicar el escaso contraste geomorfológico de estas sierras arrasadas y su monotonía en el relieve, que muestran un característico perfil alomado en la mayoría de sus alineaciones.

Notable excepción a estas generalidades geomorfológicas de la comarca es la existencia de algunas sierras periféricas, situadas a caballo entre esta comarca y la vecina de Tierra de

Barros, de naturaleza caliza, sobre las que ya se ha dicho suficiente con antelación en esta obra, en el apartado dedicado a aquella unidad comarcal.

Un aspecto importante a tener en cuenta en el conocimiento de la comarca de las Dehesas del Suroeste es el clima imperante, que se puede considerar como de tipo mediterráneo subhúmedo medio a superior, lo cual quiere decir que, aún manteniendo esa periodicidad estacional en la distribución de las precipitaciones a lo largo del año, repartidas entre los meses de otoño, invierno y primavera y con períodos pronunciados de sequedad ambiental durante el verano, el computo total de lluvias caídas se incrementa considerablemente respecto a otras comarcas más propias del interior.

La presencia del conjunto de la Sierra Morena occidental, la situación de la comarca en la vertiente norte de la misma, así como su relativa proximidad con respecto al océano, hacen de esta tierra un territorio con frecuentes lluvias, precipitaciones que incluso en los inviernos fríos pueden ser en forma de nieve, en la que las temperaturas resultan atemperadas, una sensación en buena medida acrecentada por la abundancia de brisas frescas a lo largo de todo el año.

En atención al conjunto de relaciones que se establecen a la hora de explicar la distribución de las comunidades vegetales naturales de una comarca con respecto a los valores climáticos, y muy en particular atendiendo a los parámetros termopluviométricos, el territorio comprendido por las Dehesas del Suroeste se incluye dentro del piso bioclimático *mesomediterráneo,* que en la zona en cuestión se asemejaría en términos de vegetación a encinares de llanuras y lomas, y alcornocales de lomas y sierras de mayor incidencia de las precipitaciones. Sin embargo, en algunos valles termófilos de la comarca, muy en particular en la zona sur de la misma (por ejemplo, en el río Ardila), se dan valores asimilables para el territorio ocupado en esta porción suroccidental de la Península por el piso bioclimático *termomediterráneo,* lo que en términos de vegetación refleja el desarrollo de encinares muy termófilos, con elementos botánicos indicadores de elevada termicidad.

Los suelos que imperan estas tierras serranas responden al patrón originado a partir de los materiales de edad antigua que los soportan, pizarras en general, y que suponen la formación de suelos pardos mediterráneos de escaso a medio desarrollo, estos últimos en las situaciones más favorables, situaciones en las que se dan unas condiciones climatológicas óptimas, y en las que la presencia de las arboledas adehesadas juegan igualmente un importante papel.

De menor entidad por su escasa cobertura superficial, son los suelos aluviales que se originan en las orillas de los tramos más abiertos de los cursos más importantes de la zona, el Guadiana y el Ardila. Este último, junto con el Murtigas, constituyen algunos de los últimos afluentes por la orilla izquierda del río Guadiana en territorio extremeño, unos ríos que en la mayoría de su recorrido discurren por terrenos encajados entre pizarras oscuras.

Actualmente parte de estos componentes hidrográficos de la comarca están seriamente amenazados por la construcción del que va a ser, en un futuro muy cercano, el mayor de cuantos embalses existen en la Península Ibérica, sustentado mediante la construcción en terreno portugués de la presa de Alqueva. Todas las orillas del río Guadiana y sus riberas situadas al norte de la localidad de Moura, en el Alentejo portugués, y hasta alcanzar las dehesas de Cheles, en el noroeste de la comarca de las Dehesas del Suroeste, serán cubiertas por la construcción de esta faraónica obra, de repercusiones muy negativas para el patrimonio natural y cultural de esta parte de la región extremeña, así como del sureste de Portugal.

La vegetación de la comarca de las Dehesas del Suroeste está muy marcada por la influencia atlántica procedente del oeste. La encina es una especie bastante abundante, pero es sin lugar a dudas el alcornoque el árbol por excelencia del territorio, de cuyas formaciones existen numerosas variaciones que deben obtener respuesta analizando cuestiones topográficas y microclimáticas particulares existentes en la comarca.

Igualmente debe de explicarse la presencia de comunidades arbóreo-arbustivas termófilas en algunas zonas localizadas del sur comarcal a partir de condiciones climáticas muy particulares de las mismas. Concretamente se produce la coincidencia de la existencia de precipitaciones muy abundantes con unos valores termométricos cálidos, que suponen la adquisición de una mayor termicidad en los barrancos fluviales encajados entre pizarras, caso de los ríos Ardila y Murtigas, en los que se asoman encinares y, en menor medida, alcornocales a los que acompañan elementos amantes de las temperaturas cálidas, como el palmito, el mirto, la zarzaparrilla, etc.

Respecto a la vegetación propia de la ribera, dado el carácter de ríos de estrecho valle que únicamente se ensanchan cuando las sierras se abren, hay que decir que no adquiere gran significación en el paisaje. En todo caso, en los cursos de zonas más elevadas, con un caudal de agua circulante continuo, podrían tener cabida los alisos y los sauces arbustivos, mientras que en zonas bajas, a menudo afectadas por la estacionalidad del agua corriente, entrarían a formar parte los tamujos e incluso en los enclaves más termófilos las adelfas. Los

Dehesa de alcornoques

fresnos también jugarían cierto papel dominante en las zonas donde existe un pequeña vega arenosa.

A estos tipos de vegetación natural que existen en la comarca habría que añadir en la actualidad la proliferación de plantaciones arbóreas de eucaliptos y, en menor medida, coníferas, si bien el grado de desarrollo de las mismas no ha alcanzado la profusión existente en otras comarcas vecinas, caso de las sierras de la vecina provincia onubense.

En este característico territorio mediterráneo que supone la comarca de las Dehesas del Suroeste, en la que la ganadería del vacuno bravo y el porcino ibérico han facilitado la conservación de extensas dehesas de bellota y pastizales, existe una notable diversidad de ambientes faunísticos que acogen a una notable variedad de animales, algunas especies auténticas joyas de la fauna ibérica.

Los ríos de la comarca suponen un importante foco de atracción para las aves –destacan las colonias de ardéidas asentadas en diversos enclaves del río Guadiana– que utilizan sus espesuras para refugiarse, o como una directriz marcada sobre el relieve que facilita sus desplazamientos migratorios. Igualmente son de interés para multitud de anfibios, reptiles y mamíferos tan singulares como la nutria, de la que existe una numerosa población en zonas hoy amenazadas de inundación por la presa de Alqueva. También hay que destacar la presencia de una comunidad nativa de peces muy particular, en la que destaca la presencia de un endemismo, el jarabugo.

Si los ríos y sus roquedos pizarrosos aledaños son importantes para la fauna en general, no van a la zaga las frondosas lomas y sierras que cubren la mayor parte del territorio, algunas de cuyas masas dan aún cobijo a poblaciones reducidas de lince ibérico, águila imperial ibérica, cigüeña negra, águila perdicera y buitre negro, algunas de las joyas de nuestros campos. Buena parte del resto de los componentes de la comunidad de carnívoros mediterráneos se dan cita en este territorio, al igual que algunas de las especies cinegéticas más codiciadas por el cazador, tanto de caza mayor como menor.

Aspectos socioculturales

La comarca de las Dehesas del Suroeste conserva algunos de los secretos etnográficos que atesora la provincia de Badajoz, y representa una encrucijada permanente de la historia, el arte y las culturas de los distintos pueblos y civilizaciones que por aquí se establecieron a lo largo de los tiempos, desde la Prehistoria hasta la actualidad.

El origen de aquellos asentamientos primigenios es difícil de establecer. Los hallazgos más antiguos resultan ser los dólmenes existentes en las dehesas de Jerez de los Caballeros, como los de Valcavado, Palomilla y Toriñuelo, este último declarado de interés histórico y Monumento Nacional, y en el que se encontraron diversas pinturas y un ajuar funerario. Igualmente abundantes son los dólmenes de la zona de Barcarrota, con unos diez ejemplos de gran interés.

También destacan otros descubrimientos arqueológicos, como el vaso de Nertóbriga, procedente del término de Fregenal de la Sierra, y los recientes hallazgos realizados en ambas orillas del río Guadiana, a la altura de Cheles, en las que se han descubierto numerosos gráficos zoomorfos grabados en las pizarras que forman sus márgenes, una zona amenazada hoy por la anegación de miles de hectáreas como consecuencia de la construcción de la presa de Alqueva.

Asentamientos íberos y fenicios también se conocen en la zona de Jerez, estos últimos probablemente ligados a explotaciones mineras que posteriormente fueron utilizadas por los romanos. En el término de Higuera la Real, en la orilla derecha del río Sillo, que hace frontera administrativa con la provincia de Huelva, se encuentra el castro de Capote, del que se conservan los restos de muros de las viviendas y un dolmen.

Río Sillo, entre Badajoz y Huelva

La cultura romana experimentó un arraigo importante en la comarca, tal y como lo demustran los numerosos yacimientos que se conocen en la actualidad. Restos de villas romanas encontramos en Nertóbriga, incluidos en la espesura de una frondosa dehesa. En Jerez de los Caballeros, denominada en la época como *Fama Iulia,* se demuestra la existencia de un floreciente asentamiento con villas palaciegas de hermosos mosaicos, como la de Pomar, calzadas empedradas y puentes que han resistido hasta la fecha los avatares del tiempo. Por último, en Barcarrota se sitúan las ruinas de un monumento funerario romano tardío, de planta rectangular, ya con ciertas influencias visigóticas, época esta de la que se han conservado muy pocos restos hasta nuestros días, pero de la que en las proximidades de Fregenal de la Sierra aún existen mágicos vestigios como son los de la iglesia de San Miguel de los Fresnos, incluidas en la magnífica frondosidad de una fresneda.

La huella islámica en la comarca tiene exclusivo reflejo en las edificaciones militares, muchas de las cuales sufrieron sucesivas remodelaciones en siglos posteriores, cuando fueron rehabilitadas por sus conquistadores. Entre las más conocidas están las de Burguillos del Cerro, Jerez de los Caballeros y Fregenal de la Sierra.

Tras la Reconquista, la comarca de las Dehesas del Suroeste adquiere un nuevo auge, y en Jerez de los Caballeros se establece la sede principal del nuevo desarrollo. En el siglo XIII se cede su custodia y defensa a la Orden del Temple, y la localidad extiende su influencia por toda la comarca conocida en la época como *Bailiato,* otorgando su fisionomía de edificaciones recias y austeras y su espíritu señorial.

Muestras de estilos posteriores existen en otros puntos de la comarca, y principalmente aquellos más tardíos. El mudéjar está magníficamente representado en su iglesia de Santa Catalina, del siglo XV, de tres naves y realizada en mampostería y ladrillo. Las corrientes barroca y neoclásica de los siglos XVII y XVIII son muy importantes en Fregenal de la Sierra, en donde se construyen numerosas edificaciones civiles y religiosas, así como en Jerez de los Caballeros, cuna de conquistadores y navegantes, y famosa por sus formidables tres torres que culminan el armonioso trazado urbanístico sobre la ladera de un cerro.

En cuanto a las tradiciones de la comarca de las Dehesas del Suroeste, aquí se han conservado la mayoría de las artes y oficios que antaño se realizaban para el uso cotidiano de las familias, la ejecución de las labores rurales y la elaboración de productos gastronómicos y mercantiles de consumo en la época.

La arquitectura popular perdura en muchas de las localidades, incluso en aquellas que han experimentado un crecimiento reciente más exagerado. También se mantienen oficios que todavía reportan beneficios para el mantenimiento de pequeñas economías familiares, caso de la fabricación del carbón de leña, la elaboración de pan artesanal en hornos de leña tradicionales, etc.

La artesanía más relevante, además del uso extendido que se realiza del corcho, del que la comarca es uno de los principales productores mundiales, se concentra en Jerez de los Caballeros, en donde se trabaja también la piel y la madera, y en Fregenal de la Sierra, de donde se reconocen buenos trabajos en piedra, alfarería y cerámica.

La riqueza gastronómica es muy importante y variada, y sin lugar a dudas en ella juega un papel fundamental el cerdo ibérico y, en menor medida, la cabra y la caza. Los frescos aires serranos de la comarca y la abundancia de dehesas de bellota suponen un marco inmejorable para el proceso de elaboración y curación de embutidos, chacinas y jamones, al igual que para la fabricación de una importante producción de queso de cabra.

Algunos platos significativos de la comarca son, además de las afamadas migas extremeñas, el lomo al estilo templario de Jerez de los Caballeros; los guisos de mano de guarro en Higuera la Real; platos de caza como las perdices en aceite y el arroz de palomas torcaces; el ajo de peces en Cheles; etc. En cuanto a los dulces, especialmente ricos resultan los desenfadados y el bollo turco de Jerez de los Caballeros.

Acabando ya con este repaso de la riqueza etnográfica, cultural y artística atesorada a lo largo de los tiempos en la comarca de las Dehesas del Suroeste, no podemos dejar de hablar de la mayor expresión cultural de los pueblos y sus gentes, las fiestas y otros eventos y celebraciones que acontecen en fechas señaladas del año, que sirven para el disfrute y para confraternizar, no sólo a los propios habitantes de la comarca, también a los muchos visitantes que reciben en estos días tan señalados.

Dos son en particular las celebraciones más señaladas de la comarca, especialmente dada su condición de fiestas de interés turístico regional en Extremadura. Ambas son de carácter religioso, y están ligadas a las fechas de la Semana Santa, si bien están muy diferenciadas. La Semana Santa de Jerez de los Caballeros se extiende de domingo a domingo santos, semana durante la que desfilan muchas procesiones y pasos de imaginería en un escenario formado por estrechas y empinadas calles de barrios típicos, de singular belleza. Por el contrario, la Pasión Viviente de Oliva de la Frontera es más del pueblo, desde el momento que son sus mismos habitantes los que actúan, por unos días, para escenificar los pasajes más renombrados de la pasión y muerte de Jesús.

Tampoco deben olvidarse las numerosas romerías y peregrinaciones que tienen lugar en la comarca, al menos una por cada localidad existente. De entre todas, destacan las romerías al santuario de la Virgen de los Remedios, de Fregenal de la Sierra, que tienen lugar en mayo y octubre, en una peregrinación que atrae a multitud de visitantes a la ermita que se levanta en un punto donde, según dicen algunos historiadores, coincidieron celtas, íberos, romanos, visigodos y musulmanes.

RUTA 26
DÓLMENES DE BARCARROTA

Distancia total: 5,5 km, ruta A. 500 m, ruta B. 4 km, ruta C. 6 km, ruta D.
Duración total: 4 horas y 30 minutos, aproximadamente, para el cómputo de las 4 rutas.
Tipo de marcha: Lineales; y de ida y vuelta.
Tiempos de marcha: Ruta A, 1 hora y 45 minutos, contando con la búsqueda de los monumentos megalíticos. Ruta B, 15 minutos. Ruta C: 1 hora y 15 minutos. Ruta D: 1 hora y 15 minutos.
Desnivel: Escaso.
Dificultad: Escasa. En casos concretos resulta complicado encontrar el dolmen en cuestión.
Tipo de camino: Cañada, camino, pista, senda y trocha.
Agua potable: Pozo con brocal al inicio de la ruta A. Las fuentes y pozos de las otras rutas no son muy fiables (en cuanto a potabilidad y/o mantenimiento durante todo el año).
Época recomendada: Todo el año, excepto el verano.
Sugerencias: Llevar prismáticos. Sombrero en los días calurosos. Recolección de espárragos y setas durante la primavera y el otoño. Posibilidad de hacer otras rutas en el entorno, como la de las Dehesas de Alconchel, desde la pedanía de San Benito de la Contienda.
Conservación: Sin protección alguna. Principales amenazas: expolio y abandono de los monumentos megalíticos; caza furtiva; uso de venenos en los cotos de caza próximos...
Cartografía: Hojas 827 y 828 escala 1: 50.000 del S.G.E.

La gran abundancia de restos megalíticos y romanos en el entorno de la localidad de Barcarrota es el motivo principal de la realización de 4 rutas cortas por sus alrededores. La **RUTA A** se inicia algo más allá del pk 6 de la carretera que une la localidad del conquistador Hernando de Soto, con Táliga y Alconchel, justo donde se alza un pequeño nicho que alberga la Cruz de Román, de 1845. Frente a ésta parte un tramo de cañada real. Nada más iniciar podemos refrescarnos en un pozo con brocal, a la sombra de un rodal de acacia de tres espinas. El aspecto de la cañada rememora tiempos de la trashumancia, un ancho pasillo jalonado por muros de piedra, si bien el escaso paso actual de la cabaña ganadera ha permitido el crecimiento de abundantes cantuesos, retamas y carrascas a

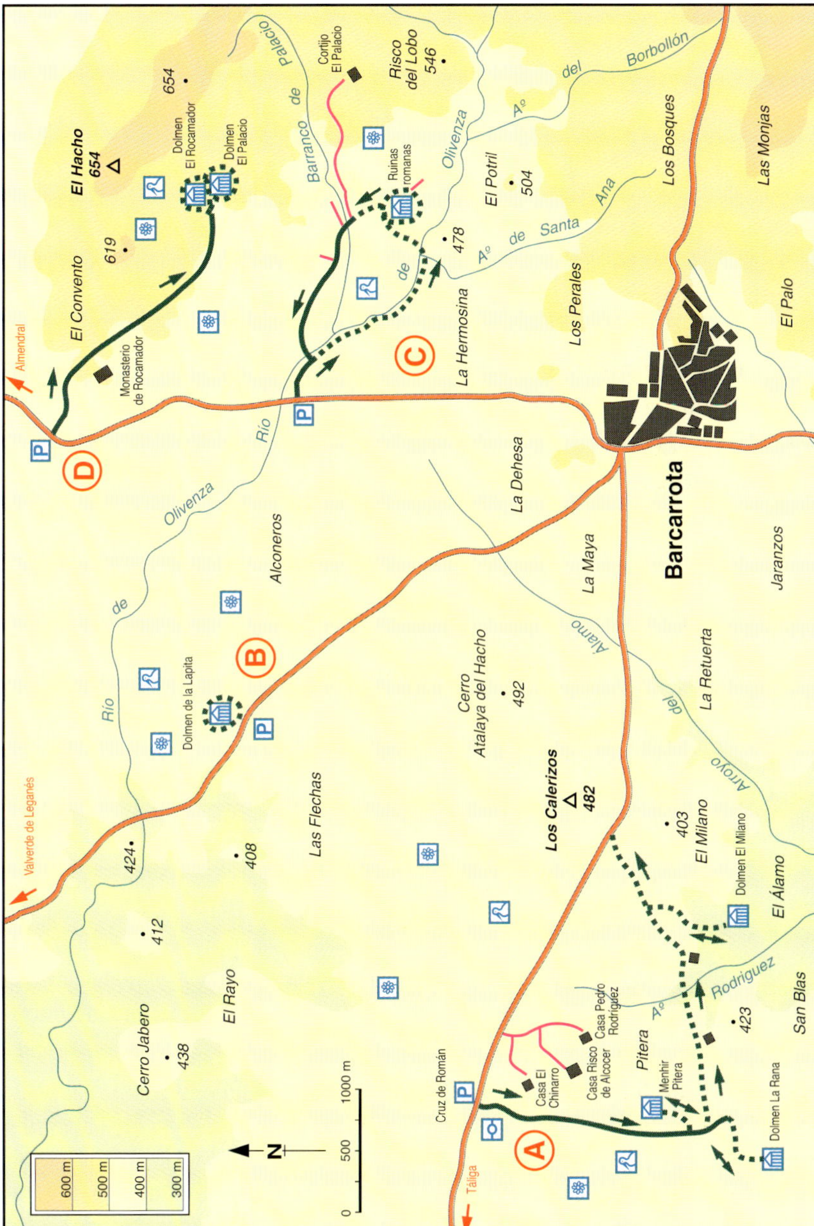
El Hacho 654
El Convento
619
654
Dolmen El Rocamador
Dolmen El Palacio
Monasterio de Rocamador
Almendral
Barranco de Palacio
Cortijo El Palacio
Risco del Lobo 546
Ruinas romanas
Aº del Borbollón
Olivenza
El Potril 504
Aº de Santa Ana
478
La Hermosina
Los Perales
Los Bosques
Las Monjas
El Palo
Barcarrota
Río de Olivenza
La Dehesa
Alconeros
Dolmen de la Lapita
La Maya
Jaranzos
Arroyo del Álamo
La Retuerta
Cerro Atalaya del Hacho 492
Los Calerizos 482
Las Flechas
408
424
412
Valverde de Leganés
403
El Milano
Dolmen El Milano
El Álamo
Aº Rodríguez
423
San Blas
Pitera
Menhir Pitera
Casa Pedro Rodríguez
Casa Risco de Alcocer
Casa El Chinarro
Cruz de Román
Táliga
Dolmen La Rana
El Rayo
Cerro Jabero 438
A
B
C
D
0
500
1000 m
N
600 m
500 m
400 m
300 m

los lados. Nosotros seguimos el camino rodado. Estamos pendientes del lugar en el que el muro de la izquierda forma un vértice, justo tras dejar una cancela verde. Si saltamos dicha entrada, a unos metros caminando entre cardos y herbazales llegamos al menhir Pitera, que en la actualidad se encuentra desplomado y partido por la mitad. De vuelta al camino andamos unos cientos de metros más al sur, dejando un ramal a la izquierda. Llegado a un punto en el que vemos un pozo con abrevadero en la finca de la derecha, saltamos nuevamente el muro, ahora para buscar el dolmen La Rana, que descubrimos en un lugar despejado, con algunas carrascas alrededor, si bien su aspecto deja mucho que desear. Está prácticamente destruido, y sólo se mantienen algunas de las grandes losas en pie. Desandamos la trocha, volvemos al camino y más atrás, al ramal dejado a la izquierda anteriormente. Nos adentramos por este callejón, que al llegar a una zona más fresca, debido a la influencia del arroyo estacional de Rodríguez, aparece poblado de un denso y bello alcornocal, acompañado de guardalobos, escobas, esparraguera blanca, torvisco, majuelo... Hemos dejado algunas casas y apriscos ganaderos atrás, siempre en ramales a la derecha: El Cenegal; otro, y luego el del cortijo El Alcornocal. Pero al llegar a la calleja del cortijo JL, giramos a la derecha. A unos 500 metros descubrimos una auténtica granja con pollos de corral, pavos, gallinas, vacas, caballos, cabras, cochinas y ovejas. Conviene hablar previamente con Francisco Javier, el dueño de estas tierras, que nos dejará pasar hasta el prado donde se encuentra el dolmen El Milano, de buen tamaño y estado de conservación. A su alrededor son numerosos los restos de vasijas primitivas, elementos que no debemos expoliar ni alterar. Salimos del cortijo cerrando las cancillas. Al llegar al cruce de callejas tiramos a la derecha, y tras algo más de medio kilómetro salimos a la carretera. La **RUTA B** es un simple paseo de escasos centenares de metros, para visitar el dolmen de La Lapita. Tomamos la carretera de Valverde de Leganés; al llegar a la altura del pk 4, donde un cartel de la Junta así lo indica, debemos saltar el muro de piedra, cuidadosamente para no derruirlo. A escasa distancia, cerca de una vieja alberca y abrevadero, está el dolmen, que aún mantiene levantada la losa de cubrición por una serie incompleta de piedras de sujección, si bien el pasillo está muy perdido. La **RUTA C** permite que conozcamos los restos de una vieja edificación, un monumento funerario que data de la época romana tardía.

❧ Dolmen de la Lapita, en los alrededores de Barcarrota ❧

Debemos caminar algo menos de dos kilómetros por la ribera del río de Olivenza, aquí conocido como rivera del Fraile, a unos 2 km del pueblo en dirección a Almendral, un vergel siempre verde formado por adelfas, fresnos, sauces, tamujos, escaramujos, majuelos, guardalobos, escobas... Es más cómodo caminar por la orilla izquierda, si bien debemos de cruzar el río en algún momento, algo que no suele resultar muy complicado incluso si realizamos la marcha en época de lluvias. A través de nuestra visita por la ribera podemos deleitarnos con el vuelo de la oropéndola, la voz primaveral del ruiseñor bastardo, o ver el chapoteo del galápago leproso al lanzarse al agua desde el lugar preferido para tomar el sol, que tanto requiere para regular su temperatura corporal. Primero dejamos la salida del barranco del Palacio, en margen derecha; luego los restos de una vieja mina de carbón, y algo más allá cruzamos la salida del arroyo de Santa Ana. A esta altura del río nos separamos del cauce para acceder, tras seguir unos centenares de metros el viejo muro de piedra, a las ruinas en las que aún se atisban la planta rectangular y parte de la fachada. La vuelta la realizamos por el camino de la finca El Palacio, al norte de las ruinas, orientándonos en todo momento con respecto al río y la posición de la carretera. Finalmente, la **RUTA D** parte del viaducto sobre la carretera de Almendral, acceso a la finca de la familia Bosé, que ha remozado el Monasterio de Rocamador, a nuestra derecha. Sólo hemos de seguir la pista entre encinares un par de kilómetros más hasta llegar a un cruce, en donde tomamos el ramal de la izquierda. A escasos metros optamos primero por pasar la valla a la derecha, para alcanzar el dolmen El Palacio, que sólo mantiene alguna de las losas en pie. De vuelta al camino pasamos ahora la valla de la izquierda, para llegar en seguida a los restos del dolmen Rocamador, cuyas losas aparecen vencidas en el suelo, o apoyadas en el tronco de una encina. Más difícil es encontrar el dolmen Enmedio, próximo al anterior, pero tan deteriorado que es complicado identificarlo. El regreso lo realizamos por la misma pista de llegada.

RUTA 27

DEHESAS DE FREGENAL – RÍO ARDILA

DISTANCIA TOTAL: Aproximadamente 19 kilómetros.
DURACIÓN TOTAL: 5 horas.
TIPO DE MARCHA: Lineal.
TIEMPOS DE MARCHA: Fregenal de la Sierra - Finca La Cuesta: 1 hora y 30 minutos. Finca La Cuesta - Cortijo de La Acebuchosa: 1 hora. Cortijo de La Acebuchosa - Río Pedruégano: 1 hora y 15 minutos. Río Pedruégano - Valencia del Ventoso: 1 hora.
DESNIVEL: Unos 150 metros.
DIFICULTAD: Media, por la distancia.
TIPO DE CAMINO: Pista, camino.
AGUA POTABLE: En las localidades del inicio y el final de la ruta.
ÉPOCA RECOMENDADA: Todo el año, excepto el verano.
SUGERENCIAS: Llevar prismáticos. Sombrero en los días calurosos. Recolección de espárragos y setas en otoño-primavera. Posibilidad de realizar otras rutas en el entorno cercano, como por ejemplo la de Nertóbriga, la de Capote, la de las dehesas de Jerez de los Caballeros... Ciclabilidad de la ruta del 100%.
CONSERVACIÓN: Sin protección. Principales amenazas: transformación de la dehesa tradicional; riesgo de incendios forestales; caza furtiva; uso de venenos en los cotos de caza próximos; contaminación de las aguas fluviales...
CARTOGRAFÍA: Hojas 875 y 876 escala 1:50.000 del S.G.E.

Partimos de la serrana localidad de Fregenal por una pista que parte de la zona oriental del pueblo. Inicialmente salva el curso encauzado de un arroyo y tras cruzar la carretera de circunvalación, deja una cruz de piedra a la derecha. Acto seguido cruza la carretera de Fregenal a Zafra, la EX-101, a través de eriales en los que proliferan plantas arvenses y cardales, campos de labor, olivares, parcelas dedicadas al cultivo del almendro y de la higuera... Algunos de estos campos abiertos son frecuentados por los cernícalos primilla que crían en los lienzos del castillo, campos en donde se abastecen de sus principales presas, los saltamontes de mediano y gran tamaño. Tras avanzar un corto trecho pasamos muy cerca de

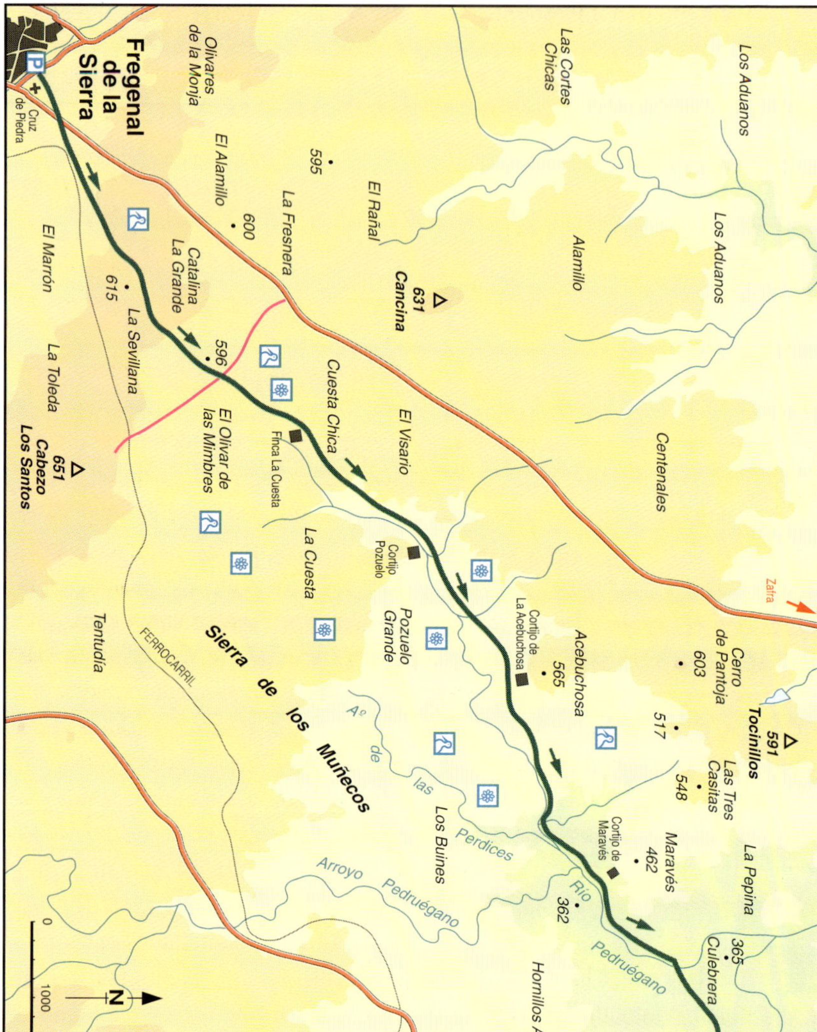
Fregenal de la Sierra
Cruz de Piedra
Olivares de la Monja
Las Cortes Chicas
Los Aduanos
El Alamillo
595
El Rañal
Alamillo
Los Aduanos
600
La Fresnera
Catalina La Grande
615
El Marrón
La Sevillana
631 Cancina
596
Cuesta Chica
El Visario
Centenales
La Toleda
651 Cabezo Los Santos
El Olivar de las Mimbres
Finca La Cuesta
La Cuesta
Cortijo Pozuelo
Pozuelo Grande
Cortijo de La Acebuchosa
565
Acebuchosa
Cerro de Pantoja
603
Zafra
Tentudía
FERROCARRIL
Sierra de los Muñecos
Aº de las Perdices
Los Buines
517
591 Tocinillos
548
Las Tres Casitas
Cortijo de Maravés
462
Maravés
La Pepina
Arroyo Pedruégano
Río Pedruégano
362
365
Culebrera
Hornillos Altos
Hornillos Bajos
El Casquete
Río Ardila
Valencia del Ventoso
Las Piñuelas
0
1000
2000 m
N
600 m
500 m
400 m
300 m

la vía del antiguo tren minero. Seguir la ruta no nos resulta complicado en modo alguno, puesto que siempre que encontramos un cruce optamos por seguir la pista más ancha y principal. Pasamos bajo un gran pino piñonero, en una zona en la que también se distinguen unos pocos parches de vegetación natural, básicamente algunas encinas acompañadas por retamas, majuelos, torviscos, escaramujos, escobas... Según avanzamos por el camino estas parcelas comienzan a hacerse más habituales. En un próximo cruce a la izquierda dejamos una vieja entrada de piedra que accede a una fresneda adehesada; el porte de los árboles muestra la tradicional gestión de su ramaje, podado y aprovechado como forraje para cabras y ovejas. Seguimos dejando algunos ramales a nuestros lados; también aparecen puntualmente pilones y charcas donde abreva el ganado, y en cuyas aguas de dudosa salubridad se desenvuelven, sin embargo, los galápagos leprosos, las ranas... Atravesamos un cruce importante que da acceso a la finca de Las Mimbres; este punto en nuestra marcha es muy significativo, ya que desde aquí el encinar adquiere mayor vigor y frondosidad, así como cierta diversidad en el matorral acompañante. Un medio forestal que alberga numerosas especies faunísticas de interés, desde carnívoros como el meloncillo, el tejón, el gato montés, e incluso hasta hace poco tiempo el lince ibérico, a grandes y medianas rapaces forestales, como el águila culebrera, el ratonero común, el azor y el gavilán. Continúan sucediéndose distintos ramales, a la finca La Cuesta, al Pozuelo, etc. Pasamos el vado sobre un arroyo estacional que vierte al río Pedruégano y dejamos su estrecha hilera de fresnos a nuestra derecha. Tras disfrutar del denso encinar, al que se añaden algunos alcornoques en las zonas más frescas y húmedas, la pista se separa ligeramente del curso del Pedruégano, justo cuando pasamos a la altura de una charca abrevadero y el encinar comienza a abrirse dando paso a espacios abiertos dominados por los pastos y el retamal. Dejamos nuevos cruces y alcanzamos el cortijo de La Acebuchosa, que queda a nuestra izquierda en la base de un cerro cubierto por los olivos silvestres que otorgan dicho nombre. El perfil del terreno por el que caminamos se hace ligeramente más ondulado, por lo que remontamos y descendemos algunos repechones que en ocasiones nos quitan el aliento... Vuelven a aparecer nuevas muestras del encinar y su cohorte arbustiva, aunque su importancia en el conjunto de la vegetación dominante del paisaje está ahora compartida con la retama. Apreciamos además un cambio en el aspecto físico del terreno, sucediendo a las situaciones arcillosas del inicio algunas bellas muestras de berrocal granítico. Volvemos a acercarnos a las proximidades del río Pedruégano tras el descenso de una enorme cuesta; continuamos sin vadearlo unos kilómetros más, durante los que observamos diversas explotaciones extractivas en el lecho y las márgenes del cauce que modifican su perfil y que provocan la alteración de algunos lugares encharcables, aptos para la vida anfibia. Observamos como nos acercamos más a la ribera del río, en ocasiones despoblada y dominada por juncales, en otras con algunos rodales de fresnos, adelfas y tamujos... Dejamos una casa coqueta a la izquierda y algo más allá vadeamos definitivamente el río. Inmediatamente después debemos remontar otro gran repechón que nos lleva a lo alto de un cerro, desde el que se domina la finca de Las Navas, la ribera del Pedruégano y se intituye buena parte del valle del río Ardila. Una vertiginosa bajada entre matorrales y encinas nos lleva posteriormente al paso sobre este río, que se encuentra regulado a la derecha por una pequeña presa. No es de extrañar que descubramos alguna garza real, garceta común, cigüeña blanca e in cluso alguna cigüeña negra pescando desde en las aguas someras o desde la orilla; claro, ésto siempre y cuando no hallan llegado al lugar los numerosos aficionados a la pesca que utilizan este remanso para realizar su deporte favorito. Además de algunas especies apreciadas en la pesca deportiva, barbos, percas americanas, etc., las aguas del Ardila albergan una interesantísima ictiofauna autóctona, cada vez más empobrecida por la contaminación de las aguas, la modificación del hábitat acuático por las explotaciones de áridos y la instalación de pequeñas presas. Cabe destacar la presencia en sus aguas de la pardilla, el cachuelo, el jarabugo, el calandino, la colmilleja, el barbo cabecipequeño... así como el mantenimiento de diversas especies de la herpetofauna local. Sólo nos queda remontar un último tramo, primero en subida y luego en llano, entre encinas, retamares y huertos que acogen granados, manzanos, olivos, olmos...

Tamujos y adelfas del río Ardila

RUTA 28

NERTÓBRIGA

Distancia total: Aproximadamente 13 kilómetros.
Duración total: De 3 horas a 3 horas y 30 minutos.
Tipo de marcha: Circular.
Tiempos de marcha: Puente de la Badana - Barranco Calderero: 45 minutos. Barranco Calderero - Ruinas de Nertóbriga: 1 hora. Ruinas de Nertóbriga - Arroyo Moriano: 45 minutos. Arroyo Moriano - Puente de la Badana: 45 minutos.
Desnivel: 100 metros.
Dificultad: Escasa.
Tipo de camino: Pista, camino, senda y trocha.
Agua potable: Preguntar en el cortijo del Coto, y en Fregenal de la Sierra.
Época recomendada: Todo el año (incluidas mañanas y tardes del estío).
Sugerencias: Es bueno hablar en el pueblo con Francisco o Gabriel Hernández, los actuales arrendatarios de la finca del Coto. Llevar prismáticos. Sombrero en los días calurosos. Espárragos y setas en primavera y otoño. Posibilidad de hacer otras rutas en el entorno desde Fregenal de la Sierra. Ciclable 100%.
Conservación: Sin protección, si bien los territorios al sur del límite extremeño se incluyen dentro de un Parque Natural andaluz. Entre las principales amenazas hay que destacar: el deterioro de las ruinas y el expolio del yacimiento; caza furtiva; uso de venenos en los cotos de caza...
Cartografía: Hoja 896 escala 1:50.000 del S.G.E.

La salida de este nuevo itinerario se encuentra al sur de la localidad de Fregenal de la Sierra, a la altura del puente de la Badana. Cogemos el camino de Fuentes de León, en la margen izquierda del barranco de San Lázaro, al principio muy ancho, rodeado de casas con olivares y huertos en los que crecen las higueras. A unos 500 metros dejamos un ramal a la derecha que va hasta el camino de la Cañada Fría, por el que regresaremos. El olivar es el elemento dominante en el paisaje inicial de la ruta hasta que llegamos al cruce de la vía ferroviaria Huelva-Zafra, principal vía de salida de los recursos obtenidos a lo largo de toda la comarca minera del suroeste español durante las décadas de su máximo apo-

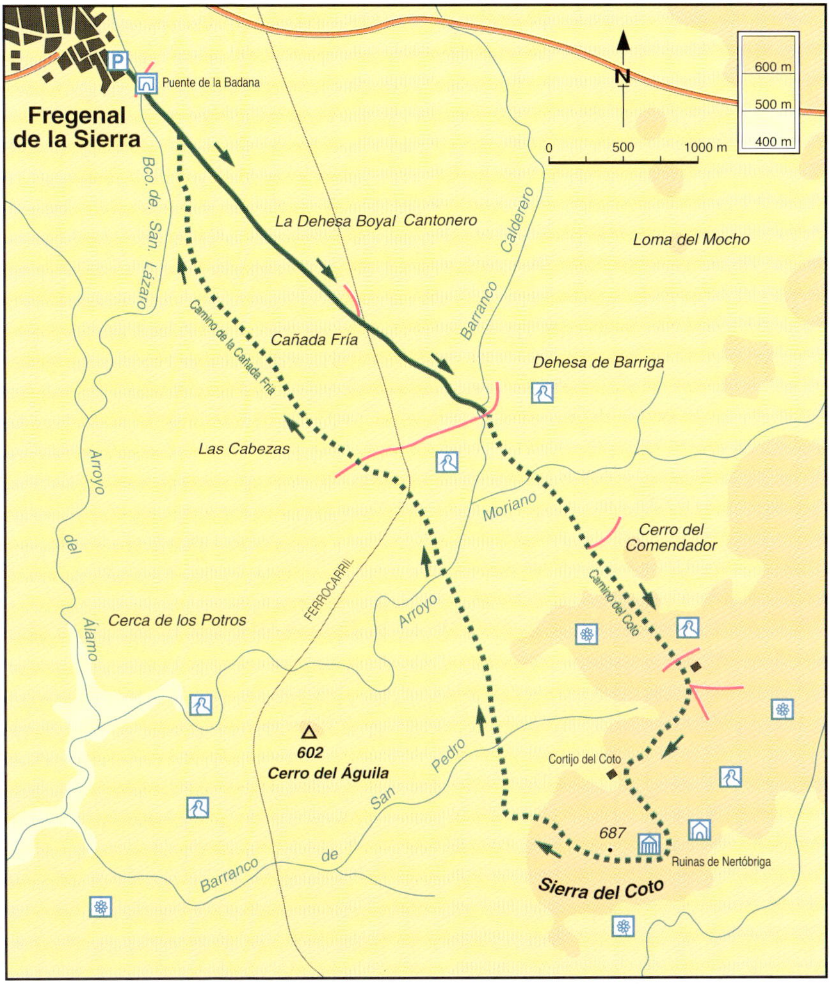

geo. Desde aquí el paisaje se abre ante nuestros ojos en amplios horizontes de herbazal y cultivos de secano, un medio de carácter estepario en el que es posible observar algunas aves típicas, como la cogujada, la calandria, el aguilucho cenizo, el cernícalo primilla, el sisón... Así entretenemos nuestro paseo por el llano. En el vado del barranco Calderero atendemos también a los animales que podemos sorprender bebiendo, especialmente si realizamos la ruta por la temprana mañana: jilgueros y pardillos, lavanderas, ortegas, jabalíes, zorros... Nada más cruzar el vado dejamos un ramal a la izquierda, lugar por el que cruza el viejo camino de Higuera la Real a Bodonal de la Sierra. Sólo caminamos unos cientos de metros más por el llano hasta que llegamos a una entrada alambrada y el vado del arroyo Moriano. Si nuestra visita se realiza en primavera o verano estamos atentos antes de cruzar la entrada: miramos el cielo y contemplamos con seguridad la presencia de numerosos cernícalos primillas que se ciernen sobre los rastrojos de los cultivos y los ribazos del arroyo. Con un poco de paciencia podemos observar muchos ejemplares, parte del contingente de la especie que utiliza las murallas del castillo de Fregenal para anidar, y que se desplaza hasta este punto concreto, un magnífico cazadero en el que capturan sus presas más apreciadas, los saltamontes.

El camino comienza a subir; tras un rato de marcha alcanzamos una mancha de encinas de aspecto adehesado que altera la monotonía del paisaje. Estan dedicadas al pastoreo, si bien en muchos lugares aparecen pequeños rodales de aulaga que cubren parte del sotobosque. Desde aquí nuestra ruta recibe el nombre local de camino del Coto, y se adentra en la dehesa, un medio forestal totalmente diferente de los campos del llano, con gran diversidad de aves a las que atendemos en nuestro paseo: rabilargos, arrendajos, pinzones, abubillas, agateadores... También sobrevuelan la dehesa algunas rapaces, ratoneros y milanos principalmente. Al llegar a un cruce dejamos el ramal y la casa de la derecha. Dentro de la foresta llegamos a una cancela, que procuramos dejar cerrada para evitar que se escape el ganado. Medio kilómetro más allá alcanzamos el cortijo del Coto; antes de continuar intentamos saludar a alguno de los actuales arrendatarios, que gustosamente nos indicarán el camino de subida. Si no es así, debemos orientarnos y caminar unos 500 metros hacia el sur, hasta que nos topamos con un viejo muro de piedra, que remontamos a la derecha.

Así caminamos en subida por un bosque encantado de encinas; en efecto, cierta atmósfera mágica flota en el aire cuando alcanzamos finalmente los restos ruinosos de Nertóbriga, un asentamiento prerromano situado en esta atalaya natural que domina la Extremadura meridional. El aspecto es algo desolador, ya que sólo encontramos restos de arcos y muros de un gran edificio, y muchas cisternas, trincheras, pozos, aljibes, torres, termas, murallas... El yacimiento sufrió du-

Asentamiento prerromano en Nertóbriga

rante décadas pasadas el expolio de coleccionistas y, lo que es peor, una total traslocación de la mayor parte de los elementos conservados de la vieja urbe que los romanos engrandecieron. Aún así se han podido llevar a cabo estudios arqueológicos serios que han permitido confirmar la gran importancia de este yacimiento, en estrecha relación con las antiguas explotaciones mineras de los romanos en todo el sector suroccidental de la Península.

Abandonamos las ruinas descendiendo por la ladera del Cerro del Coto, en dirección noroeste. Atravesamos la dehesa por un agradable paseo entre ancianas encinas, impregnados de la historia atrás vivida. Alcanzamos en la base de la elevación un camino, conocido localmente como de Los Higuereños. Lo seguimos inicialmente a la izquierda, pero más allá debemos desviarnos en dirección norte, hacia Fregenal, cuyos muros encalados y su castillo se intuyen en la lejanía. El encinar adehesado finaliza cuando alcanzamos el vado del arroyo Moriano, aquí con cierta cobertura ribereña, de adelfas, tamujos y juncos. Magnífico enclave para entretenernos a buscar anfibios y reptiles. Sólo nos queda continuar el camino, ya de la Cañada Fría, a lo largo de unos 3 km, en los que cruzamos la via ferroviaria y el camino de Higuera a Bodonal, para salir finalmente cerca del puente de la Badana.

RUTA 29

CAPOTE

Distancia total: Aproximadamente 16 kilómetros.
Duración total: De 5 horas a 5 horas y 30 minutos.
Tipo de marcha: Lineal.
Tiempos de marcha: Fregenal de la Sierra - Finca El Cegón: 45 minutos. Finca El Cegón - Barranco de San Pedro: 45 minutos. Barranco de San Pedro - Puente: 1 hora y 15 minutos. Puente - Ruinas de Capote: 45 minutos. Bajada al río Sillo: 15 minutos. Regreso al puente: 45 minutos. Puente - Higuera La Real: 1 hora y 15 minutos.
Desnivel: 200 metros.
Dificultad: Media.
Tipo de camino: Pista, camino, senda y trocha.
Agua potable: En Fregenal de la Sierra y en Higuera La Real.
Época recomendada: Todo el año, excepto el verano.
Sugerencias: Llevar prismáticos. Sombrero en los días calurosos. Recolección de setas y espárragos en otoño-primavera. Posibilidad de hacer otras rutas en el entorno, como la de Nertóbriga, la de las dehesas de Fregenal, la de las dehesas de Jerez de los Caballeros...
Conservación: Sin protección. Principales amenazas: contaminación de las aguas del arroyo Moriano y de sus afluentes; abandono de los históricos molinos harineros; riesgo de incendios forestales; caza furtiva; uso de venenos en cotos próximos; molestias a la avifauna rupícola...
Cartografía: Hoja 896 escala 1:50.000 del S.G.E.

Iniciamos este nuevo itinerario por la pista que parte frente al estadio de fútbol de Fregenal de la Sierra, al sur de la localidad. Se suceden inicialmente las casas y huertos, los olivares y algunos campos de cultivo. Como a medio kilómetro obviamos una calleja que parte a la derecha, y algo después comenzamos a descender hacia la vega del arroyo del Álamo, despejada de vegetación arbórea salvo en las proximidades de las orillas, en las que crecen algunos chopos, sauces arbustivos y olmos, además de los comunes zarzales y juncales. Más allá destacan en el paisaje vegetal algunos olivares y dehesas, así como plantaciones de pino piñonero en el fondo visual. Alcanzamos el vado del arroyo, pero no lo cruzamos. Nos

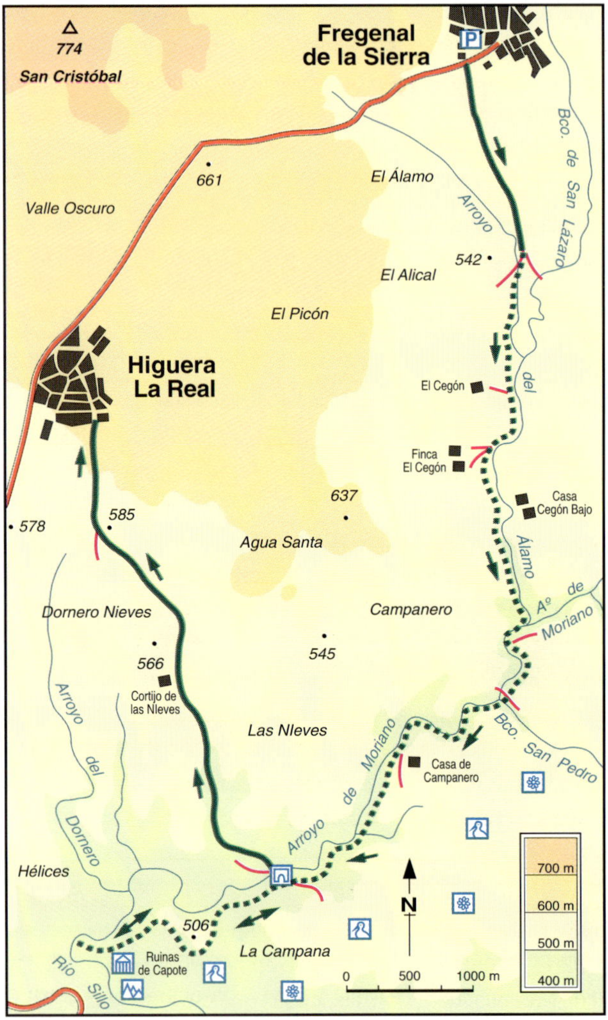

tiempo atrás. Alcanzamos un remanso del arroyo, en una zona donde se ensancha y favorece el asentamiento de carrizos, espadañas, adelfillas, juncales y algunos fresnos, un ambiente palustre que favorece la presencia de muchos anfibios, reptiles y aves, entre las que destacan el buitrón, el escribano palustre, el carricero tordal, el zarcero común, el martín pescador, la lavandera cascadeña, la polla de agua, el rascón, etc., según la fecha en la que realizamos la visita. Dejamos luego un ramal a la izquierda y acto seguido cruzamos a la orilla opuesta del arroyo por un vado que salva las márgenes acarcavadas del curso, en las que anidan los abejarucos. A medida que avanzamos por el camino los eucaliptos adquieren

mantenemos así caminando por la margen izquierda del curso; la ribera adquiere poco a poco mayor cobertura, en buena parte como consecuencia de las hileras de eucaliptos plantadas

mayor presencia en la ribera, hasta que alcanzamos un cruce con varios ramales. Nosotros obviamos los tres caminos evidentes y optamos por pasar la vieja entrada a la finca El Cegón. Nos mantenemos en la orilla derecha del arroyo del Álamo y visualizamos las ruinas del primer molino harinero construido mucho tiempo atrás. Un canal o acequía, unos viejo muros y una antigua piedra de amolar son los vestigios que quedan. Se trata del primero de los más de 20 molinos que vamos a descubrir a lo largo del itinerario. Más abajo dejamos una gran nave y una casa en la orilla opuesta, en una zona en la que el arroyo presenta cierto encajamiento. Aquí y allá descubrimos más restos de los molinos, ahora un pequeño azud, luego otra derivación de aguas, ruinosas casas. El paseo es precioso, según caminamos paralelos al arroyo bajo un dosel de fresnos y encinas, a través de trochas muy marcadas, señal inequívoca del uso habitual de la senda por vacas y cabras. Es un lugar adecuado para ver algunas aves esquivas que se instalan en la zona durante primavera-verano, como el picogordo y la curruca mirlona. Por encima del pequeño encajamiento se abren campos abiertos y dehesas en la orilla opuesta, hasta que el arroyo recibe las aguas de uno principal que otorga el nombre definitivo al curso, arroyo Moriano. Tras salvar un par de recodos que dejan varios afloramientos rocosos a los lados, llegamos a la salida del barranco de San Pedro, en la orilla opuesta. Los molinos continúan apareciendo ante nosotros, generalmente ruinosos, unos ingenios humanos que aprovechaban antaño la fuerza generada por la caída de las aguas en los sucesivos saltos de nivel, para la molienda del grano cultivado en las campiñas próximas. En un par de ocasiones tenemos que cruzar el arroyo debido a las complicaciones del terreno; la orilla derecha se suaviza y despeja posteriormente, por lo que nos mantenemos en ella, aunque algo después, en el lugar donde se vislumbra un camino poco transitado en dirección a la casa de Campanero, volvemos a cruzar el arroyo. Desde aquí avanzamos por la orilla izquierda a través de una complicada zona de gran belleza visual que conserva el bosque de quecíneas en todo su esplendor, hasta que salimos a un amplio clareo y al puente sobre el arroyo Moriano, justo a la altura de un nuevo molino. No lo cruzamos en esta ocasión (posteriormente lo utilizaremos para llegar hasta Higuera La Real); seguimos en la misma orilla por una senda que no parece tener continuidad. Al enfrentarnos con una elevación decidimos crestearla, con el objeto de evitar un par de recodos del arroyo. Salimos definitivamente de las densas dehesas para adentranos en unos pastizales ralos en los que abundan los cantuesos, las jaras pringosas y las retamas, así como algunas encinas dispersas. Estos campos albergan ganado bravo, por lo que debemos andar con buen ojo. Tras pasar bajo un tendido eléctrico nos acercamos hasta el mirador natural sobre el río Sillo que queda a nuestra izquierda, lugar en el que descubrimos las ruinas prerromanas de Capote colgadas de un estrecho desfiladero; sin duda se trata de uno de los yacimientos célticos más importantes de la mitad sur de la Península. Otro atractivo en la zona es la fauna rupícola que acogen estos cantiles, la cigüeña negra y el águila perdicera entre otras especies de interés, por lo que, siendo la época de cría, no nos quedamos mucho tiempo. Desde aquí, podemos bajar hasta el frondoso río. Para ir hasta Higuera La Real debemos desandar el camino realizado hasta llegar al puente sobre el arroyo Moriano. Lo cruzamos para caminar por la pista que se dirige al norte, dejando campos abiertos con matorral disperso y dehesas de encinas y alcornoques a ambos lados. Tras dejar el cortijo de las Nieves (con una vieja capilla del siglo XVIII), sólo nos queda un trecho más hasta llegar a Higuera entre huertos, olivares, higueras y cultivos.

❧ Ingeniería hidráulica en el arroyo Moriano ❧

RUTA 30
DEHESAS DE JEREZ DE LOS CABALLEROS

Distancia total: Aproximadamente 17 kilómetros.
Duración total: De 4 horas a 4 horas y 30 minutos.
Tipo de marcha: Lineal.
Tiempos de marcha: Fregenal de la Sierra - Finca El Carbajo: 1 hora y 45 minutos. Finca El Carbajo - Barranco del Carbajo: 45 minutos. Barranco del Carbajo - Arroyo: 1 hora. Arroyo - Puente Romano de La Bazana: 45 minutos.
Desnivel: 400 metros.
Dificultad: Escasa.
Tipo de camino: Pista, camino y senda.
Agua potable: En Fregenal de la Sierra; existe una fuente antes de sobrepasar la charca de la finca El Carbajo.
Época recomendada: Todo el año, excepto el verano.
Sugerencias: Llevar prismáticos. Sombrero en días calurosos. Setas y espárragos en otoño - primavera. Posibilidad de realizar otras rutas en el entorno cercano, como por ejemplo la de Nertóbriga, la de las dehesas de Fregenal de la Sierra, la de Capote. Ciclable 100%.
Conservación: Sin protección alguna. Principales amenazas: riesgo de incendios forestales; caza furtiva; uso de venenos en cotos próximos...
Cartografía: Hoja 875 escala 1:50.000 del S.G.E.

Encontramos el inicio de este itinerario a la altura del pk 93 de la carretera nacional 435, al inicio del tramo que une la localidad de Fregenal de la Sierra con la de Jerez de los Caballeros. La pista que tomamos hace un par de recodos para situarse en paralelo a la carretera y a un regato, cuando aún estamos en las proximidades del pueblo. Casas con huertos y algunos olivares cubren las márgenes del pequeño curso, que mantiene una estrecha hilera de carrizos, espadañas, juncales, adelfas, chopos... Algo más allá existe una pequeña plantación de eucaliptos, para luego comenzar el olivar a dominar el paisaje. Los olivos dan paso gradualmente a las dehesas de encina, la mayoría roturadas y dedicadas a la obtención de cultivos forrajeros y cerereales. Dejamos algunos ramales a la izquierda de nuestra ruta antes de introducirnos en una tupida foresta que envuel-

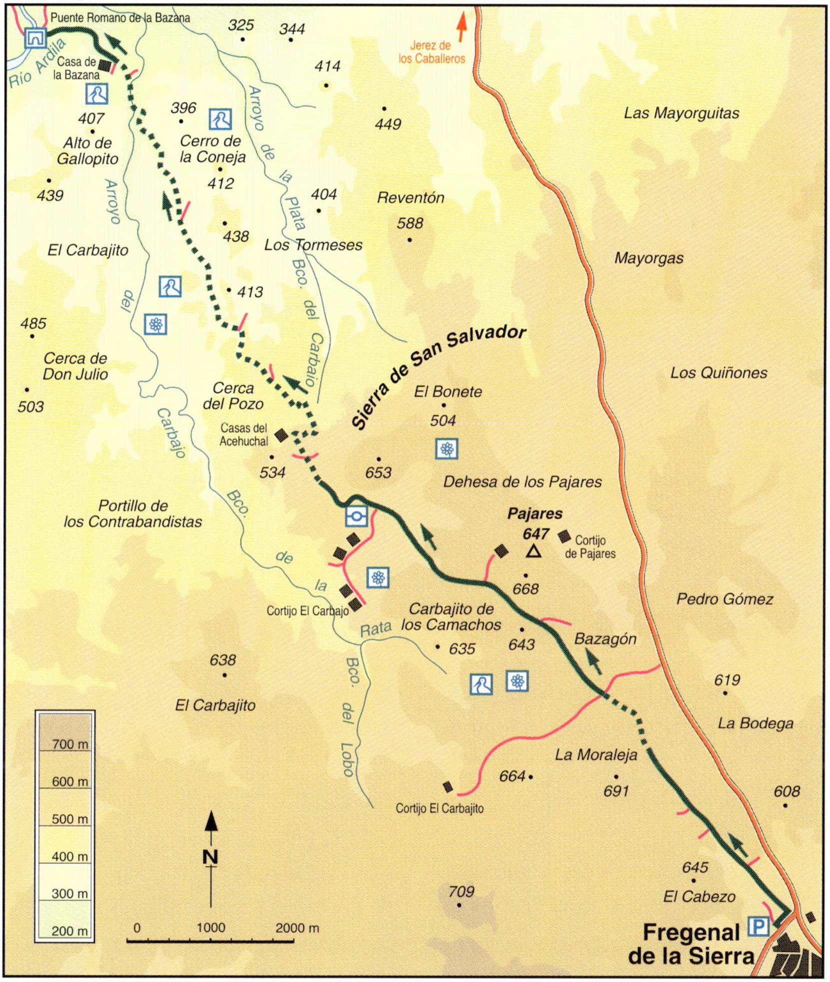

ve el camino; se trata de una mancha con olmos, fresnos, chopos, escaramujos, majuelos, adelfas, eucaliptos, encinas, alcornoques, enredaderas diversas... que crecen con profusión a favor del reguero de un manantial cercano, sin duda beneficiados por la existencia de un nivel freático próximo. Un estupendo lugar para observar a multitud de pequeñas aves que se acercan a beber. Tras salir del frescor que otorga la vegetación riparia a través de una cancela, alcanzamos un cruce de pistas. Tomamos la ruta central, obviando la de la derecha, señalizada como "El Carbajito", y entramos de lleno en un espectacular alcornocal que se muestra, según las zonas, más o menos adehesado. Una magnífica imagen de la compatibilidad entre el bosque y el aprovechamiento de sus recursos por parte del hombre, que se extiende a lo largo de prácticamente el resto de la ruta. Seguimos una pista muy evidente que ocasionalmente deja cancelas a ambos lados, entradas a fincas como El Carbajito, Dehesa de los Pajares... Posteriormente cruzamos la entrada a la dehesa El Carbajo, dando continuidad al alcornocal, si bien puntualmente observamos tramos del recorrido en los que aparecen de forma homogénea las encinas. Ya hemos visto algunas charcas a lo largo del paseo, generalmente bañas y abrevaderos para los numerosos cochinos ibéricos que soportan estas fincas; pero la que vemos algo más allá, por donde atravesamos un paso canadiense, supera a todas en dimensiones. Con un poco de suerte podemos sorprender a garzas reales e incluso a cigüeñas negras pescando en las orillas. También hay aquí una fuente a la derecha en la que aprovechamos para rellenar las cantimploras. Obviamos el acceso a los cortijos de la izquierda y continuamos por el bosque. Cuando las copas nos lo permiten echamos un vistazo al cielo sobre nuestras cabezas, ya que seguro nos sobrevuelan grandes planeadoras como el águila culebrera, el águila calzada, el buitre negro, la cigüeña negra, el águila imperial... todo es cuestión de mirar en el momento preciso. Pasamos otro paso canadiense y algo más allá nuevas bañas en las que se refrecan los preciados cochinos de pata negra; obviamos los ramales que parten a ambos lados y seguimos por el monte, hasta que las casas de Acehuchal y una gran cochinera recortan su silueta sobre un fondo de alcornoques que quedan en un plano inferior. Justo delante de la cochinera el camino hace un recodo a la derecha, para iniciar un vertiginoso descenso entre barranqueras. Salvamos el fuerte desnivel, entre alcornoques y acebuches, por un camino serpenteante que se prolonga más abajo en un barranco, del que ya no nos separamos hasta el final de la ruta. En la cabecera obviamos sendos ramales a izquierda y derecha, para continuar paralelos al cauce estacional. Más allá dejamos un ramal a la derecha que asciende por la dehesa, en la que ya tienen mayor presencia las encinas. Cuando pasamos una cancela y dejamos nuevos ramales a ambos lados, la dehesa comienza a abrirse y las laderas soleadas permiten el crecimiento de pastizales y

Puente romano de la Bazana, sobre el río Ardila

algunos arbustos, tipo retama, cantueso y jaras diversas. Estas zonas más abiertas son cazaderos habituales de las aves de presa citadas antes, y el conejo y el lagarto ocelado las presas más habituales. Vadeamos un regato estacional, pasamos una nueva cancela y volvemos a cruzar otro pequeño afluente del barranco que seguimos. Se suceden algunas charcas y casas antes de alcanzar una nueva cancela, en un lugar donde el barranco se encaja y forma un pequeño salto, espectacular en época de lluvias. Las encinas dominantes adquieren vigor y cobertura, protegidas de la gestión humana por lo accidentado del terreno. De igual forma crecen algunos acebuches, torviscos, cornicabras, al amparo de la topografía. Una vez pasada la angostura dejamos atrás las últimas muestras del bosque de frondosas que dan paso a pastizales con matorral, y luego a un eucaliptal. Salimos a una pista principal por la que continuamos a la derecha; vadeamos finalmente el ahora ancho cauce del curso que seguimos durante la ruta, a cuyas márgenes se forma una llanura aluvial formada por cantos rodados y ocupada por algunos sauces, tamujos, adelfas, adelfillas, juncos, escaramujos, mentas diversas... Más allá cruzamos dos pasos canadienses y dejamos otra charca a la derecha, justo antes de pasar a la vera de la casa de la Bazana. Finalmente salimos a una pista asfaltada y al río Ardila, tras cruzar otros dos pasos canadienses. Contemplamos el admirable puente romano que cruza sobre el río, rodeado de altos eucaliptos, olmos, adelfas, sauces, chopos, tamujos.

RUTA 31

DEHESAS DE ALCONCHEL

Distancia total: Aproximadamente 16 kilómetros.
Duración total: De 4 horas a 4 horas y 30 minutos.
Tipo de marcha: Lineal.
Tiempos de marcha: San Benito de la Contienda - Finca El Pombal: 1 hora y 30 minutos. Finca El Pombal - Cortijo de Blas: 2 horas. Cortijo de Blas - Alconchel: 45 minutos.
Desnivel: 60 metros escasos.
Dificultad: Escasa.
Tipo de camino: Camino, pista.
Agua potable: Únicamente al inicio (San Benito de la Contienda) y al final del recorrido (Alconchel). Si coincidimos con algún guardés o alguna persona de las casas y cortijos de la ruta podemos preguntarles dónde abastecernos.
Época recomendada: Todo el año, excepto el verano.
Sugerencias: Llevar prismáticos. Sombrero en los días calurosos. Posibilidad de hacer otras rutas en el entorno, como la del Puente Ayuda, los dólmenes de Barcarrota y la de la Sierra de Alor. También podemos aproximarnos a territorio portugués, gracias a la carretera y puente nuevos (septiembre 2000), desde Olivenza. Ciclabilidad 100%.
Conservación: Sin protección alguna. Principales amenazas: uso abusivo de fertilizantes, abonos y biocidas en las grandes extensiones de secano; caza furtiva; uso de venenos en los cotos de caza próximos...
Cartografía: Hoja 827 escala 1:50.000 del S.G.E.

Parte este itinerario al sur de la pedanía San Benito de la Contienda, incluida dentro del término municipal de Olivenza. El recorrido transcurre a lo largo de un camino de fácil seguimiento, atravesando extensos pastizales de diente dedicados al ganado bravo y vacuno, campos de secano y una buena muestra de las dehesas de esta parte suroccidental del territorio pacense. Algunas dehesas abiertas dedicadas al ganado, así como otras en las que se practica el cultivo forrajero, marcan los primeros metros del itinerario. Como buena muestra de la dedicación

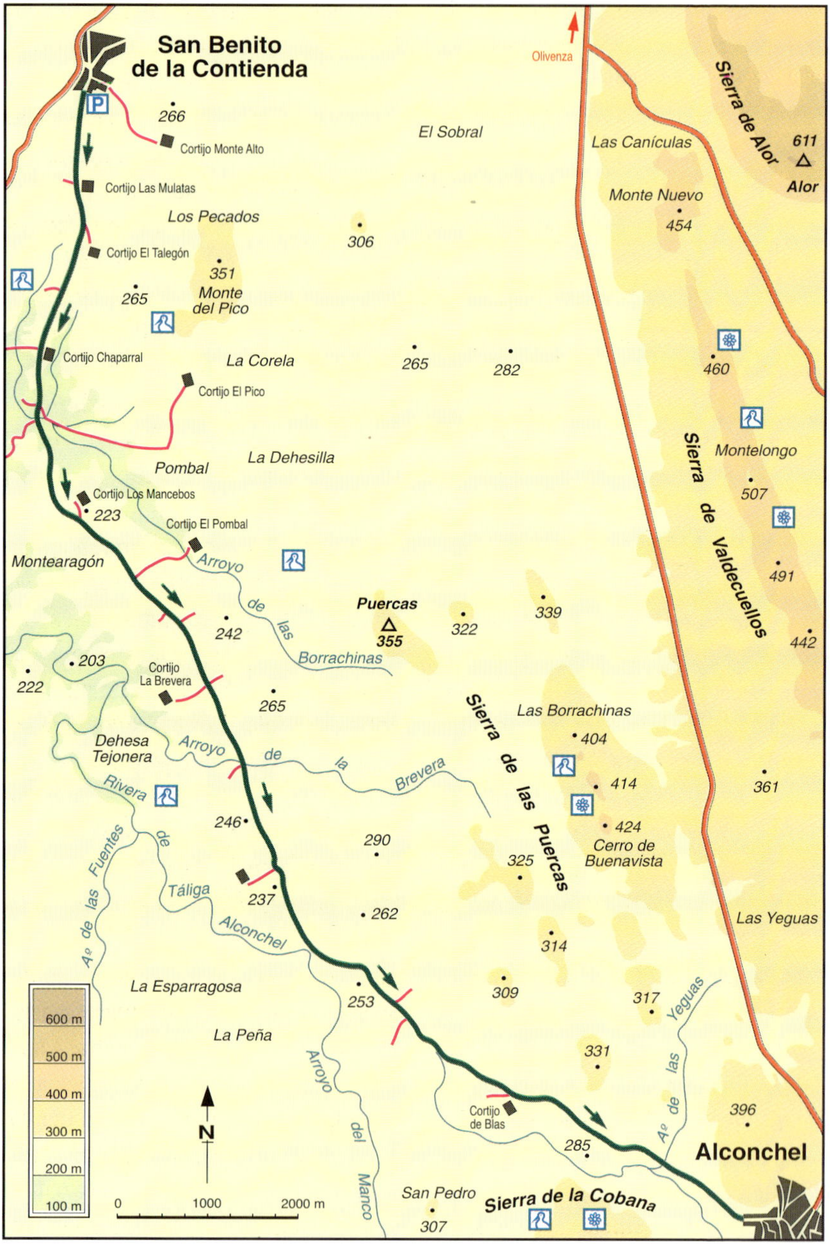
San Benito de la Contienda
Olivenza
266
Cortijo Monte Alto
El Sobral
Las Caniculas
Sierra de Alor
611
Alor
Cortijo Las Mulatas
Monte Nuevo
454
Los Pecados
306
Cortijo El Talegón
351
265
Monte del Pico
Cortijo Chaparral
La Corela
265
282
460
Cortijo El Pico
Sierra de Valdecuellos
Montelongo
Pombal
La Dehesilla
507
Cortijo Los Mancebos
223
Cortijo El Pombal
Montearagón
Arroyo de las Borrachinas
491
Puercas
355
322
339
442
242
203
222
Cortijo La Brevera
265
Sierra de las Puercas
Las Borrachinas
404
Dehesa Tejonera
Arroyo de la Brevera
414
361
Rivera de Táliga
246
424
Cerro de Buenavista
Aº de las Fuentes
290
325
237
262
Alconchel
Las Yeguas
314
La Esparragosa
253
309
317
Aº de las Yeguas
La Peña
331
Arroyo del Manco
Cortijo de Blas
396
N
285
Alconchel
600 m
500 m
400 m
300 m
200 m
100 m
0
1000
2000 m
San Pedro
307
Sierra de la Cobana

ganadera del territorio dejamos a la derecha una nava, en cuyo fondo se aprecia una gran charca artificial abrevadero de algunas vacas. Más allá dejamos a la derecha un ramal y una gran cochinera de cerdo ibérico. Y en seguida una charca menor con su correspondiente ganadería. Unos grandes eucaliptos acompañan nuestro paseo durante los siguientes 600-800 metros. La presencia de estos árboles a orillas del camino, así como en las proximidades de charcas y casas, creciendo en pequeños rodales, dan imagen de un uso bien diferente del esperado para este árbol exótico, más allá de la mera explotación como materia industrial. En efecto, la sombra que otorgan estas hileras y rodales de eucaliptos es de gran valía para el ganado, que en las horas de mayor calor muestra querencia por el frescor de estos lugares. También se nos hace indispensable para nosotros en estos días de mayor insolación... A la izquierda dejamos la cancela de entrada al cortijo El Talegón, que domina otra llanada herbosa peinada por el viento en las mañanas primaverales. La presencia de 4 ó 5 pies de chopo permite la existencia de una pequeña colonia de cigüeña blanca en sus desmochados mástiles. Pasamos más adelante por la entrada de la finca El Chaparral, a la izquierda. Observamos que la dehesa, muy aclarada en las navas, gana cobertura según desplazamos la vista hacia el este; a la par observamos la silueta de diversas rapaces campeando por los cazaderos, como el águila culebrera, el milano negro, el ratonero común... Luego dejamos otra nueva cancela a la derecha, entrada a la finca El Chaparral Bajo; y posteriormente la entrada a la finca El Pico, justo antes de vadear el arroyo estacional de las Borrachinas, cubierto con adelfas, escaramujos y algunos majuelos, y dejar un nuevo ramal a la derecha (finca Montearagón). Los campos abiertos se suceden; aquí y allá sorprendemos a algún sisón o el planeo del aguilucho cenizo. Entre éstos se intercalan algunas manchas de dehesa más poblada, como ocurre en un nuevo ramal que entra en la finca Los Macedos, a la izquierda. Un muro de piedra acompaña ahora nuestro caminar. Si prestamos cierta atención quizás observemos alguna serpiente de escalera o a la culebra bastarda calentándose al sol; o la escurridiza comadreja a la búsqueda de huidizos ratones y musarañas. Continuamos la marcha entre lomas y navas. Dejamos a la izquierda la entrada a la finca El Pombal, referencia lusa a la paloma. Más allá dejamos a izquierda y derecha unas manadas de toro bravo. En la época estival, cuando los pastos están agostados, el ganado bravo requiere un aporte nutricional para su mantenimiento. Este alimento se emplaza en unos pequeños comederos circulares que se observan en las proximidades de los rodales de eucaliptos de sombra. El camino está ahora jalonado por sendos muros de piedra, que dan un aspecto de cañada o callejón al camino. A la derecha dejamos la casa de La Brevera y su tentadero, así como unas cuantas higueras, haciendo honor al nombre de la finca. En seguida vadeamos un pequeño arroyo estacional y dejamos otro abrevadero a la izquierda. Tras otro kilómetro de marcha obviamos una nueva entrada a la derecha. De pronto nos sorprende la presencia de una alta palmera rodeada de higueras y de un denso zarzal, que crecen a favor de la humedad del subsuelo ligada a un regato estacional. En seguida volvemos a atravesar una dehesa de encinas; a la derecha contemplamos el discurrir sinuoso entre cerros del arroyo del Manco, evidenciado por la presencia de un denso adelfar, de magnífica floración estival; también se observan algunos pies arbóreos, fresnos concretamente, así como algunas matas de tamujo. Este hábitat constituye el medio idóneo para observar las evoluciones del meloncillo, mamífero muy abundante en buena parte del territorio pacense. En la dehesa abierta observamos la existencia de cierta regeneración natural por la presencia de pequeñas carrascas, potenciada además por la realización de plantaciones con la quercínea. Cruzamos un nuevo regato y dejamos una casa a la izquierda; seguidamente un ancho camino parte a la derecha, camino que obviamos. Ya contemplamos en las proximidades, a ambos lados del camino, algunas elevaciones encumbradas de eucaliptos, e intuimos la cercanía de Alconchel. En una nueva muestra de dehesa contemplamos a algunos de los arbustos acompañantes durante el viaje, peralillos, retama, acebuche, esparraguera, jaras... así como a los austeros almendros, plantados o asilvestrados. Finalmente, tras dejar un higueral y vadear un nuevo arroyo con extensos juncales, llegamos al cementerio y al paseo de moreras, para enfilar a la derecha el pueblo de Alconchel.

Aspecto primaveral de los pastizales ganaderos

RUTA 32

MOLINOS DEL GUADIANA

Distancia total: Aproximadamente 34 kilómetros.
Duración total: Unas 11 horas. Se puede dormir en la orilla fronteriza del Guadiana.
Tipo de marcha: Ida y vuelta.
Tiempos de marcha: Inicio - Camino casa de Rabito: 1 hora y 15 minutos. Camino - Dehesa Arenosa: 2 horas y 30 minutos. Dehesa Arenosa - Molino de Escobedo: 45 minutos. Molino de Escobedo - Molino y Casa Porras: 30 minutos. Molino Porras - Villanueva: 5 horas.
Desnivel: 100 metros escasos.
Dificultad: Alta (por la larga distancia).
Tipo de camino: Camino, senda y trocha.
Agua potable: Sólo puede conseguirse agua en los diversos cortijos y casas que se distribuyen a lo largo del camino, siempre y cuando coincidamos con alguno de los propietarios o guardeses de las mismas.
Época recomendada: Todo el año, excepto el verano.
Sugerencias: Prismáticos. Sombrero en los días de calor. Podemos hacer otras rutas en el entorno, como la del río Alcarrache, al sur de Villanueva del Fresno. También podemos aproximarnos a territorio portugués, concretamente a Mourao, desde Villanueva. Ciclabilidad 90%.
Conservación: Sin protección alguna. Principales amenazas: construcción de la enorme presa de Alqueva aguas abajo de la zona, en territorio portugués; cambio en los usos tradicionales de la explotación de la dehesa; caza furtiva; uso de venenos en los cotos de caza próximos; contaminación del río Guadiana; pérdida de diversidad en la ictiofauna.
Cartografía: Hojas 851 y 852 escala 1:50.000 del S.G.E.

Se aconseja el uso de dos días para realizar este largo itinerario a pie. A orillas del río Guadiana podemos pasar una magnífica noche en un bello y aislado entorno de la geografía fronteriza. Partimos del pk 64,3, saliendo de Villanueva del Fresno hacia Mourao, ya en Portugal. Tomamos un carril que parte junto a naves y casas agrícolas, atravesando una zona llana y despejada de arbolado alguno. En seguida dejamos sendas cancelas a izquierda y derecha, mientras paseamos por un callejón jalonado por vallas de alambre y muros de piedra a ambos lados; un encinar aclarado da ahora cobertura al paisaje, si bien se alterna con clareos en los que pasta el ganado vacuno. Vadeamos dos pequeños regatos estacionales con pequeños

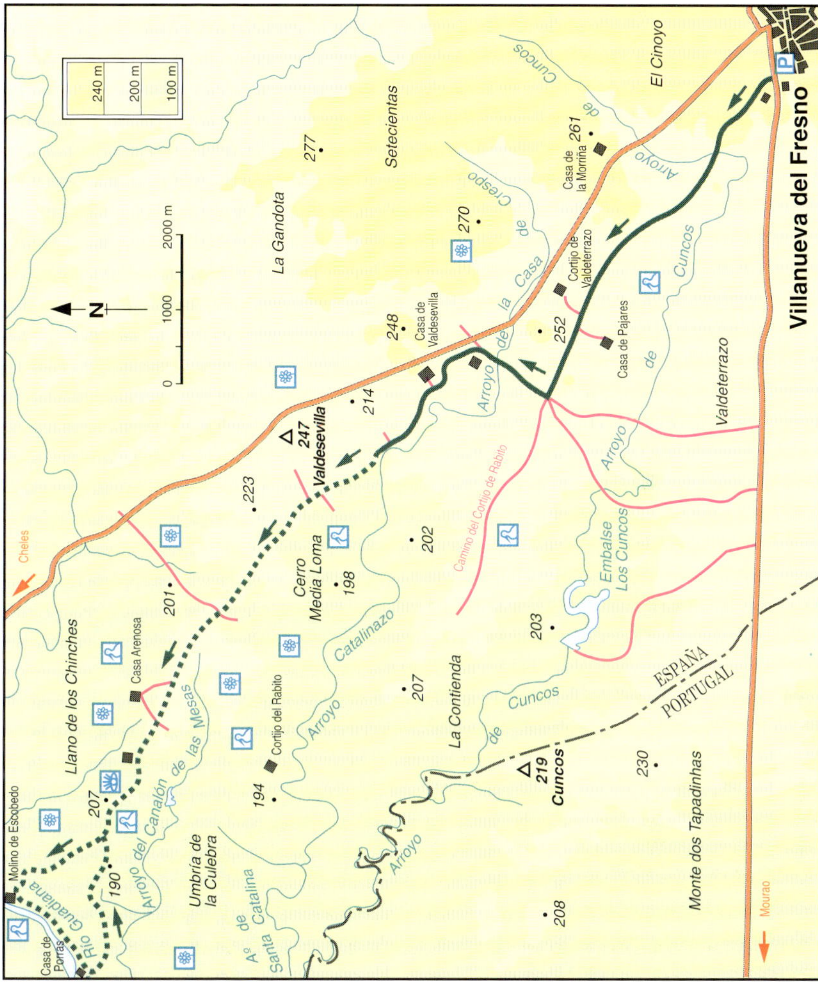

taludes de escasa altura en los que anidan los abejarucos, y a continuación dejamos sendas cancelas a ambos lados, además de la casa de la Morriña a la derecha. Por aquí no será de extrañar que nos crucemos con Alonso el guarda, quien no tendrá problemas en solucionar nuestras posibles dudas. El callejón de piedra se prolonga todavía un buen trecho, siempre entre las fincas de encinas sobre las que podemos contemplar el vuelo de milanos y ratoneros, buitres y águilas. Al acabar el callejón nos topamos con una encrucijada. El encinar se abre en amplios campos de secano y pastizal. Hemos de girar a la derecha, en paralelo al muro; el camino que dejamos frente a nosotros también llega al río Guadiana a través del Cortijo de Rabito, pero eso forma parte de una excursión distinta... Tras la encrucijada llegamos a otro cruce en el que obviamos el ramal de la izquierda, menos marcado, para alcanzar medio kilómetro después el vado del arroyo de la Casa de Crespo, con abundantes adelfas. A la izquierda vemos una magnífica explotación rural que auna los recursos ganaderos –ganado vacuno, lanar, caprino, porcino...– junto con los forestales –realización del picón, o carbón vegetal–. Pasado el cortijo tomamos un ramal a la izquierda que sube y baja pequeñas lomas, entre llanadas de ganado con eucaliptos de sombra, pozos y abrevaderos, algunas naves y casas... Dejamos a continuación un nuevo ramal a la derecha y tras dejar un par de naves a la izquierda descendemos hacia la nava del arroyo estacional. La presencia de una poblada pradera juncal delata la existencia de un próximo nivel freático que sustenta la existencia de estas plantas, creando un ambiente distinto al generalizado en este tramo del recorrido. En el siguiente kilómetro obviamos primero dos nuevos cruces a la izquierda, y posteriormente uno a la derecha. No nos será complicado descubrir en medio de la llanura herbosa y cerealística la presencia de algunas aves esteparias, como el aguilucho cenizo, el sisón, la calandria y el alcaraván. Ocasionalmente puede que también descubramos al bello elanio azul, apostado en un posadero a la captura de alguna presa despistada. Más tarde vadeamos otro pequeño regato y sucesivamente dejamos ramales a derecha, izquierda, derecha y nuevamente derecha. Las encinas en este tramo están ausentes, debido a la ingente presión ejercida por el hombre desde tiempos inmemoriales. Sólo aparecen aquí y allá algunos rodales adehesados, probablemente mantenidos con el objeto de dar cobijo y sombra a la abundante ganadería vacuna. Dejamos luego ramales a izquierda y derecha en dos sucesivas encrucijadas, y posteriormente un nuevo camino que parte a la derecha. Al llegar a una tercera encrucijada aparece nuevamente la dehesa poblada; aquí, con un poco de suerte nos toparemos con Antonio, el arrendatario de las tierras de la dehesa Arenosa. Seguro que nos ayudará en todo lo que preguntemos. Continuamos de frente, animados sabiendo la proximidad del Guadiana. Dejamos una casa de piedra y pintonas ventanas a la derecha, luego un ramal a la izquierda y posteriormente un cercado para el ganado lanar. Aquí mismo se eleva una torre de madera instalada años atrás por

El viejo molino de Escobedo en el Guadiana fronterizo

la Junta de Extremadura, utilizada como oteadero para el conteo de las numerosas grullas que pasan el otoño-invierno en estas dehesas alimentándose de bellotas. Un nuevo cruce a derecha que dejamos para llegar luego a la bifurcación de los molinos. Bajamos, atravesando una cancilla, por la derecha. Tras pasar entre retamas y jaras pringosas, por donde se realizan repoblaciones con planta autóctona, y vadear un arroyo que se embarranca en su final, llegamos a la orilla extremeña del Guadiana. Sobre los depósitos fluviales de cantos rodados descubrimos las ruinas del viejo molino de Escobedo. En las islas formadas por los arbustos podemos descubrir algunas aves vistosas, como los exóticos bengalíes y picos de coral, hoy por hoy asilvestradas en este sector peninsular; y a la nutria. Caminamos después por la orilla del río. Al fondo de la curva vemos la casa de Porras, engalanada con eucaliptos. Al llegar a la misma, atravesando pequeños rochos en los que está presente el búho real, descubrimos las ruinas del otro molino, el de Porras. Volvemos a la casa, de la que parte algo más arriba una vereda que se ensancha al pasar la zona más abrupta ligada al valle del río. Poco después caminamos nuevamente por el encinar abierto con retamas, hasta que alcanzamos la cancilla que da al cruce de los molinos. La vuelta ya la conocemos...

☞ LA CAMPIÑA SUR

Aspectos ambientales

La comarca de la Campiña Sur está situada en el extremo sureste de la provincia de Badajoz, limitando con las provincias andaluzas de Córdoba y Sevilla. Está estructurada de norte a sur por una sucesión de llanos (Llerena, Azuaga) jalonados tímidamente por el norte por algunas pequeñas sierras que recortan la horizontalidad de la llanura, elevaciones de entre las que destaca la Sierra Grande de Hornachos, mientras que por el sur el paisaje alomado va ganando altura y relieve según se alcanzan las estribaciones de Sierra Morena central.

Dentro de la provincia de Badajoz la Campiña Sur limita con las comarcas naturales de La Serena, por el noreste, por la que se extienden los llanos esteparios y los cultivos de secano tan característicos de esta porción del territorio extremeño; con las llanuras de Tierra de Barros, por el noreste, cuyo límite establece aproximadamente la Sierra Grande de Hornachos; y con las tierras serranas de Fuente de Cantos y Zafra, al oeste. Algo más al sur los Llanos de Llerena se rompen por la irrupción del relieve serrano de Sierra Morena, más allá del río Viar, por donde comienza la comarca de Tentudía. El sur y el sureste de la comarca son ya sierras de las estribaciones de Sierra Morena central, en una vertiente de aguas que perte-

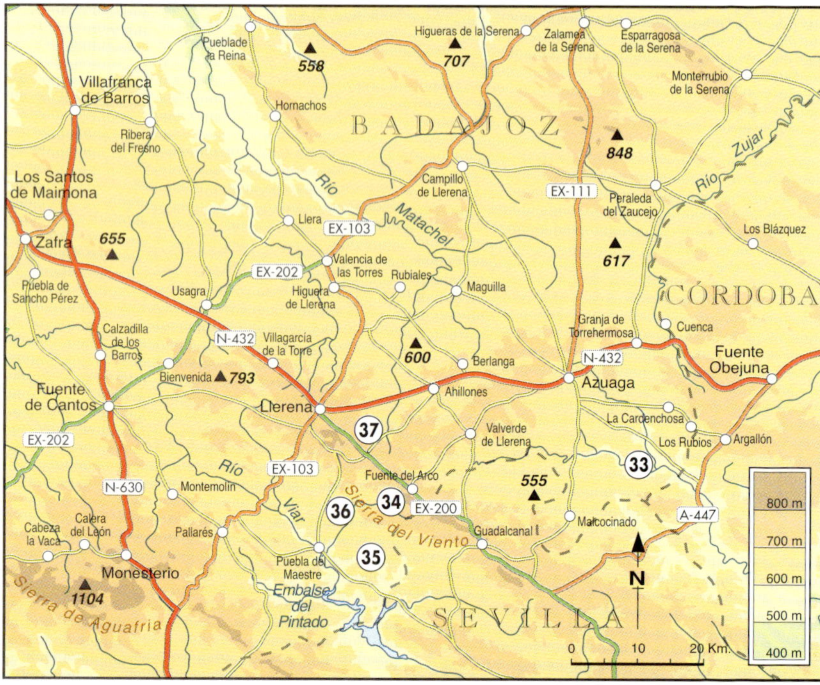

nece a la cuenca del río Guadalquivir, y que contacta con el rosario de espacios naturales que suponen las comarcas de la Sierra Norte de Sevilla y el Valle de Los Pedroches, en Córdoba.

La comarca se divide en tres territorios claramente diferenciados: la llanura central, Sierra Morena al sur y los montes isla que se vislumbran al norte. Los materiales que constituyen ambas zonas serranas son de edad antigua, generalmente pizarrosos, areniscas y conglomerados, si bien en ocasiones están atravesados por asomos graníticos, aunque el más importante, el de Los Pedroches, se sitúa fuera del ámbito autonómico. La presencia de materiales procedentes de la erosión de estos afloramientos delata su existencia.

En las zonas pertenecientes a la llanura, la acumulación de los materiales antiguos ha quedado soslayada por el posterior relleno de otros materiales más modernos, mayoritariamente básicos, principalmente sedimentos miocenos calcáreos, que adquieren el característico tono rojizo según nos desplazamos hacia el oeste, al alcanzar los barros de la comarca vecina.

Las condiciones de humedad y temperatura en el territorio ocupado por la comarca de la Campiña Sur presenta un marcado contraste que se vislumbra hacia un atemperamiento de los valores, según nos desplazamos hacia el sur, es decir, hacia las proximidades de Sierra Morena.

Las llanuras situadas al norte de la comarca presentan un típico clima mediterráneo seco, caracterizado por la existencia de un período de lluvias en el invierno, aún sin ser estas muy abundantes, y un prolongado período de heladas, y otro acusado período de sequedad ambiental durante el verano, en el que las temperaturas diurnas pueden llegar a ser sofocantes. Según nos desplazamos hacia el sur se accede a un incremento gradual de las precipitaciones, así como al descenso de las temperaturas medias, hasta alcanzar las benignas condiciones de las inmediaciones serranas, en las que el clima mediterráneo es subhúmedo.

Establecidos los lazos que determinan la respuesta de unos tipos de vegetación ante unos condicionantes climáticos, en particular la temperatura y las precipitaciones, en una comarca determinada, se considera que el territorio comprendido dentro de los límites de la Campiña Sur se encuentra en el piso bioclimático *mesomediterráneo,* que supone la manifestación de las comunidades vegetales originales de la comarca en forma de encinares a los que suceden matorrales diversos, principalmente coscojares en las zonas más agrestes, y ahulagares y retamares en las zonas más llanas. También supone la aparición de acebuchales y charnecales en las exposiciones de solana de las laderas empedradas de las sierras más orientales.

La caracterización de los suelos existentes en la comarca está lógicamente ligada a la distribución establecida hasta el momento para la misma. Así, en las llanuras que representan los campos extensivos de cereal que rodean localidades como Llerena y Azuaga son suelos de cierta relevancia agronómica, muchos formados a partir de materiales sedimentarios miocenos, de textura limosa (si bien hacia el oeste adquiere mayor concentración de material arcilloso, para formar los "barros"), tonalidades rojizas y a menudo con incrustaciones de caliches calcáreos. Por el contrario, los suelos generados en las zonas serranas del sur son bastante pobres y se encuentran poco desarrollados; en algunos casos no llegan a adquirir espesor alguno y su composición es exclusivamente pedregosa, por lo que son considerados como litosuelos.

Respecto a la red hidrográfica que ha modelado el paisaje de la Campiña Sur, tiene la particularidad de ser la única en todo el territorio pacense que vierte la mayor parte de sus aguas a la cuenca del río Guadalquivir. Así, si bien en algunas de las sierras del norte de la comarca tiene lugar el nacimiento de algunos ríos de la margen izquierda del Guadiana, concretamente el río Guadamez por las sierras de Retamal y de Campillo de Llerena, y el río Matachel, por las de Valencia de las Torres, hacia el sur las aguas que riegan valles y lomas de la comarca, las de los ríos Viar, Sotillo y Bembézar, se encajan por barrancos de pizarras y granitos al entrar en Sierra Morena, para llevar sus aguas hasta el río Guadalquivir.

Las características agrestes de los encajados barrancos y ríos no favorecen el desarrollo de una profusa vegetación de ribera en las zonas del sur de la comarca, en cuyas estrechas orillas crecen a lo sumo algunos alisos en los tramos más elevados, y sobre todos sauces arbustivos, fresnos dispersos y tamujos en las zonas en las que las aguas corrientes sufren una distribución estacional.

Por el contrario, las llanuras bajas de los ríos que vierten al Guadiana, una vez que estos han atravesado parte de los afloramientos rocosos que se encuentran en su discurrir hacia el norte-noroeste, antaño estuvieron pobladas por alamedas, saucedas y olmedas, si bien en la actualidad su aspecto se encuentra muy desmejorado como consecuencia de la intensa labor agroganadera llevada a cabo durante el paso de los tiempos en estas zonas bajas. A lo sumo en algunos tramos se observan formaciones espinosas de zarzales que orlan hileras de carrizos que ocupan los pequeños cursos de vega.

Respecto al territorio más agreste de la comarca, el dominio de la vegetación lo ejerce la encina, que ocupa de forma más o menos densa muchas làderas y lomas, y de manera profusa las zonas más abruptas. En estos enclaves también suelen aparecer rodales de cornicabra, conocidos localmente como charnecales, así como acebuchales y espinales, sobre todo en los sitios más soleados. En algunas zonas excepcionales, de características particulares más húmedas, aparecen igualmente rodales de alcornoques y quejigos. También es común observar el matorral de coscoja, muy denso e intrincado, en enclaves en los que ha sido degrada la comunidad arbórea de la encina. En algunos enclaves deforestados tiempo atrás también se llevaron a cabo plantaciones forestales que en la actualidad ocupan grandes extensiones en zonas del sur de la comarca, espacios en los que el pino resinero, el pino piñonero y el eucalipto constituyen las especies principales.

De la unión de los variados ambientes que existen en la comarca, como valles y barrancos, llanuras, suaves lomas y montes serranos, nace la gran diversidad de fauna que enriquece a la Campiña Sur. Además, su situación geográfica, que la posiciona en un emplazamiento natural rodeado de espacios naturales de alto valor ecológico, como son los parques naturales de Sierra Norte de Sevilla, y Hornachuelos, en Córdoba, hacia el sur, y la Zona de Especial Protección para las Aves de la Sierra Grande de Hornachos, en el norte, posibilita la

Llanos de Llerena desde el castillo de Reina

mayor presencia de fauna mediterránea de interés, e incluso en algunos casos constituye uno de sus principales enclaves a nivel mundial, como ocurre con especies como el lince ibérico y el águila imperial ibérica.

Destacan las poblaciones de aves esteparias ligadas a los llanos de Llerena y Azuaga, en los que se localizan especies como la avutarda, el sisón, el cernícalo primilla, el aguilucho cenizo... Una reserva ornitológica gestionada por la asociación ecologista ADENEX, la Dehesa de las Tiesas, preserva el ecosistema comarcal por excelencia gracias a una finca de cierta extensión.

La masa forestal ligada a los ámbitos serranos y los cantiles rocosos que asoman por encima de ellas, suponen excelentes enclaves reducto de numerosos carnívoros que encuentran en la foresta y en el roquedo los recursos necesarios para reproducirse y alimentarse. Las grandes aves rapaces anidan en los riscos más inaccesibles, así como en las masas forestales maduras y recónditas. En los remansados ríos y en sus orillas viven muchos anfibios y reptiles, y en las cabeceras de los ríos vertientes a cuencas distintas se conservan respectivamente las comunidades nativas de peces continentales.

Finalmente reseñar el interés para la invernada de muchas aves de estos pastizales y dehesas de la Campiña Sur, destacando por su espectacular número la presencia de la grulla europea.

Aspectos socioculturales

Las primeras muestras reseñables de la presencia humana en el territorio de la Campiña Sur nos llevan hasta la prehistoria, con algunos ejemplos de la cultura megalítica en forma de un dolmen y un menhir en la aldea de La Cardenchosa, en el término de Azuaga. Aunque será durante el Calcolítico cuando se inicie realmente la verdadera historia comarcal, tal y como lo atestiguan los numerosos yacimientos distribuidos por localidades como Valencia de las Torres, Azuaga y Llerena.

La romanización de las tierras de la Campiña Sur resultó ser a la larga uno de los procesos históricos más relevantes de cuantos han acontecido. Durante el inicio de la misma tuvieron lugar las contiendas entre los pueblos prerromanos de la *Beturia Turdula* y los invasores. Restos de asentamientos de aquellos pueblos se encuentran hoy en Las Dehesillas de Higuera de Llerena, y en El Cigarral de Valencia de las Torres.

La mejor muestra de la presencia romana se encuentra en la actual Casas de Reina, donde floreció durante más de tres siglos la ciudad de *Regina,* enclavada en una zona de paso entre las localidades del sur de Extremadura y las del norte de Andalucía. Las excavaciones realizadas hasta la fecha han puesto de manifiesto ruinas de lo que sería el núcleo urbano, así como un bello teatro con un aforo máximo de 1000 espectadores. Las viejas explotaciones mineras que existen en la zona también manifiestan la importancia que tuvieron metales como la plata en el desarrollo de esta civilización.

La Campiña Sur guarda aún interesantes tesoros visigóticos, algunos conocidos y datados allá por los siglos VI y VII. Continuadores de la cultura hispanorromana, su manera de asimilar y desarrollar el arte se tradujo en ejemplos como la necrópolis de Maguilla y la pequeña basílica instalada en el patio de la imponente fortaleza militar de Reina.

La llegada y expansión de la cultura islámica tuvo lugar allá por el s. VIII, y de ella sólo se conservan algunas muestras de la ingeniería militar de la época, como son los restos de las fortalezas de Azuaga y Reina, edificaciones realizadas básicamente con ladrillos y tapial. Durante los sucesivos siglos la población nativa se resistió a la ocupación musulmana hasta que,

❧ *Ruinas romanas de Regina* ❧

alcanzado ya el s. XIII, es reconquistado definitivamente el territorio y entra a formar parte de la Orden de Santiago.

Hasta aproximadamente el siglo XVI se desarrolla en la comarca el estilo mudéjar, herencia en parte directa del arte musulmán, en el que predominan los techos de madera y los pilares achaflanados, y que se utiliza para las casas, las torres, las plazas, los puentes... Buenas muestras de este peculiar estilo se encuentran en Llerena, en donde destaca su plaza mayor; en Fuente del Arco, en el límite con Andalucía, y su hermosa ermita de Nuestra Señora del Ara; en Azuaga; y en Granja de Torrehermosa, localidad que posee una de las más impresionantes torres de la Baja Extremadura y en la que se mezclan ya las trazas del mudéjar tardío y las del floreciente gótico, estilo que también alcanza importancia en las localidades de Llerena y Azuaga y sobre todo en la iglesia de Nuestra Señora de los Ángeles, en Bienvenida.

De hecho, la comarca en general y Llerena en particular, se convirtió en un importante centro jurídico y social a partir del XVI y hasta el XVIII, años turbulentos de guerras con Portugal que marcaron a la localidad como sede del Tribunal de la Inquisición y del Priorato de San

Marcos de León, y que supusieron el desarrollo en la ciudad de ejemplos arquitectónicos de estilos como el barroco y el neoclasicismo.

Finalmente, con la llegada del siglo XIX se produjo la desamortización y, sobre todo para la zona meridional de la comarca, el resurgimiento de la actividad minera, que presenta ejemplos de ingeniería tan interesantes como las viejas minas y los ancestrales mecanismos de transporte que desarrollaron la actividad, por ejemplo, en la zona de Fuente del Arco (Mina de La Jayona).

La arquitectura popular de la comarca aún hoy está bien representada en muchos de los pueblos serranos que se desarrollan en las pequeñas sierras del norte (casos como Valencia de las Torres, Peraleda del Zaucejo, Retamal de Llerena), así como en los incluidos en Sierra Morena (como por ejemplo Fuente del Arco, Reina, Malcocinado). Pertenecen todas a un grupo de localidades en las que la casa se construye en roca, básicamente pizarrosa, de una sola planta, enlucida de blanco por la cal que cada año, y desde tiempos pasados, dan los habitantes con esmero y cuidado, un tono limpio que contrasta enormemente con los rojizos de las tejas, y a cuyos pies discurren las calles empedradas y empinadas.

Igualmente son numerosas las muestras arquitectónicas populares que aún se conservan incluidas en el paisaje rural de la Campiña Sur, chozos de pastores, fuentes, pilares y abrevaderos para el ganado trashumante, molinos y norias en las riberas, cruceros en las encrucijadas de caminos, etc.

La artesanía de la comarca ha sufrido un cierto abandono y diversos oficios y labores han quedado en el olvido. Sin embargo, todavía se conservan los trabajos de alfarería y cerámica de Llerena, en donde también se trabajan el cuero y la piel, y es relevante la labor realizada con las telas, los bordados y los encajes en Llera.

La gastronomía, por el contrario, goza de una extraordinaria diversidad, en buena medida debida a la igualmente diversa conjunción de medios en la comarca, un hecho que posibilita la obtención de buenos pastizales ganaderos, a la par que la sierra otorga sus abundantes recursos, caza, bellota para la cría del cerdo ibérico, etc.

Cuatro son los pilares de la tradición culinaria de la comarca: el cerdo ibérico, cuya matanza casera era antaño la base de la alimentación anual de toda una familia, y del que se obtienen magníficas chacinas, al igual que se elaboran cocidos y guisos estupendos, a menudo acompañados por productos naturales de la foresta: espárragos, setas, cardillos, berros, acederas, etc. Por otro lado destacan el queso de oveja, del que se elaboran diferentes variedades, y el cordero, en forma de asados y calderetas aromatizados con hierbas del campo, y en los que el ajo es ingrediente indispensable. La caza y los productos naturales del bosque son muy típicos del ámbito serrano; destacan platos como la perdiz con salvia y el conejo a la Inquisición, en Llerena, el "galopeao", o gazpacho de conejo de Campillo de Llerena, las perdices estofadas de Valverde de Llerena, y el jerimoje matancero de Casa de Reina. Finalmente hay que mencionar la importancia que dulces y bollos tienen en la comarca, especialmente aquellos preparados procedentes de los conventos, cuyos orígenes se pierden allá por la tradición medieval e islámica.

A pesar de no albergar ninguna fiesta declarada de interés regional, las localidades de la comarca de la Campiña Sur celebran cada año sus respectivas fiestas patronales, generalmente alrededor de ermitas tan singulares como la de Nuestra Señora del Ara, en Fuente del Arco, hasta las que se peregrina, siendo muchos los romeros participantes. Igual de abundantes resultan ser las verbenas y fiestas estivales que caracterizan las noches veraniegas y que suponen un interesante atractivo para las gentes originarias, que suelen coincidir en sus respectivas localidades durante estas fechas tan señaladas.

RUTA 33
JUNTA DE LOS RÍOS BEMBÉZAR Y SOTILLO

DISTANCIA TOTAL: Aproximadamente 14 kilómetros.
DURACIÓN TOTAL: De 4 horas y 30 minutos a 5 horas.
TIPO DE MARCHA: Lineal.
TIEMPOS DE MARCHA: Embalse de Azuaga - Cueva Baja: 30 minutos. Cueva Baja - Cortijo Tocornal de Arriba: 1 hora. Cortijo Tocornal de Arriba - Junta de los ríos Bembézar y Sotillo: 1 hora. Junta de los ríos - Salida a la carretera de Azuaga: 1 hora y 30 minutos.
DESNIVEL: Escaso.
DIFICULTAD: Media.
TIPO DE CAMINO: Camino, senda y trocha.
AGUA POTABLE: Hay que acarrear la necesaria, ya que no existen puntos de abastecimiento a lo largo de todo el recorrido.
ÉPOCA RECOMENDADA: Todo el año, excepto el verano.
SUGERENCIAS: Llevar prismáticos. Sombrero en los días calurosos. Espárragos y setas en primavera y otoño. En Berlanga, a 12 km de Azuaga, existe un Parque Periurbano, la Reserva Natural de Berlanga, con albergue municipal incluido.
CONSERVACIÓN: Sin protección alguna, si bien los territorios al sur del límite extremeño se incluyen en espacios protegidos andaluces. Entre las principales amenazas hay que destacar: la transformación del paisaje vegetal por fuegos y plantaciones de exóticas; la caza furtiva; el uso de venenos en los cotos de caza...
CARTOGRAFÍA: Hoja 878 escala 1:50.000 del S.G.E.

Iniciamos este itinerario por aguas vertientes a la cuenca del Guadalquivir en el muro del embalse de Azuaga, concretamente en la orilla derecha del río. Es ésta una pequeña presa que regula las aguas del Sotillo, situada a unos 7 km al sur de la localidad. Para llegar a la cerrada aún debemos recorrer otro par de km por una estrecha carretera que serpentea paralela al río. Las laderas del valle inundado aparecen ralas, con escasa vegetación arbórea –algunos pies de encina y acebuche dispersos– y un importante retamar en el que abundan los vivares de conejo. Tras alcanzar la cerrada cruzamos a la orilla opuesta, lugar desde el que parte un camino a

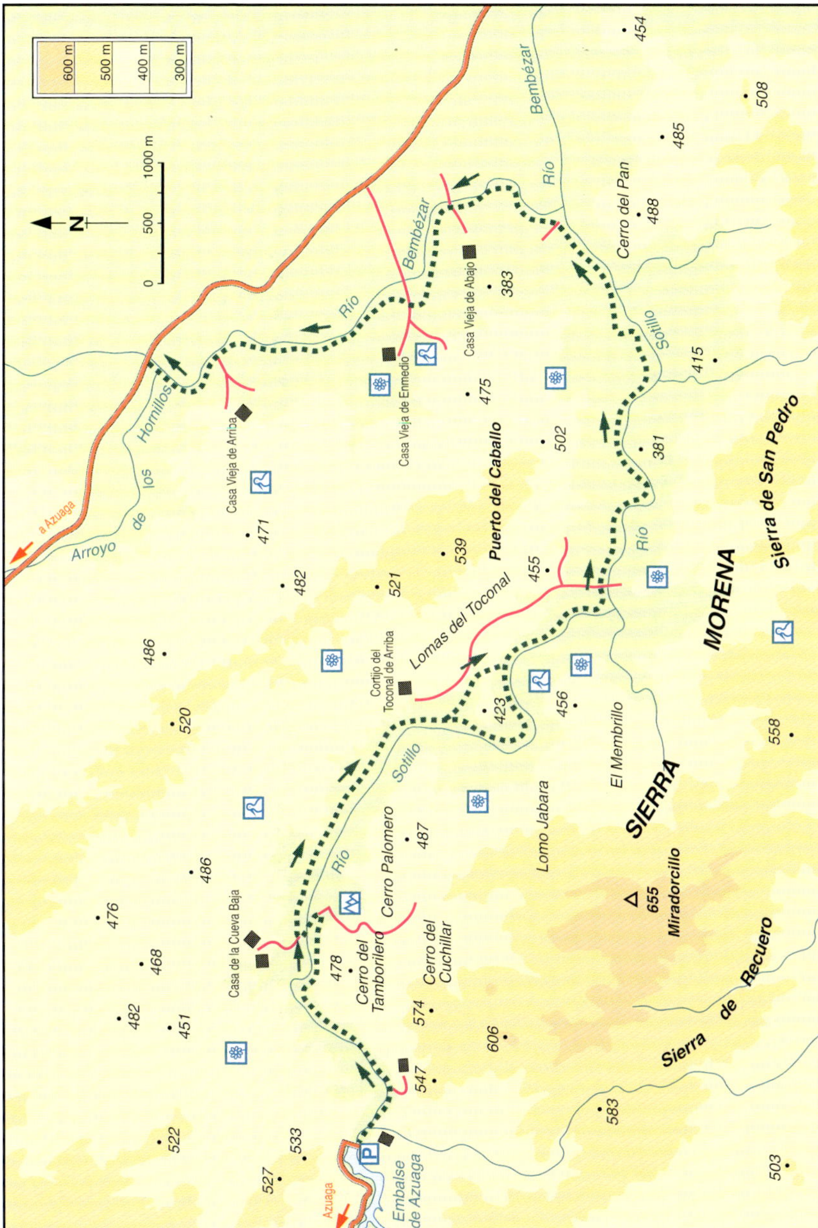
600 m
500 m
400 m
300 m
N
0
500
1000 m
Río Bembézar
Río Sotillo
Arroyo de los Hornillos
a Azuaga
Azuaga
Embalse de Azuaga
P
Casa Vieja de Arriba
Casa Vieja de Enmedio
Casa Vieja de Abajo
Cerro del Pan
Puerto del Caballo
Lomas del Toconal
Cortijo del Toconal de Arriba
El Membrillo
Lomo Jabara
SIERRA MORENA
Sierra de San Pedro
Miradorcillo
655
Cerro Palomero
Cerro del Tamborilero
Cerro del Cuchillar
Casa de la Cueva Baja
Sierra de Recuero
454
508
485
488
383
415
475
502
381
471
539
455
482
521
486
520
423
456
558
487
486
476
468
478
482
451
574
606
547
583
522
533
527
503

los pies de viejos edificios del poblado en el que antaño residieron los operarios del embalse. A nuestra derecha existen eucaliptos y pinares. Según miramos hacia el oeste, buena parte de las laderas de la orilla por la que caminamos se encuentran cubiertas por estos cultivos industriales. Sólo algunos enclaves con riscos que caen hasta el mismo cauce fueron barrera suficiente para limitar los trabajos forestales de repoblación. La actividad humana también se deja notar en la orilla izquierda, de terreno suave. Esta topografía favorable ha facilitado durante el paso del tiempo la consecución del paisaje actual, dominado principalmente por las dehesas abiertas y los pastizales.

Tras caminar unos cientos de metros dejamos un camino principal que sube a la derecha y seguimos por la orilla del río. Frente a nosotros, en esta misma orilla, la silueta del cerro del Tamborilero, a cuyos pies llegamos un rato después. Pasamos un pequeño recodo del río Sotillo, bordeando el cerro, y damos con un vado sobre el cauce. Durante las fechas del estiaje el curso puede salvarse con cierta facilidad en numerosos puntos del recorrido, algo que, por el contrario, sólo puede lograrse por los vados creados por el hombre durante la época de crecidas. Una vez salvado el río caminamos aguas abajo por la orilla izquierda, que ya no abandonaremos más hasta alcanzar la junta. Se nota un ligero cambio de aspecto en la dehesa de encinas, mucho más poblada ahora que antes. Según caminamos por las proximidades del agua podemos descubrir los excrementos dejados por la nutria, siempre bien visibles sobre una piedra o tronco caído. Un mamífero emblemático que todavía pervive en estas recónditas aguas, a pesar de la traba que supone para la especie la existencia de la presa aguas arriba. También es posible sorprender a alguna cigüeña negra por estos tranquilos parajes, especie que requiere gran intimidad y que encuentra en risqueras y grandes árboles lugares idóneos para anidar, así como buenos cazaderos en las orillas y remansos del río.

Un buen rato de paseo por pastizales y pedreras de rocas granitoides nos lleva a los pies de un cerro. Rodearlo por el río o salvarlo atajando por la dehesa es una decisión que tomamos sobre la marcha; la última requiere saltar un par de vallas... La ladera opuesta del río se muestra aquí con gran cobertura; el arbolado se acompaña por un denso matorral de jaras, aliagas, torviscos, escobas, romeros, cantuesos, un medio en el que encuentran refugio muchos de los mamíferos de la fauna mediterránea. Entre todos des-

Junta de los ríos Bembézar y Sotillo

taca el meloncillo; este devorador de serpientes mantiene parte de su actividad durante el día, algo que incrementa la posibilidad de poder toparnos con algún ejemplar, principalmente en las proximidades de los regatos y barrancos que surten al río Sotillo. Dejamos de largo un segundo vado, el del camino del cortijo Tocornal de Arriba. Pasamos después por un tramo del río que es una sucesión de recodos y meandros, con abundantes afloramientos rocosos en la orilla opuesta, especialmente en los lugares de desagüe de algunos barrancos. Las oquedades y la abundancia de conejos facilita la existencia de una buena densidad de parejas de búho real. Alcanzamos posteriormente la junta de los dos río, el lugar en el que el río Sotillo tributa sus aguas a un todavía incipiente río Bembézar; la presencia de una gran flecha de cantos rodados en el río delata su ubicación. Ascendemos por la ladera hasta alcanzar una valla, límite de la finca que ocupa las onduladas lomas de estas estribaciones de Sierra Morena. Esta valla nos sirve de guía desde aquí, cuando comenzamos a remontar el Bembézar por su orilla derecha.

Caminamos por trochas hechas en el pastizal, de múltiples colores durante la primavera y el inicio del verano. A pesar de nuestra lejanía respecto al río, los galápagos descubren nuestro paso y se lanzan rápidos al agua desde las piedras en las que se calientan. Unos 20 minutos después obviamos el vado que cruza el río, que se encuentra cerca de la carretera y puede ser una alternativa para acortar la ruta. Sólo nos queda seguir la valla (que más adelante se pierde), sin perder de vista la orilla, hasta finalizar un par de kilómetros más y salir al pequeño drenaje bajo la carretera de Azuaga.

RUTA 34
ERMITA DE LA VIRGEN DEL ARA

DISTANCIA TOTAL: Aproximadamente 14 kilómetros.
DURACIÓN TOTAL: De 4 horas a 4 horas y 30 minutos.
TIPO DE MARCHA: Circular.
TIEMPOS DE MARCHA: Inicio - Cruce con el Carril del Pencón: 1 hora. Cruce Carril del Pencón - Carretera vieja de Puebla del Maestre: 1 hora. Carretera vieja - Ermita de la Virgen del Ara: 20 minutos. Ermita - Mina La Jayona: 45 minutos. Mina La Jayona - Lobo Félix Rodríguez de la Fuente: 40 minutos. Lobo - Fuente del Arco: 40 minutos.
DESNIVEL: 140 metros aproximadamente.
DIFICULTAD: Escasa.
TIPO DE CAMINO: Camino, senda, pista y cuneta de carretera.
AGUA POTABLE: Fuente de la ermita de la Virgen del Ara. Pozo en las proximidades del lobo de Félix Rodríguez de la Fuente, si bien conviene asegurarse de que tiene saca reciente.
ÉPOCA RECOMENDADA: Todo el año, excepto verano.
SUGERENCIAS: Llevar prismáticos. Sombrero en los días calurosos. Recolección de espárragos y setas, tanto en primavera como durante el otoño. Posibilidad de hacer otras rutas en el entorno, como la visita a la Mina La Jayona, la ruta Rivera de Lara, los llanos de Llerena, el recorrido por las ruinas del castillo de Reina y el anfiteatro romano...
CONSERVACIÓN: Sin protección. Principales amenazas: cierre ilícito de caminos vecinales y cordeles; incendios forestales; recuperación abusiva de las viejas carreteras que surcan la comarca; caza furtiva...
CARTOGRAFÍA: Hoja 898 escala 1:50.000 del S.G.E.

Para encontrarnos con el comienzo de esta nueva ruta debemos tomar la carretera que, saliendo de Fuente del Arco (cruce a la derecha en la entrada del pueblo si venimos de Llerena), se dirige a la Mina La Jayona, bien señalizado. Nada más terminar la remontada de la cuesta de asfalto sale una calleja estrecha jalonada por un muro de piedra a la derecha, justo frente otra entrada del pueblo y a la vera de una casa-aprisco. Descendemos por el camino con el arroyo de la Judía a nuestra izquierda. Por estos lares se suceden algunas casas y huertos, en los que el oli-

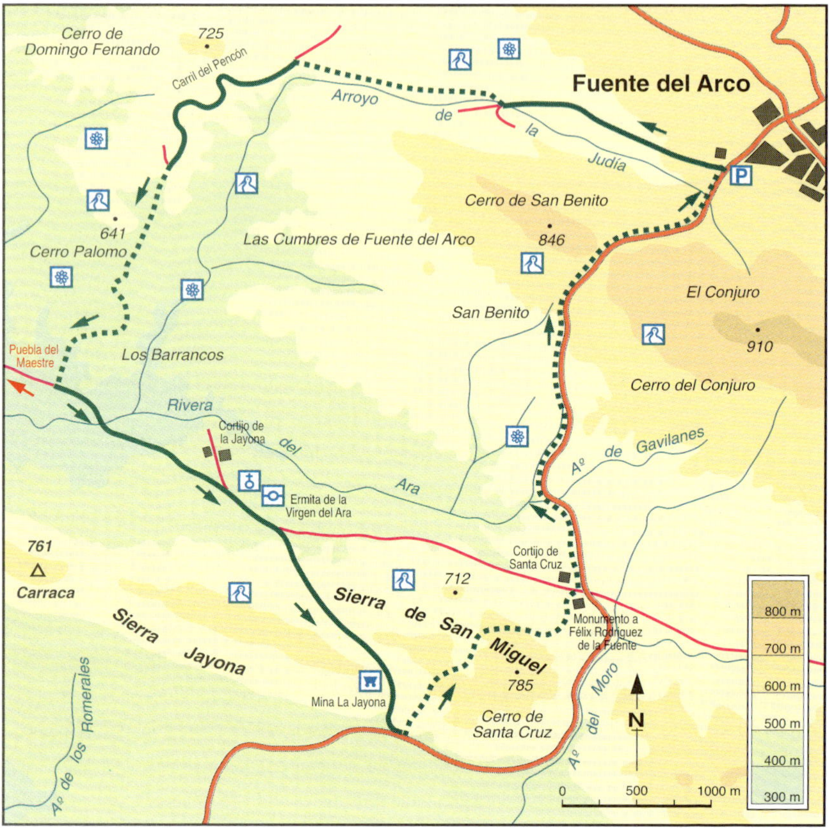

var es el elemento dominante. Tras caminar el primer kilómetro pasamos por delante de las ruinas de una casa acompañada por unos viejos eucaliptos. Distinguimos claramente la zona ribereña próxima al cauce del arroyo por la existencia de un vergel verde lineal poblado por chopos, álamos, olmos, algún fresno y, sobre todo, por adelfas. Sin embargo, cuando más adelante alcanzamos la ribera y caminamos paralelos al cauce, descubrimos el carácter estacional de su caudal. La humedad, sin embargo, subyace en el sustrato, permitiendo el buen nivel freático el desarrollo de la vegetación riparia.

Cuando alcanzamos el cauce obviamos el camino de la izquierda, que lo cruza, y continuamos por la orilla derecha. Las zonas que aparecen libres de arbolado presentan algunos arbustos, majuelos, madreselvas, y amplios juncales ricos en anfibios durante las épocas templadas y humedas del año. En alguna ocasión pasamos junto a cochiqueras que mantienen buenas piaras de cerdo ibérico, ganado que se alimenta libremente en las dehesas de encinas que jalonan por la derecha nuestro caminar. En las laderas de la izquierda del valle el olivar sigue siendo el elemento predominante. Tras un rato de paseo, allá donde el arroyo gira hacia el sur, en el piedemonte de un cerro coronado por una gran antena, unimos nuestro caminar con el carril del Pencón, y giramos a la izquierda, también hacia el sur. Inicialmente el camino es amplio y cómodo, pero según caminamos entre las encinas, remontando y descendiendo cerros y lomas, éste se va estrechando, a menudo se pierde un poco, aunque no nos cuesta excesivo trabajo intuir por donde continúa, siempre con la referencia del arroyo de la Judía a nuestra izquierda, si bien ahora bastante más retirado de nosotros, muchas veces incluso no visible la hilera del arbolado puesto que los cerros nos impiden mirar más allá. En algunos puntos de este caminar, en los enclaves donde existe alta humedad ambiental, se dan cita algunos pies de alcornoque. Tras una hora aproximada de marcha salimos al cruce con una vieja carretera de grava y arena y estrecha, lugar en el que giramos a la izquierda tras pasar la cancela. Algo más allá vadeamos la Rivera del Ara, poblada también de una bonita vegetación rica en aves canoras y de polícromos colores, y luego, tras andar unos 20 minutos más, llegamos a la ermita.

El sagrado templo se encuentra en actual restauración. El retablo y los frescos existentes están muy deteriorados, pero parece que últimamente la administración competente ha decidido arreglarlos para deleite del caminante, un proyecto que al menos se extenderá hasta el verano del 2002. La ermita tiene un merendero bajo la olmeda de un regato, así como un magnífico patio interior con fuente de ricas aguas. Un estupendo lugar para meditar y tomar un descanso, rodeado de los olivares y encinares típicos de la comarca. Tras el descanso, preguntamos en el cortijo de la Jayona (situado en las cercanías de la pista, antes de llegar a la ermita) por el encargado de la finca, José Calderón, quién teóricamente no pondrá impedimento para nuestro paseo, que continua por un camino ascendente, que sale a nuestra derecha, unos 150-200 m más allá de la ermita, en dirección este. José nos situará adecuadamente. Caminamos remontando las faldas pobladas de olivos, entre los que se mantienen algunos setos vivos con jara blanca, cornicabra, algunos pinos hacia el collado... Una vez alcanzado éste, descendemos hasta llegar a la valla del límite del Monumento Natural Mina la Jayona, que bordeamos hasta alcanzar su entrada. Si es horario de visitas podemos preguntar a alguno de los guías por el camino de vuelta, que sale desde la carretera, a escasos metros al este de la entrada de la mina. Ascendiendo por el mismo contemplamos la sequedad de esta zona, en la que los olivos, las encinas, el romero, la jara blanca, los pinos, etc., se hacen asiduos acompañantes, así como el abundantísimo conejo (en primavera-verano veremos a muchos con el problema de la mixomatosis). Pronto descendemos todo el camino que sale de nuevo a la pista de la ermita de la Virgen del Ara, a la altura de un pozo y una vieja casa, en el cruce de caminos donde también veremos un recuerdo a la figura de Félix Rodríguez de la Fuente, en forma de lobo. Desde aquí no nos queda más que remontar la cuneta de la carretera que sube a Fuente del Arco, aproximadamente unos 3 kilómetros, paseando entre olivos, huertos, encinas, pinos, setos de chumberas...

Patio de la ermita de la Virgen del Ara

RUTA 35

MINA DE LA JAYONA

Distancia total: Aproximadamente 1,5 kilómetros.
Duración total: 2 horas.
Tipo de marcha: Visita guiada por una vieja explotación minera.
Tiempos de marcha: En consonancia con la duración de las diferentes etapas de la visita guiada.
Desnivel: 120 metros aproximadamente.
Dificultad: Escasa.
Tipo de camino: Camino, senda.
Agua potable: Existe un pequeño puesto de refrigerio que puede visitarse durante el itinerario guiado. La fuente junto a la cabaña de la entrada no es de agua potable.
Época recomendada: Todo el año, si bien los días más luminosos permiten una mejor percepción cromática de la mina.
Sugerencias: La visita debe concertarse previamente a través de la Dirección General de Medio Ambiente de la Junta de Extremadura (924 382 949), o mejor por medio del mismo Ayuntamiento de Fuente del Arco (924 878 001). En caso de problemas hablar directamente con uno de los guías, María Eugenia (667 756 600). Turnos de visita: en verano, 10:00, 12:00 y 18:00; en invierno, 10:00, 12:00 y 15:30. Cerrado el lunes. La mina mantiene una temperatura constante durante todo el año. Llevar prismáticos. Posibilidad de hacer otras rutas en el entorno, como la visita a la ermita de la Virgen del Ara.
Conservación: Declarada Monumento Natural en 1997. Se continua tranbajando en aras de su conservación y parcial muestra al público. Por un lado se prevee la apertura de un nuevo nivel próximamente, el 9, así como la creación de un centro de interpretación; por otro lado, se guardan con cuidado otros en los que la belleza geológica o la presencia de especies faunísticas de interés así lo requieren, el 11, con búho real y una gruta junto al 8, con importante colonia de quirópteros.
Cartografía: Hoja 898 escala 1:50.000 del S.G.E.

La visita guiada a la vieja explotación de hierro permite contemplar una grandiosa obra de ingeniería llevada a cabo, en su máxima expresión, hace ya un centenar de años. Sin embargo, sus orígenes primigénios provienen de mucho tiempo atrás, allá cuando los romanos dedicaron parte de sus esfuerzos para extraer la plata que existía en ésta y en

Fuente del Arco
Puebla del Maestre
Ermita de la Virgen de Ara
Guadalcanal
Monumento Natural
Mina La Jayona
al Embalse
El Pintado

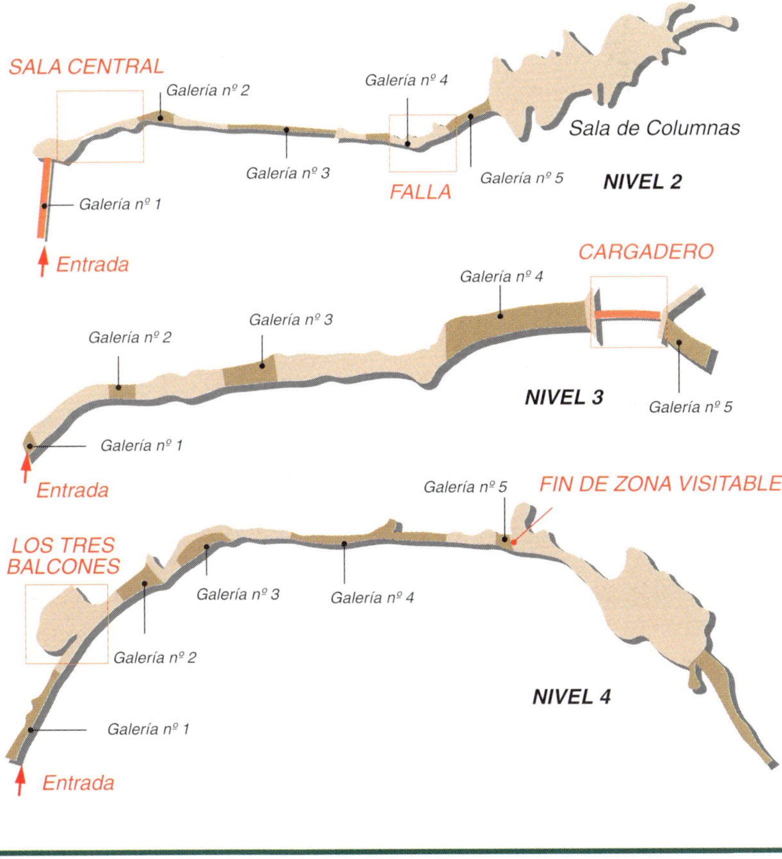
SALA CENTRAL
Galería nº 2
Galería nº 4
Sala de Columnas
Galería nº 3
FALLA
Galería nº 5
NIVEL 2
Galería nº 1
Entrada
CARGADERO
Galería nº 4
Galería nº 3
Galería nº 2
NIVEL 3
Galería nº 5
Galería nº 1
Entrada
Galería nº 5
FIN DE ZONA VISITABLE
LOS TRES
BALCONES
Galería nº 3
Galería nº 4
Galería nº 2
NIVEL 4
Galería nº 1
Entrada

otras antiguas vetas mineralíferas de las que aún hoy quedan restos a lo largo de buena parte de la Sierra Morena, especialmente en sus sectores occidental y central. La gran veta explotada aquí forma parte de la porción oriental de la que se conoce hoy como franja piritífera, y que se extiende desde los confines occidentales de Sierra Morena, allá por el Algarve portugués, pasando por la Sierra y el Andévalo de Huelva, la Sierra Norte sevillana, y hasta alcanzar las sierras del norte de Córdoba y sur de Ciudad Real. Toda la veta local se extiende incrustada en un afloramiento calizo, en contacto con otros sustratos litológicos de carácter pizarroso.

La visita guiada, para la que se recomienda el uso del casco protector, comienza en la cabaña de la entrada al paraje. Nada más comenzamos a ascender dejamos la entrada del primer nivel de la mina, a la derecha, que no puede visitarse debido a su permanente estado inundado y a la profusión de la vegetación umbrófila (zarzas, higueras, helechales...); en su entorno, por el contrario, algunas encinas, jaras blancas, retamas, pinos piñoneros,... A la izquierda unas viejas construcciones nos muestran los lavaderos del mineral, hornos de fundición, casetas de los mineros, etc. Inicialmente todo el material extraído se transportaba hasta los hornos de Fuente del Arco mediante el uso de animales de carga, si bien a partir de 1905 se construyó un teleférico, de unos 5,5 km de longitud, para transportarlo más rápidamente. Probablemente nos muestren la magnífica explotación de arriba abajo, por lo que ascendemos hasta el nivel superior visitable, el número 4. El inexistente techo al descubierto nos permite ver que la sierra por encima de nuestras cabezas está plantada de olivar y que la campiña atrae a diversas especies de rapaces, como el buitre leonado y, en la época reproductora, el águila culebra y el águila calzada, que sobrevuelan la gran oquedad. En los numerosos agujeros de paredes, desplomes, etc., son muy abundantes el avión roquero, el estornino negro, el roquero solitario, el gorrión común, la chova piquirroja,..., y en primavera, la golondrina dáurica. Las sucesivas galerías, en número de 5 (hasta el final de la zona visitable), nos llevan por magníficos balcones y miradores sobre la explotación (plataforma de los Tres Balcones) y nos permiten contemplar restos de la actividad minera (huellas de barrenos y picos, galerías ciegas, etc) y de los materiales extraibles, minerales como el oligisto y la limonita, principalmente. A la salida de la galería número 3, descubrimos los restos de un viejo nido de cigüeña negra, hoy

Juego de luces en la sala de las Columnas, en el nivel 2

en día abandonado, y que queda a nuestra izquierda.

El nivel 3 mantiene el número de 5 galerías, estando la última cegada. En la zona más interna de este nivel, caminando por la pasarela que suplanta al viejo cargadero del mineral, podemos contemplar un espléndido juego de luces, principalmente en los días luminosos. A este nivel la profusión de la vegetación de sombras, higueras, zarzas, helechos (culantrillo de pozo, corona de helecho...), nueza, contrasta con la vegetación amante del sol en el exterior, alguno de cuyos elementos también aparece ligado a la gran oquedad, como la cornicabra o charneca.

Finalmente, la visita al nivel 2, con más de 200 metros de galerías y salas, permite caminar prácticamente por el fondo de la explotación (con excepción del nivel 1) y entrar en mayor contacto con su vegetación. Además de las plantas y los animales, a los que hay que añadir algunas especies de herpetos como la salamandra común, la culebra de agua y la salamanquesa, destacan en este nivel la gran falla lateral, didáctico ejemplo venerado por los geólogos de todo el mundo (no en vano es una de las mejores muestras conservadas de este tipo de fenómenos tectónicos, con muchos esbozos y restos de las estrías de fricción y desplazamiento), y la sala de las columnas, en el fondo del nivel, de la cual parten otras muchas galerías que no están programadas en las visitas, evitando ocasionar molestias a la fauna troglodita de esta parte de la mina. De vuelta a la salida del nivel nos detenemos de nuevo en la sala Central, antes de cruzar la larga galería número 1, para contemplar algunas pequeñas muestras de los fenómenos de karstificación que ocurren en buena parte de la explotación.

RUTA 36

RIVERA DE LARA

Distancia total: Aproximadamente 23 kilómetros.
Duración total: De 5 horas y 30 minutos a 6 horas.
Tipo de marcha: Circular.
Tiempos de marcha: Lobo Félix Rodríguez de la Fuente - Ermita de la Virgen del Ara: 30 minutos. Ermita de la Virgen del Ara - Cruce de Las Calderonas: 30 minutos. Las Calderonas - Carretera Trasierra y Puebla del Maestre: 1 hora. Carretera Trasierra y Puebla del Maestre - Pista de la Rivera de Lara: 45 minutos. Pista de la Rivera de Lara - Las Calderonas: 1 hora y 45 minutos. Las Calderonas - Lobo Félix Rodríguez de la Fuente: 1 hora.
Desnivel: 120 metros aproximadamente.
Dificultad: Escasa.
Tipo de camino: Pista, camino, senda y cuneta de carretera.
Agua potable: Fuente de la ermita de la Virgen del Ara. Pozo en las proximidades del lobo de Félix Rodríguez de la Fuente, si bien conviene asegurarse de que tiene saca reciente. Se puede pedir, si es que hay alguien, en Las Calderonas.
Época recomendada: Todo el año, excepto los días del verano.
Sugerencias: Llevar prismáticos. Sombrero en los días calurosos. Recolección de espárragos y setas, tanto en primavera como durante el otoño. Ciclabilidad del 100%. Posibilidad de hacer otras rutas en el entorno, como la visita a la Mina la Jayona, la ruta de la ermita de la Virgen del Ara, los llanos de Llerena, el recorrido por las ruinas del castillo de Reina y el anfiteatro romano...
Conservación: Sin protección alguna. Principales amenazas: cierre ilícito de caminos vecinales y cordeles; incendios forestales; recuperación con criterios agresivos de las viejas carreteras que surcan la comarca; caza furtiva...
Cartografía: Hoja 898 escala 1:50.000 del S.G.E.

Comienza este itinerario en el cruce de la pista de acceso a la ermita de la Virgen del Ara, donde se sitúa el recuerdo a la memoria de Félix Rodríguez de la Fuente, representado por una figura del lobo de Sierra Morena. Cogemos la pista que tira hacia el oeste y que deja una casa a la derecha, así como un pozo a la izquierda. El olivar y las dehesas de encinas acompañan nuestro caminar hasta la ermita, aproximada-

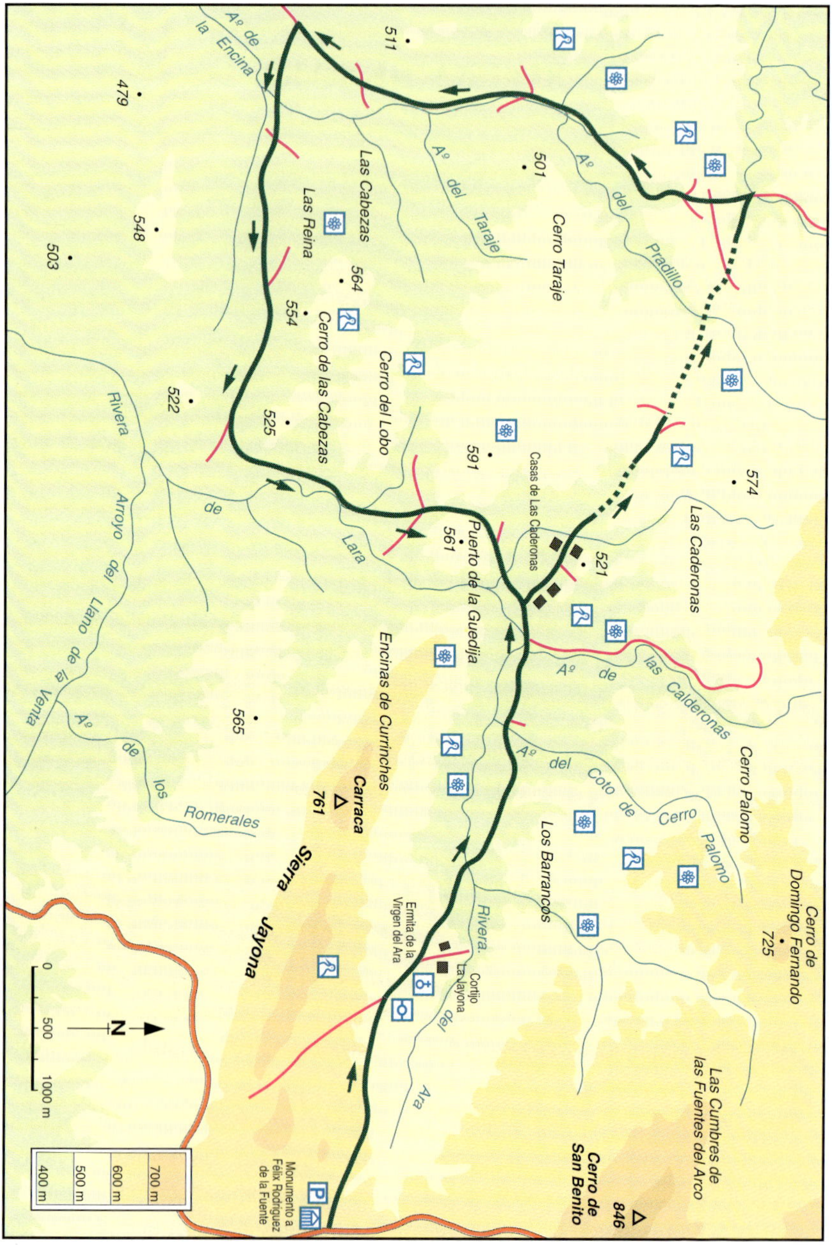
Aº de la Encina
511
479
Aº del Taraje
501
Cerro Taraje
Aº del Pradillo
Las Cabezas
Las Reina
548
503
564
554
Cerro de las Cabezas
Cerro del Lobo
522
525
591
Casas de Las Caderonas
574
Las Caderonas
521
Rivera de Lara
561
Puerto de la Guedija
Arroyo del Llano de la Venta
Aº de los Romerales
565
Encinas de Currinches
Aº de las Calderonas
Aº del Coto de Cerro Palomo
Cerro Palomo
Carraca
761
Sierra Jayona
Los Barrancos
Cerro de Domingo Fernando
725
Ermita de la Virgen del Ara
Cortijo La Jayona
Rivera del Ara
Las Cumbres de las Fuentes del Arco
Cerro de San Benito
846
Monumento a Félix Rodríguez de la Fuente
N
0
500
1000 m
700 m
600 m
500 m
400 m

mente a 2,5 kilómetros del cruce. Se trata de espacios que, aunque antropizados, se encuentran bastante aislados y en buena consonancia con el medio natural, por lo que albergan una interesante fauna, una de cuyas principales piezas es el prolijo conejo. De su presencia depende buena parte de la comunidad de depredadores de la zona.

Tras visitar la ermita (en restauración hasta el 2002), beber en la magnífica fuente y contemplar su bello entorno, continuamos nuestra marcha por la pista. Pasamos por el cortijo La Jayona y poco después vadeamos la Rivera del Ara, en la que una bonita hilera arbolada de chopos, álamos, olmos, adelfas, majuelos... da cobijo a una rica avifauna. Si es primavera podemos deleitarnos con las voces de la oropéndola, el ruiseñor común, el zarcero común,... Un poco más adelante del vado dejamos a nuestra derecha la cancela de paso al carril del Pencón, en la que reza un cartel que dice «prohibido el paso al ganado ajeno a la finca». Continuamos el paseo entre las dehesas de encinas, algunas de las cuales aparecen despejadas tras la roturación del terreno, que se extienden generalmente a la derecha de nuestro sentido de marcha, y los olivares de las laderas de la izquierda. Atravesamos primeramente el arroyo del Coto de Cerro Palomo, quizás así llamado por la abundancia de torcaces que viven en estas dehesas pacenses, y luego por el arroyo de las Calderonas, justo antes de salir a un cruce con una pista ancha. En ambos vados encontramos praderas juncales pobladas en otoño y primavera de anfibios y reptiles, así como densos adelfares. En el cruce continuamos por la izquierda, pero sólo unos 200 m, cuando volvemos a girar a la derecha para cruzar unas casas con apriscos y más allá las casas orladas con eucaliptos y palmeras de las Calderonas, que albergan una importante cabaña de ovejas, cabras y cerdos ibéricos.

Caminamos ahora por un camino escasamente rodado que cruza en seguida una cancela, que cerramos a nuestro paso, atraviesa unos regueros estacionales para introducirse en un encinar adehesado que, según las parcelas, aparece como dehesa de siembra o como de pastoreo, variando así enormemente la presencia de sotobosque arbustivo y herbáceo, que cuando existe está dominado por el cantueso, la carrasca, la retama, diversas especies de jaras... Posteriormente salimos a una llanada cubierta de pastizal con retamas y jaras en la que aparecen las ruinas de unas casas, para posteriormente descender hasta el vado del arroyo del Pradillo que si bien tiene carácter estacional, en un día de buenas lluvias podría complicarnos algo el paso. En el continua la presencia de la misma vegetación contemplada hasta el momento, si bien adquiere mayor relevancia el tamujo. Las cancelas existentes en este tramo del camino no nos impiden llegar finalmente al cruce de la carretera de Trasierra-Puebla del Maestre, justo frente a la finca de los Horcajos. Desde aquí tenemos que andar unos 3 kilómetros por la cuneta de la carretera, algo que no se nos hace pesado contemplando las numerosas especies de aves de espacios abiertos que acompañan nuestro caminar, cogujadas, jilgueros, pardillos, lavanderas, escribanos, currucas, mirlos... según la época del año. Además es un buen lugar para observar rapaces campeando por los cazaderos, así como una carretera tranquila. Alcanzamos un cruce con una pista, que la tomamos a la izquierda. Continuamos por la llanada abierta, ahora remontando el valle del arroyo de la Encina que está jalonado por laderas en las que comienzan a verse nuevamente las encinas. Tras una buena caminata encontramos otro cruce en el que cogemos la pista principal que gira a la izquierda. A nuestra derecha dejamos un cerro coronado por un pequeño roquedo faldeado por encinas, en el que anida el búho real. La pista discurre ahora remontando la Rivera de Lara, que muestra la mejor expresión del bosque de encinas y ahora además alcornoques, de todo el itinerario. La frondosidad de las quercíneas está acompañada por durillos, madroños, piornos, madreselvas, majuelos... Las orillas con juncos y charcas temporales atesoran una variada comunidad herpetológica, en la que destacan la ranita meridional, el sapo común, el sapo corredor, la víbora hocicuda,... Finalmente, tras alcanzar el Puerto de la Guedija y llegar a las Calderonas, sólo nos queda reandar los aproximadamente 6 km hasta el lobo de Félix.

Ranúnculos en la rivera de Lara

RUTA 37

REINA - LLANOS DE LLERENA

DISTANCIA TOTAL: Aproximadamente 15 kilómetros.

DURACIÓN TOTAL: De 4 horas y 30 minutos a 5 horas.

TIPO DE MARCHA: Lineal.

TIEMPOS DE MARCHA: Reina - Fortaleza y Ermita: 1 hora. Fortaleza - Ruinas de Regina: 30 minutos. Ruinas de Regina - El Chaparral: 1 hora. El Chaparral -Cortijo Prado Lobón: 45 minutos. Cortijo Prado Lobón - Casas de Reina: 1 hora y 30 minutos.

DESNIVEL: 200 metros.

DIFICULTAD: Escasa.

TIPO DE CAMINO: Camino, senda, trocha y cuneta de carretera.

AGUA POTABLE: En la villa de Reina, y en Casas de Reina.

ÉPOCA RECOMENDADA: Todo el año, excepto el verano.

SUGERENCIAS: Llevar prismáticos. Sombrero en los días calurosos. Recolección de setas en otoño - primavera. Posibilidad de realizar otras rutas en el entorno cercano, como por ejemplo la de los Llanos de Llerena, la del Arroyo del Canchal, la visita a la Mina La Jayona, la de la ermita de la Virgen del Ara. La parte de los llanos es ciclable.

CONSERVACIÓN: Sin protección alguna. Principales amenazas: abandono de las ruinas, especialmente las de la fortaleza; transformación de la actividad tradicional agroganadera de La Campiña Sur; sobreexplotación de acuíferos; caza furtiva; uso de venenos en los cotos de caza próximos...

CARTOGRAFÍA: Hoja 877escala 1:50.000 del S.G.E.

El presente itinerario por la historia se inicia en el centro de la pequeña villa de Reina, encaramada en las laderas del gran promontorio que domina la campiña. Antes de iniciar la subida por la pista de cemento, menuda cuesta, con una pendiente muy pronunciada, comentamos a algún vecino las intenciones de nuestra visita. Solicitamos la llave para visitar el recinto amurallado y la ermita de la Virgen de las Nieves, y preguntamos posteriormente sobre las posibilidades de conocer también las ruinas romanas de Regina. Generalmente esto último resulta algo más complicado de resolver allí mismo, por lo que antes nos cuidamos en

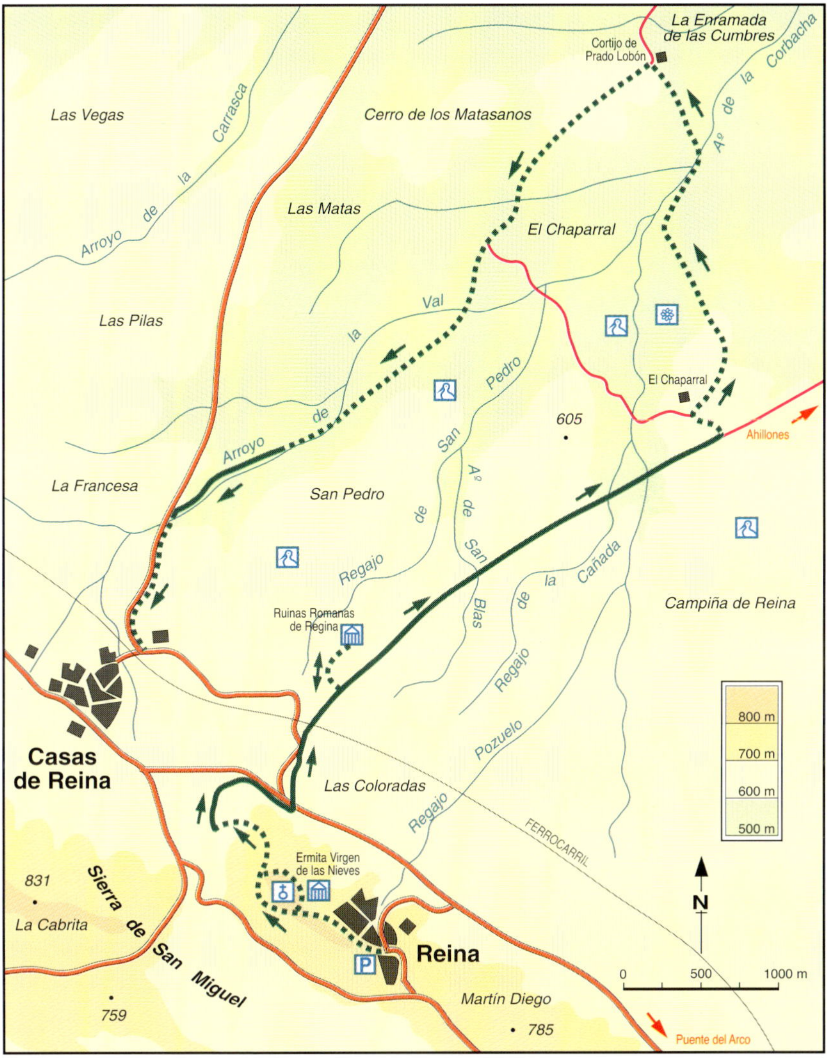

salud y notificamos nuestra visita al Centro de Iniciativas Turísticas de Llerena, teléfonos 924 870 112 y 924 870 128, donde atienden nuestra petición o nos remiten a algún otro responsable (por ejemplo, al presidente de la Mancomunidad de las villas de Trasierra, Casas de Reina y Reina). Tras visitar el pueblo nos dirigimos a la salida norte, donde parte la pista de cemento. La ladera que remontamos carece de arbolado o matorral y se encuentra surcada por numerosas trochas creadas por el ganado lanar. Merece la pena realizar una vuelta alrededor del alcázar antes de entrar en el recinto, para hacernos a la idea de la magnitud del mismo, su planta oblonga, así como su preocupante estado de deterioro. Nada más llegar a sus proximidades alzan el vuelo bandos numerosos de grajillas, y en menor número chovas piquirrojas; también lo hacen cernícalos primillas durante la época reproductora, mientras sobrevuelan nuestras cabezas vencejos reales, golondrinas dáuricas y aviones roqueros. En la base de una torre derruida un pastor cobija sus ovejas habitualmente. Entramos en el recinto una vez finalizada nuestra vuelta de reconocimiento. La planta de la fortaleza se encuentra dividida en dos por un escalón del terreno; en la zona elevada se interpreta la existencia de un viejo aljibe, o quizás la salida cegada de una galería. Existen historias locales que aseguran que la fortaleza musulmana está conectada con la romana Regina, e incluso con la localidad de Azuaga. Además de recorrer el viejo recinto que otrora albergara a la población podemos visitar una joya visigoda, la ermita de la Virgen de las Nieves, del s. VII d. C. Un último vistazo a la amplia llanura que se extiende más allá de los lienzos de la fortaleza, hacia el norte, una panorámica esteparia de gran riqueza paisajística y ornitológica salpicada por la alejada presencia de pueblos blancos, así como por la continuidad de las dehesas de Sierra Morena al sur, empapándonos de la naturaleza del entorno y de la historia de lugar; entonces abandonamos el recinto. Guardamos la llave para entregarla a nuestro regreso, rodeamos el ala de poniente del castillo y descendemos por la ladera pedregosa, en la que ahora atisbamos la presencia de algunas coscojas, carrascas, cantuesos y muchas hierbas. Debemos salvar una pequeña valla alambrada (o dos si es que desviamos la dirección de nuestra bajada) y continuar por el secarral hasta alcanzar posteriormente otra valla con cancela y un camino que tomamos a la derecha, bordeando un austero olivar en el que posiblemente descubramos al críalo, al papamoscas gris, a la curruca capirotada, al mochuelo y a otras aves diversas, según la fecha de nuestra visita. Salimos a la carretera que va desde Casas de Reina a Fuente del Arco, por cuya cuneta debemos caminar escasos cientos de metros hasta alcanzar un cruce. Cogemos a la izquierda y en seguida nos encontramos con una nueva bifurcación: el

❧ La fortaleza islámica de Reina data del siglo XII ❧

ramal de la izquierda se dirige hasta la estación del tren mientras que el de la derecha, que decidimos tomar, es una pista que se dirige a Ahillones. Superamos un repechón que salva la vía ferroviaria, un improvisado mirador que nos permite contemplar una buena extensión de la campiña. Con algo de suerte podemos descubrir rapaces como el elanio azul, el águila culebrera, los cernícalos vulgar y primilla, etc., posadas en alguno de los apoyos eléctricos que se alinean frente a nosotros; también se posan en los cables las carracas y los alcaudones reales. Nada más pasar el viaducto sobre la plataforma ferroviaria un camino nos lleva hasta la misma entrada del recinto de la vieja *Regina.* Data del siglo I d. C., y su principal particularidad es la existencia de un magnífico teatro de escasas dimensiones pero de inmejorable acústica. Seguimos el camino, en ocasiones con pequeñas zonas de firme más estable, pero generalmente de gravas, arenas y cantos, materiales sobre los que se acumula la vegetación colonizadora. Vamos dejando algunas bifurcaciones a izquierda y a derecha, si bien nuestro caminar no tiene pérdida hasta el momento, puesto que seguimos el rectilíneo trazado del camino, siempre sobresaliente sobre el resto. A lo largo de este primer tramo atravesamos además varios regatos y cauces que dependiendo de la época de nuestra visita y de la meteorología imperante, muestran con mayor o menor intensidad su carácter estacional. En ellos proliferan las manchas de vegetación nitrófila con apetencias de humedad, principalmente cardales, así como alargadas praderas juncales siguiendo los límites hasta los que alcanza la influencia del nivel freático. A izquierda y derecha estamos atentos para vislumbrar a algunas de las aves esteparias que moran por estos parajes. No nos costará mucho tabajo observar a los machos de avutarda realizando la "rueda", su vistosa parada nupcial; la salida explosiva de un sisón levantándose del pastizal en el que yacía nos sorprenderá gratamente; el suave planeo del aguilucho cenizo a ras del estrato herbáceo...

Tras una buena marcha alcanzamos un vado, el regajo de la Cañada, y a su izquierda descubrimos los restos de una vieja explotación extractiva. Hoy en día los profundos hoyos abiertos se encuentran inundados como consecuencia del afloramiento de las aguas subterráneas, y las orillas aparecen pobladas por vegetación palustre, tipo carrizal, espadañal, etc. Es este un buen lugar para sorprender en las tempranas mañanas a las esquivas gangas comunes y ortegas, que llegan hasta sus abrevaderos. Como a medio kilómetro del vado, tomamos un camino a la izquierda y acto seguido una bifurcación a la derecha, que nos lleva a bordear una pequeña mancha de dehesa de encinas. El encinar que antaño dominaba estos territorios se encuentra reducido hoy a la mínima expresión, pequeños rodales de arbolado carentes por completo de sotobosque, que sin embargo adquieren una gran importancia ambiental en el ecosistema de los llanos, ya que funcionan como islas ecológicas en las que se refugia buena parte de la fauna forestal local.

Tras salir del encinar dejamos un ramal que sale a la izquierda y caminamos paralelos al arroyo de la Corbacha, entre juncos y herbazales arvenses. Poco después lo vadeamos para alcanzar acto seguido el cortijo de Prado Lobón, en donde realizamos un nuevo giro en nuestra marcha, para encaminarnos hacia el suroeste. Dejamos un primer ramal a la izquierda, un segundo a la derecha, y algo más retirado un tercero que gira a la izquierda otra vez; todo ello hasta alcanzar el arroyo de la Val, un elemento que diversifica el paisaje llano, en el que nos acompañan numerosas aves de estos campos abiertos, como el triguero, la calandria, las cogujadas, incluso carracas y cernícalos primilla. Y todo este campo está dominado por la silueta del viejo castillo de Reina que sobresale en las primeras elevaciones de la Sierra de San Miguel. Algunos huertos y olivares denotan que alcanzamos las proximidades de Casas de Reina, desde donde sólo nos queda un pequeño tramo final de caminar por la cuneta de la carretera, y así llegar al final de la ruta, tras profundizar un poco más en las características de estas comarcas llanas de la campiña sur pacense.

TENTUDÍA

Aspectos ambientales

La comarca de Tentudía, si bien representa una reducida extensión del sur pacense, acoge una serie de características naturales y sociales que la erigen como una de las más interesantes de la provincia, atractiva por sus extensos montes y sierras arboladas en las que fluye el agua por encajados cursos, y sobre las que se alzan las mayores elevaciones de la provincia y del sector occidental de Sierra Morena, en la montaña de Tentudía (1112 m).

La comarca ocupa el extremo meridional de Extremadura, con la localidad de Fuente de Cantos al norte dando paso a las llanuras de la Tierra de Barros. Al oeste, las dehesas y estribaciones serranas tienen continuidad en la comarca natural de las Dehesas del Suroeste, a partir de un límite teórico formado por las localidades de Valencia del Ventoso, Fregenal de la Sierra e Higuera la Real. El río Viar supone el límite este de la comarca, allá donde más hacia levante se extienden los llanos de la Campiña Sur y la Sierra Norte de Sevilla, que junto con las sierras del norte de la provincia de Huelva cierran la comarca por el sur.

Esta porción de Sierra Morena occidental que supone la comarca de Tentudía está formada en su base por materiales geológicos de edad antigua, en general una sucesión de capas

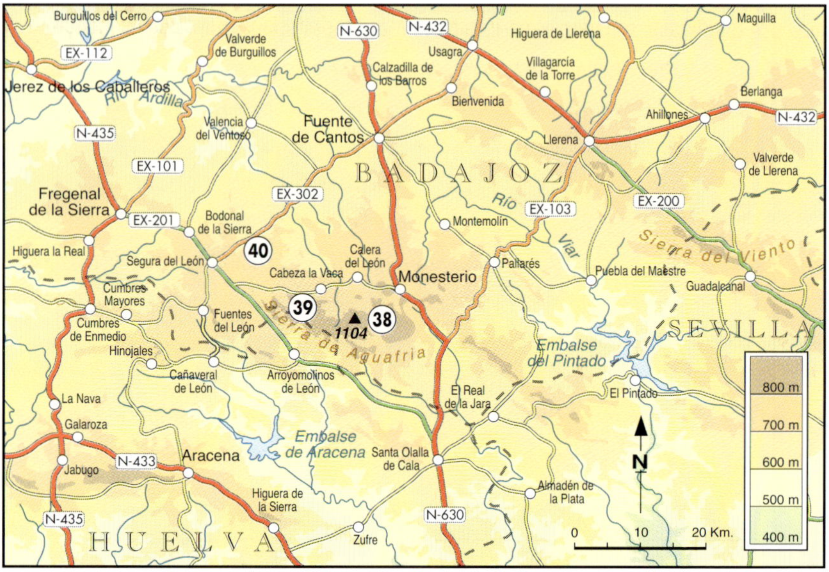

alternas de conglomerados, areniscas y pizarras. Hacia mayores cotas también afloran algunos asomos de areniscas cámbricas compactas y paquetes de cuarcita que constituyen formaciones de roquedo y riscos a partir de los 900 y 1000 m de altitud, destacando de forma apreciable en el relieve y manifestando un claro contraste con la configuración de las cumbres redondeadas de los más bajos relieves circundantes.

En algunas zonas de la comarca, concretamente hacia el este, aparecen algunas sierras calizas de escasa altitud, pero que sin embargo también otorgan al paisaje cierta peculiaridad, debido a los tonos del sustrato rocoso y al recubrimiento arbustivo que sostiene.

La situación geográfica de la comarca de Tentudía, sus condiciones topográficas y la frondosidad de sus masas forestales, hacen que goce durante todo el año de una climatología muy benigna. Junto a la templanza de los inviernos del sur de la Península se añade la facilidad con la que el cielo riega estas montañas, además de un verano nada riguroso, gracias al efecto dulcificador de las brisas frescas de los montes y la capacidad de sombrear de sus espesuras.

Estas características hacen de la comarca de Tentudía una de las que más precipitaciones recibe a lo largo del año, en algunos casos, cuando los rigores del invierno aprietan más de lo habitual, incluso en forma de nieve, valores que la sitúan dentro del tipo de clima mediterráneo subhúmedo superior, es decir, con copiosas precipitaciones que caen de manera continuada entre los meses de otoño, invierno y primavera.

Atendiendo a la distribución de las comunidades vegetales de la comarca en base a un patrón que refleja las características climáticas de la misma, y muy especialmente los valores de las temperaturas y las precipitaciones, se puede incluir al territorio ocupado por la comarca dentro del piso bioclimático *mesomediterráneo,* si bien en las zonas elevadas de Tentudía, a partir de los 850 m aproximadamente, tendría mucha presencia el horizonte *mesomediterráneo* superior, como consecuencia de ese incremento altitudinal y las consiguientes mayores precipitaciones.

La consideración de este piso bioclimático representa, en términos de las comunidades vegetales que ocuparían el territorio antes de cualquier actuación del hombre, la presencia de importantes masas de quercíneas, principalmente alcornoque y en menor medida encina, y la singular muestra de melojares en las zonas más elevadas de la comarca, en ese horizonte superior.

Las características de los suelos comarcales son muy diversas dada la gran variabilidad de materiales geológicos sobre los que se asientan, si bien en la mayoría de los casos se trata de sustratos silíceos con escasa presencia de materia orgánica. Dado el carácter serrano de la comarca están presentes los pedregosos litosuelos, especialmente en las zonas deforestadas y de cierta pendiente, aunque en los enclaves más suaves topográficamente, donde el dosel arbóreo es significativo, los procesos de génesis edáfica se manifiestan con la formación de tierras pardas mediterráneas. Hacia el norte y hacia el este, según nos desplazamos hacia el exterior de las serranías y alcanzamos las llanuras periféricas de la comarca, los sustratos enriquecidos en carbonatos comienzan a aparecer, en particular hacia los Llanos de Llerena y las tierras rojizas de los "barros".

En cuanto a la red fluvial, la comarca goza de las aguas de las cuencas del Guadiana, hacia el norte y el oeste, y del Guadalquivir, hacia el sureste, una divisoria que la Sierra Morena se encargó de dibujar de forma favorable a la segunda de las cuencas, dada la mayor capacidad de excavación que mostraron los ríos en esta vertiente sur. Los ríos y arroyos deben circular a favor de fracturas del terreno pizarroso, encajados en muchos de sus tramos, por lo que tienen escasa superficie en sus orillas para ser colonizadas por la vegetación ribereña.

Las aguas del río que delimita la comarca por el este, el Viar, se encuentran reguladas por el embalse del Pintado, justo antes de entrar en territorio andaluz, lugar a partir del cual co-

❧ *Belleza primaveral en el olivar* ❧

mienza a atravesar toda la anchura de esta porción central de Sierra Morena. En el lado occidental, la hidrografía está representada por los riberos que colectan las aguas en las zonas altas del río Ardila.

Estos ríos están poblados por una vegetación distinta en una cuenca y en otra, siendo quizás algo más frondosas las riberas de la porción occidental, en la que son relativamente frecuentes las formaciones de alisos en las zonas altas y las saucedas arbustivas en las torrenteras, mientras que algunas fresnedas aparecen según se allana el territorio. En los cauces más estacionales en los que el agua deja de circular temporalmente, especialmente según nos desplazamos hacia el oeste, aparecen las formaciones de tamujos, y más excepcionales, los adelfares en los enclaves más térmicos.

Respecto a la vegetación de sierras y lomas, la especie dominante es el alcornoque frente a la encina, dado el mayor índice de humedad existente que favorece la presencia del primero frente a la segunda. En muchos enclaves de la sierra se han adehesado estos bosques, se ha desbrozado el estrato arbustivo, e incluso se han suplantado por plantaciones de coníferas y eucaliptos, que tanto distorsionan el paisaje vegetal natural. También son habituales parcelas ocupadas por matorrales, jarales principalmente, que se han desarrollado a partir de la deforestación inicial de las masas arbóreas.

Según vamos descubriendo la Sierra de Tentudía, avanzando hacia la culminación de estas elevaciones, se aprecia un cambio de vegetación que da singularidad a la zona. A partir de los 850 m aproximadamente, el alcornocal da paso a un robledal de melojos que únicamente sucede en esta comarca de la provincia de Badajoz. Si bien ocupa una escasa superficie, disminuida si cabe por la acción deforestadora del hombre a lo largo de los siglos, los ejemplos de rodales y pies dispersos se suceden en la zona. Entre estos melojos, la mayoría rebrotes de viejos tocones, también hay que destacar la presencia de magníficos castañares cultivados por antiguos pobladores desde épocas pasadas, y hoy integrados de manera natural en el complejo bosque de Tentudía. Un hábitat forestal que adquiere condiciones idóneas para el mantenimiento de una interesante comunidad faunística.

En efecto, la comarca de Tentudía, eminentemente forestal y serrana, alberga una importante y diversa muestra de los ecosistemas mediterráneos en la que destacan especies indispensables en la fauna peninsular, como el lince, el águila imperial, el buitre negro y la cigüeña negra. La frondosidad de la foresta posibilita la permanencia de una interesante comunidad de aves forestales y de todo un complejo sistema trófico en el que los carnívoros de mediano tamaño y las grandes rapaces se encuentran en la cima de la pirámide. Igualmente es abundante la presencia de especies cinegéticas, tanto de caza mayor como menor.

Los ríos de la comarca constituyen el otro medio habitable por excelencia para la fauna. En sus aguas se mantienen intactas interesantes poblaciones de graciosas nutrias que basan su alimentación en las comunidades ícticas nativas que aún se conservan en las aguas limpias y oxigenadas de la sierra. Además constituyen corredores naturales para el trasiego de los animales durante sus desplazamientos locales y migratorios.

Aspectos socioculturales

De las profundidades de la historia proceden los primeros vestigios culturales que se pueden encontrar en la comarca de Tentudía, concretamente dos dólmenes situados en la finca La Cabra en el término municipal de Monesterio. Se trata de dos enterramientos megalíticos datados en más de 5.000 años de antigüedad, de cuya presencia aún quedan muchas muestras en buena parte de la Baja Extremadura.

De época prerromana también parecen ser los orígenes de localidades como Segura de León, Calera de León y Monesterio, presencia de íberos de la que bien dejaron constancia en sus escritos los autores grecorromanos cuando hablaban de la *Beturia.* Estos mismos asentamientos contribuyeron posteriormente a la fundación de numerosas ciudades romanas de cierta entidad que florecían a expensas de la cercana Vía de la Plata.

Cinco siglos durará posteriormente la presencia musulmana en estas tierras extremeñas, de las que la localidad de Montemolín constituyó su último bastión, conquistado a mediados del siglo XIII por las tropas cristianas. Su fortaleza, armada a partir de ladrillos y tapial, constituye uno de los más hermosos ejemplos del arte militar árabe en la comarca.

A partir de la Reconquista, la comarca de Tentudía quedará inserta a lo largo de varios siglos, a los designios de la Orden Militar de Santiago, bajo cuyos auspicios se erigió uno de los más importantes monumentos históricos de la comarca, el monasterio de Nuestra Señora de Tentudía, en la cumbre de la sierra, básicamente alzado en estilo mudéjar. Otro magnífico ejemplo artístico de la época, en este caso una obra de ingeniería militar, es el castillo de Segura de León.

Estilos posteriores al siglo XVI encuentran ejemplos en el territorio ocupado por la comarca, siendo quizás el más significativo el de la pequeña localidad de Calera de León, en la que se sitúa todo un magnífico conjunto de edificios de estilo renacentista, construidos sin duda alguna como consecuencia de ejercer durante cierto tiempo como sede extremeña de la Orden de Santiago; destacan de entre todos la iglesia de Santiago y el conventual.

La arquitectura popular de la comarca resulta acorde con la muestra generalizada que se descubre a lo largo de toda la Baja Extremadura. Elaboradas con materiales pizarrosos, las casas de las localidades serranas suelen ser de una única planta, decoradas con llamativos vanos y ventanas, y con las fachadas primorosamente encaladas. Las mejores muestras de esta arquitectura popular se encuentran en localidades como Cabeza la Vaca, Segura de León, Bodonal de la Sierra, Fuentes de León y Calera de León.

Del saber popular sobre las labores artesanales, la gastronomía es sin duda alguna la mejor expresión con la que demuestran las gentes de la comarca de Tentudía sus tradiciones.

El jamón ibérico es el principal protagonista de las celebraciones gastronómicas en la comarca, aunque igualmente considerados son otros productos derivados de la matanza del cochino ibérico, como la prueba, las entrañas con tomate, el arroz con asaduras, etc.; los pro-

Resguardo rural de un pastor

ductos de origen vegetal que se recolectan en las sierras, setas, espárragos, cardillos, etc.; el cordero; las aves de corral; y la caza, tanto mayor como menor.

Algunos platos renombrados en la comarca son la chanfaina de cordero de Fuente de Cantos; las setas con cerdo de Segura de León; el lomo de presa de entraña y la caldereta de venado, en Monesterio... Entre los dulces, la elaboración de productos exquisitos de influencia andaluza, como las perrunillas, los gañotes, las virutas y la tarta de bellotas, se encuentra generalizada por todas las localidades de la comarca.

A lo largo de toda la geografía comarcal se extienden celebraciones y fiestas diversas, muchas de ellas relacionadas con motivos religiosos, caso de las peregrinaciones y romerías locales, entre las que sobresale la de la virgen de Tentudía, y otras enteramente paganas, como los carnavales y las verbenas estivales. Incluso algunas basan su atractivo en recetas culinarias, como es el caso de la fiesta de interés turístico regional que se celebra en Fuente de Cantos, *la Chanfaina,* en la que este típico plato elaborado con cordero es la estrella.

RUTA 38
TENTUDÍA, POR MONESTERIO

Distancia total: 19 kilómetros.
Duración total: De 6 horas a 6 horas y 30 minutos.
Tipo de marcha: Ida y vuelta, semicircular. Lineal resulta la mitad de la distancia.
Tiempos de marcha: Monesterio - Río Bodión: 30 minutos. Río Bodión - Collado de las Cruces: 30 minutos. Collado de las Cruces - Piscina Natural del Barranco del Moro: 30 minutos. Piscina Natural del Barranco del Moro - Monasterio de Tentudía: 1 hora y 30 minutos. Monasterio de Tentudía - Cruce Calleja del Embalse: 2 horas. Recorrido por el embalse: 1 hora y 30 minutos. Embalse - Monesterio: 30 minutos.
Desnivel: 400 metros.
Dificultad: Escasa.
Tipo de camino: Pista, camino, senda, trocha y cuneta de carretera.
Agua potable: En Monesterio; en el cruce que nos separa del camino de Cala; más allá del Collado de las Cruces; en el tramo final de la carretera que sube al monasterio; y en el mismo monasterio de Tentudía.
Época recomendada: Todo el año, incluidas las mañanas frescas del verano.
Sugerencias: Llevar prismáticos. Sombrero en los días calurosos. Recolección de setas y espárragos en otoño-primavera. Posibilidad de realizar otras rutas en el entorno cercano, como por ejemplo la de la Sierra de la Pedrera, la de la Cañada Real Leonesa Occidental... Se sugiere especialmente realizar un itinerario (andando, en bicicleta o en automóvil) a lo largo de la vieja pista asfaltada del IRYDA que sube hasta el monasterio desde la localidad de Cabeza La Vaca. Es posible realizar buena parte de la ruta en bicicleta, salvo el trecho que remonta el río Bodión desde el embalse de Tentudía.
Conservación: Sin protección. Principales amenazas: proliferación de pistas; riesgo incendios forestales; caza furtiva; uso de veneno en cotos próximos.
Cartografía: Hoja 897 escala 1:50.000 del S.G.E.

Nos disponemos a hacer cumbre en la mayor elevación de la provincia de Badajoz, Tentudía, con 1112 m. Para ello partimos al suroeste de Monesterio por la calle Ramón y Cajal, que se une luego con la salida del camino de Cala. Inicialmente discurre por una pista an-

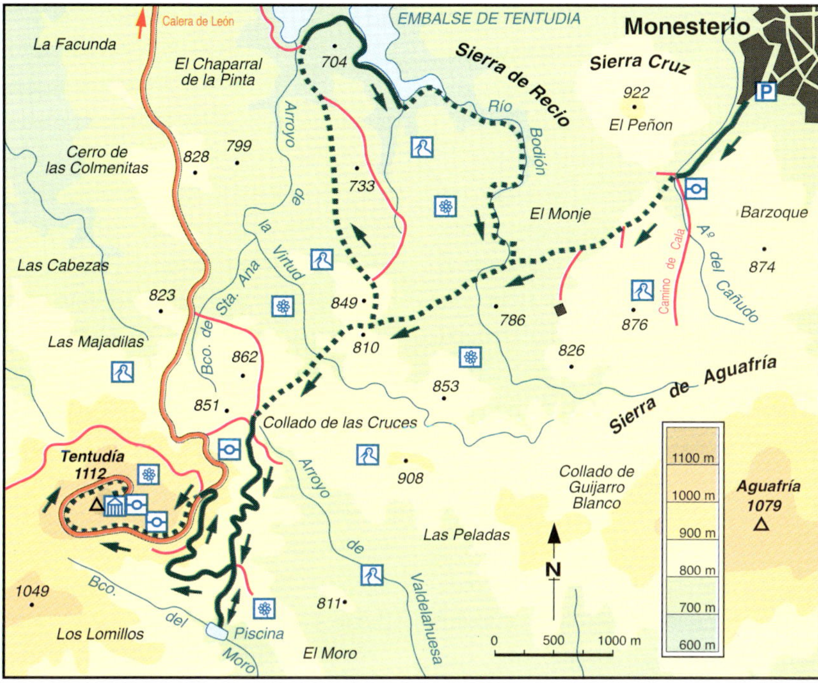

cha en paralelo al arroyo del Cañudo, en cuyas márgenes se asientan algunas casas y huertos. Tras caminar más de medio kilómetro, justo a la altura de una fuente, obviamos el ramal de la izquierda y tiramos por el de la derecha, que salva el cauce y nos lleva a una calleja que en seguida se ramifica; optamos entonces por la de la izquierda. Ocasionalmente vemos unas flechas amarillas que hasta ahora nos señalan la dirección correcta. Caminando entre casas y parcelas que albergan cochinos ibéricos dejamos dos ramales a la izquierda antes de vadear un regato, para alcanzar unos cientos de metros más allá un bello rincón poblado con hileras de chopos y olmos entre las que se intercalan sauces y fresnos, creando un magnífico soto, desgraciadamente sólo por tramos: se trata del jóven río Bodión, que más tarde tendremos que remontar. Lo cruzamos dos veces antes de comenzar otro repecho por un camino empedrado que nos introduce de lleno en el encinar, sustituido en las zonas más frescas por alcornoques a los que, según ganamos altura, se unen algunos melojos y quejigos. A mitad de la subida al Collado de las Cruces dejamos a la izquierda la entrada a la finca Dehesa Arroyo del Moro Alto, separándonos así del incómodo arroyuelo que discurre por la calleja. Unos cientos de metros más de subida llegamos a otro ramal, una calleja muy evidente y de gran belleza que va hasta el embalse de Tentudía. Más tarde tomaremos este callejón. La senda que seguimos se va estrechando; generalmente discurre paralela a algún drenaje natural, regatos aprovechados por el hombre para establecer pequeñas charcas y abrevaderos para el más apreciado ganado de la zona, el porcino ibérico. Dejamos una nueva calleja a la derecha que está parcialmente inundada por un regato estacional y cubierta por zarzas y escaramujos; algo más allá queda una cochinera al mismo lado. Finalmente se suaviza el camino; salimos a las cercanías del Collado de las Cruces, por donde pasa una amplia pista. Caminamos por el ramal izquierdo, dejando un cercado de piedra que rodea alcornoques y melojos, así como otros dos desvíos de pista a la derecha. Llegamos así al mismo collado, señalizado con un cartel. Nosotros prolongamos nuestra marcha tomando la dirección señalada por un cartel que reza *«A la Suerte de la Virgen»*, es decir, la pista de la izquierda. En seguida nos refrescamos con las aguas de una fuente, contemplando un paisaje arrasado por fuegos y roturaciones en el que predomina la presencia de pinos resineros de escaso porte y helechos comunes, pero entre los que se distinguen claramente los rebrotes de melojos y alcornoques. Al llegar al siguiente cruce obviamos el ramal de la izquierda, el de Las Lagunillas, y descendemos por otro que tenemos frente a nosotros para llegar en un vertiginoso descenso hasta la piscina-embalse del barranco del Moro, en un precioso marco natural con alisos, sauces, juncales, etc. Tras regresar al cruce de arriba giramos a la izquierda, ramal señalizado como "El Portugués", de menor anchura. Este camino serpentea entre pinares y matorral, ascendiendo suavemente hasta alcanzar una pista principal (previamente hemos obviado dos ramales a la izquierda) en la que optamos por su rama izquierda. Muy cerca de aquí, a unos 500 metros, salimos a la carretera que sube hasta el monasterio de Tentudía, y cuya cuneta ya no abandonamos, entre castaños y melojos, hasta alcanzar la cumbre. Una fuente a mitad de la subida permite refrescarnos. Para los más avispados es posible atajar la carretera mediante trochas dispersas que llevan al monasterio. Una vez encumbrados nos disponemos a admirar el monasterio y las vistas que lo circundan. Desde aquí pueden contemplarse diversos pueblos

❧ *Monasterio mudéjar de Tentudía, a 1112 m* ❧

extremeños y andaluces, e incluso la ciudad de Sevilla en día claros y sin niebla. El monasterio es una joya mudéjar construido allá por el siglo XIII, erigido para conmemorar una batalla victoriosa de los caballeros de la orden de Santiago frente a las fuerzas musulmanas. Su interior refleja mayor brillo y esplendor que las austeras paredes exteriores; destacan los azulejos, la rejería, el altar mayor, entre otras maravillas de la ingeniería artesana. Una interesantísima construcción enclavada en un magnífico entorno natural. Cuando decidimos abandonar la cumbre de la provincia, desandamos el recorrido hasta la calleja que citamos anteriormente, algo que nos lleva alrededor de dos horas. También existe una alternativa para llegar al Collado de las Cruces, atrochando desde la carretera. Una vez la alcanzamos avanzamos decididamente entre los muros y la vegetación que crece profusa, hasta llegar al embalse de Tentudía, zona de recreo usada por los vecinos y que se circunda gracias a una pista, hasta que llegamos a la salida del río Bodión, que remontamos, no sin problemas por la vegetación, hasta el cruce de nuestro camino inicial, que finalmente nos lleva a Monesterio.

RUTA 39

LA PEDRERA

DISTANCIA TOTAL: Aproximadamente 15 kilómetros.
DURACIÓN TOTAL: De 5 horas a 5 horas y 30 minutos.
TIPO DE MARCHA: Circular.
TIEMPOS DE MARCHA: Cabeza La Vaca - Cortijo de Cortinales: 45 minutos. Cortijo de Cortinales - Vértice de Pedrera: 1 hora. Vértice de Pedrera - Arroyo Valle Moral: 2 horas. Arroyo Valle Moral - Pista IRYDA: 45 minutos. Pista IRYDA - Cabeza La Vaca: 45 minutos.
DESNIVEL: 180 metros.
DIFICULTAD: Media.
TIPO DE CAMINO: Pista, camino, senda y trocha.
AGUA POTABLE: En Cabeza La Vaca; antes del cruce de callejas en la cabecera del arroyo Valle Moral; manantial (estacional) en la cabecera del arroyo Valle Moral; antes del cruce con la pista del IRYDA; manantial (estacional) de la Fuente del Lobo; y antes de llegar a Cabeza La Vaca.
ÉPOCA RECOMENDADA: Todo el año, incluidas las mañanas frescas del verano.
SUGERENCIAS: Llevar prismáticos. Sombrero en los días calurosos. Recolección de setas y espárragos en otoño-primavera. Posibilidad de realizar otras rutas en el entorno cercano, como por ejemplo la del Monasterio de Tentudía, la de la Cañada Real Leonesa Occidental... Se sugiere especialmente realizar un itinerario (andando, en bicicleta o en automóvil) a lo largo de la vieja pista asfaltada del IRYDA que sube hasta el monasterio desde la localidad de Cabeza La Vaca.
CONSERVACIÓN: Sin protección. Principales amenazas: proliferación de pistas; riesgo incendios forestales; caza furtiva; uso de veneno en cotos próximos.
CARTOGRAFÍA: Hoja 897 escala 1: 50.000 del S.G.E.

Este itinerario se inicia al oeste de la localidad de Cabeza La Vaca por un viejo camino que discurre paralelo a una pista principal. Ambos parten al sur de la plaza de toros del pueblo, y dejan una fuente a nuestras espaldas. El sendero se encuentra oculto, en parte por el abandono y posterior crecimiento de la vegetación. Se une a la pista principal justo antes de vadear el arroyo La Quebrada; algunas casas y huertos quedan atrás, al igual que pequeñas parcelas dedicadas a cultivos leñosos ancestrales, como el olivar y el castañar. En los linderos y los setos

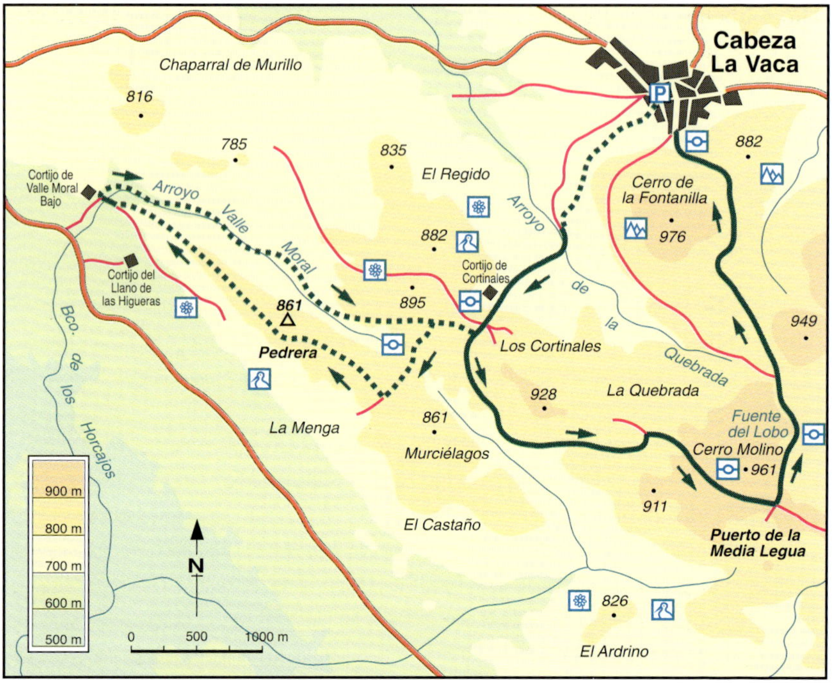

también descubrimos muestras remanentes de alcornoques y encinas, acompañados por diversos arbustos tipo cornicabra, codeso, labiérnago, torvisco, jara... Avanzamos posteriormente por la pista incluida en una bonita calleja jalonada por sendos muros de piedra. Alcanzamos una fuente a la altura de la finca de los Cortinales, en la que rellenamos nuestras cantimploras; obviamos un ramal que sale enfrentado a la fuente, y continuamos unos cientos de metros más hasta alcanzar otra calleja que parte a la derecha. Muy pronto dejamos una cancela a la derecha y avanzamos por el collado de la divisoria de aguas entre magníficos castaños, intentando descubrir a dos de los pájaros carpinteros más esquivos de nuestra avifauna, el pico menor y el torcecuellos, ambas especies nidificantes en la zona. Atravesamos el muro de piedra y la valla alambrada a la derecha, justo cuando la calleja comienza a descender vertiginosamente; usamos una vieja entrada que deja una pequeña casa a la izquierda y se introduce en el castañar, entre el que también se intercalan algunos olivos. Desde aquí caminamos por una preciosa senda que nos dirige hacia el vértice de Pedrera, no sin perderse momentáneamente en algunos tramos. Rodeados por magníficos y centenarios castaños, olivos, melojos y alcornoques, cruzamos un muro de piedra y nos introducimos en un denso matorral. Tras un rato de marcha atravesamos un cruce de sendas que bajan hacia ambas vertientes; el ramal de la derecha está cerrado por una pequeña cancela. Nosotros continuamos de frente en busca del vértice. La senda continúa, si bien la profusión de la vegetación complica más la marcha. En un momento dado debemos dejar la cresta y rodear la frondosa cumbre de Pedrera por su izquierda, lugar en el que encontramos algunas parcelas de olivar y castaños que mantienen ligeramente aclarado el sotobosque. Algo más abajo atisbamos un aprisco de piedra y, aunque oculto por el arbolado, más allá existe un camino al que intentamos converger según descendemos del vértice, caminando ahora siempre por esta vertiente de poniente. Según descendemos por el matorral vislumbramos vastas repoblaciones de pinos y eucaliptos en las que nos introducimos plenamente cuando alcanzamos el camino. Tras una fuerte pendiente de bajada llegamos al vado del arroyo Valle Moral, por donde contemplamos algunos cortijos y casas de campo. Desde aquí tenemos que remontar el arroyo; no existe un camino delimitado, pero sí algunas trochas del ganado que facilitan el paso en algunos puntos complicados en los que el matorral y las zarzas impiden nuestra marcha. El fondo del valle, dedicado a tramos al desarrollo de pastos y herbazales ganaderos, también nos ayuda a avanzar. Según caminamos hacia la cabecera nos maravillamos con estampas en las que castaños, alcornoques y melojos son las especies dominantes de las laderas del arroyo, en ocasiones con aspecto adehesado. Pasamos junto al manantial del arroyo Valle Moral, del que no mana agua durante el estiaje; unos espigados chopos, algún aliso disperso y un denso zarzal nos señalan el lugar exacto. Desde aquí debemos orientarnos y encaminarnos por la ladera a nuestra izquierda, hacia el collado que dejamos al inicio de la ruta y que alcanzamos tras pasar la cancela. Previamente hemos saltado tres o cuatro muros de piedra que delimitan diferentes cercados dedicados al ganado porcino ibérico. Una vez que nos situamos en el cruce con la pista principal nos dirigimos a la derecha, por una calleja descendente que discurre algo retirada del fluir de un arroyo. A escasos cientos de metros obviamos una calleja a la derecha, tendente al vado del arroyo. Continuamos atravesando olivares y algunos castañares, por un camino que baja inicialmente y luego recupera altura. Dejamos algunas casas a izquierda y derecha, principalmente ligadas a los cursos de agua; vadeamos un regato poblado de zarzas, majuelos, brezos, codesos... y luego dejamos dos ramales a la iquierda, en una curva pronunciada del camino. Algo más allá una fuente de agua fresca sacia nuestras necesidades, un pequeño enclave en el que es posible que descubramos a la salamandra común. Posteriormente dejamos sendos ramales, primero a izquierda y luego a derecha, para salir después a una pista principal, asfaltada por el IRYDA tiempo atrás. Giramos a la izquierda y nos encaminamos a Cabeza La Vaca. A unos metros dejamos el manantial de la Fuente del Lobo, seco en los fuertes estiajes, rodeado por un denso helechal; abajo un olivar, y más adelante una preciosa mezcla de alcornoques, encinas y melojos que nos acompaña hasta la entrada del pueblo, por La Fontanilla.

Ovejas pastoreando en las dehesas de Tentudía

RUTA 40

CAÑADA REAL LEONESA OCCIDENTAL

Distancia total: Aproximadamente 17 kilómetros.
Duración total: De 4 horas a 4 horas y 30 minutos.
Tipo de marcha: Lineal.
Tiempos de marcha: Inicio - Cruce carretera Ex-202: 1 hora y 30 minutos. Cruce - Cruce carretera entre Fuente de Cantos y Cabeza La Vaca: 1 hora y 15 minutos. Cruce - Cruce carretera de Calera de León y Fuente de Cantos: 1 hora y 30 minutos.
Desnivel: 150 metros.
Dificultad: Escasa.
Tipo de camino: Camino sobre ancha cañada.
Agua potable: En Segura de León.
Época recomendada: Todo el año, excepto el verano.
Sugerencias: Llevar prismáticos. Sombrero en los días calurosos. Recolección de setas y espárragos en otoño-primavera. Posibilidad de realizar otras rutas en el entorno cercano, como por ejemplo la del Monasterio de Tentudía, la de la Pedrera... Se sugiere especialmente realizar un itinerario (andando, en bicicleta o en automóvil) a lo largo de la vieja pista asfaltada del IRYDA que sube hasta el monasterio desde la localidad de Cabeza La Vaca. La Sierra de Gigonza y el barranco del Búho son dos enclaves de interés que podemos visitar desviándonos ligeramente del itinerario.
Conservación: Sin protección. Principales amenazas: proliferación de pistas; ocupación de zonas de la cañada por iniciativas particulares y/o públicas; riesgo de incendios forestales; caza furtiva; uso de venenos en cotos próximos...
Cartografía: Hojas 896 y 897 escala 1:50.000 del S.G.E.

Iniciamos este recorrido por una de las históricas cañadas que atraviesan el territorio pacense, en el pk 38 de la carretera que une Segura de León con Bodonal de la Sierra. Nada más comenzar a caminar obviamos un ramal que discurre paralelo a la carretera. Dejamos una casa a la derecha en una curva del camino; dehesas de diferente cobertura quedan a un lado, mientras que los pastizales con retamas, carrascas y otros arbustos dispersos dominan el contrario. A unos cientos de metros obviamos una bonita calleja a la izquierda que se introduce entre las encinas. Continuamos paralelos a un arroyo cuyas orillas deterioradas están ocupadas por juncales y zarzales, así como por algunos chopos y álamos dispersos en rodales. Al subir una pequeña loma contemplamos la magnífica estampa de la cañada cruzando el arroyo. Sus márgenes están perfectamente delimitados por sendos muros de piedra y se aprecia el ancho en su totalidad. Una calleja que sale a la izquierda se introduce en el bosque; pero nosotros tomamos el gran ramal de la derecha, una vez cruzado el arroyo cuyas orillas tapizan herbazales y cardales nitrófilos. Según la época de nuestra visita, y contando con un poco de suerte, podemos cruzarnos con algún rebaño de ovejas y/o vacas que irremediablemente nos evoca épocas pasadas, cuando la trashumancia significaba mucho para el imperio español y atravesaban la cañada miles de reses ganaderas, en un largo viaje de más de cinco meses. Las dehesas cubren el lado derecho de la cañada, mientras que los pastizales tienen mayor presencia en el izquierdo a lo largo del trecho que nos lleva hasta la carretera Ex-202, de Segura de León a Fuente de Cantos, entre los kilómetros 58 y 59. Cruzamos

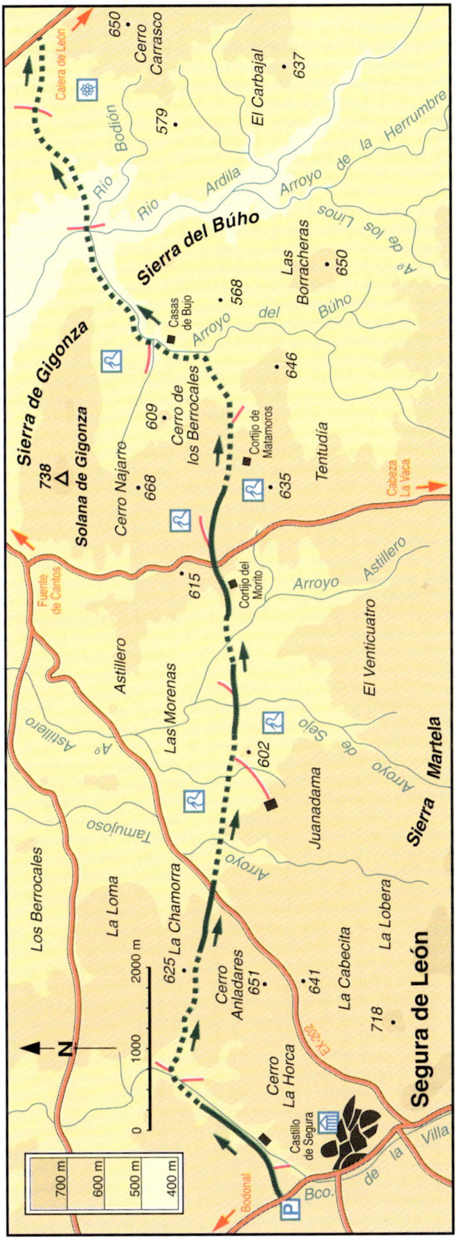

la vía atendiendo a ambos lados, y continuamos derechos por la cañada, que aquí alcanza una anchura mayor a los 100 metros. El trazado es inconfundible, jalonado por muros de piedra (en ocasiones derruidos y sustituidos por vallas de alambre) y cubierto por un denso tapiz de hierbas, principalmente gramíneas de gran interés pascícola, tapiz potenciado a lo largo de los siglos por el pastoreo y la gestión humana. Caminamos por el herbazal sin problemas, si bien existe un camino rodado a lo largo del tramo, ligado la mayor parte del tiempo al muro izquierdo. Cruzamos sucesivamente varios cursos de aguas estacionales, de aspecto bien distinto según la época del año en la que realizamos la excursión: primero el arroyo de Tamujoso, que antecede a otro regato y aun ramal que sale a nuestra derecha, conocido como camino del Morito; luego el arroyo Sejo, tras el cual parte un ramal a la izquierda, en dirección a la Sierra de Gigonza, y otro posterior a la derecha; y finalmente el arroyo Astillero, tras el que dejamos otro ramal a la izquierda. Ligados a los tres cursos aparecen algunos tamujos y juncales; si nuestra visita se realiza en primavera debemos invertir algún tiempo en la búsqueda de los numerosos anfibios y reptiles que se desenvuelven entre el medio acuático y los herbazales higrófilos, sapos y sapillos, tritones y gallipatos, ranas y ranitas, culebras de agua, culebrillas ciegas... Poco después dejamos el cortijo del Morito a la derecha y seguidamente alcanzamos una nueva carretera, en esta ocasión la que se dirige desde Cabeza La Vaca a Fuente de Cantos. De nuevo nos encontramos ante la bella vista de la cañada en toda su plenitud. Nada más cruzar el camino parte un ramal a la izquierda que se encamina hacia la solana de la Sierra de Gigonza. Nosotros nos mantenemos por la cañada, que ahora aparece parcialmente cubierta de algunas encinas y retamas en su borde izquierdo. Según caminamos contemplamos la serranía a la derecha, en la que prolifera un denso dosel de monte mediterráneo. Las dehesas que jalonan la cañada también se espesan según descendemos por el camino en paralelo a un regato que fluye hasta el arroyo del Búho, por una zona donde afloran algunos granitos y el paisaje adquiere un típico aspecto de berrocal. La cañada se estrecha ligeramente al salvar la angostura natural del barranco del Búho, en cuyas enriscadas laderas anidan el búho real, el roquero solitario, la golondrina dáurica... Acebuches, encinas, cornicabras, torviscos, lentiscos, labiérnagos, jaras, escobas, alcornoques, etc., cubren las pendientes, mientras que en el fondo

❧ *La solitaria encina del paisaje trashumante* ❧

del barranco lo hacen tamujos, juncales, adelfas y fresnos. Desde aquí recorremos el barranco hasta el desagüe en el río Ardila, a través de un precioso encajamiento de la cañada entre sendos cerros que cubre el monte mediterráneo. La salida al río Ardila supone una pérdida en la cobertura y profusión de encinares y alcornocales, que en la margen opuesta aparecen más despejados, en forma de dehesas abiertas. En esta zona el río carece de una ribera de gran entidad y sólo acoge algunos chopos y fresnos, pero principalmente tamujos, adelfas, zarzales y juncales. Sus aguas sufren la contaminación por aguas residuales de poblaciones y granjas que vierten aguas arriba, pero aún atesoran una ictiofauna relevante, con jarabugo, barbo cabecipequeño, colmilleja... algunos de los peces que captura la nutria. El tramo final del recorrido nos lleva hasta la carretera de Calera de León a Fuente de Cantos, por un paisaje dominado por pastizales de gran valor visual.

RUTA 41
MÉRIDA, PATRIMONIO DE LA HUMANIDAD

DISTANCIA TOTAL: Aproximadamente 4 kilómetros.
DURACIÓN TOTAL: Tan largo en el tiempo como queramos hacerlo.
TIPO DE MARCHA: Circular.
TIEMPOS DE MARCHA: Aconsejamos hacer el itinerario sin prisas, observando toda la historia que asoma en cada rincón del casco antiguo de la ciudad y en las márgenes del río Guadiana, atentos además a la numerosa fauna y flora urbanas que salpican la ciudad.
DESNIVEL: Nulo.
DIFICULTAD: Nula.
TIPO DE CAMINO: Calles.
AGUA POTABLE: Numerosas fuentes y tiendas de refrigerios surcan el itinerario.
ÉPOCA RECOMENDADA: Todo el año.
SUGERENCIAS: Llevar prismáticos. Sombrero en los días soleados.
DATOS DE INTERÉS: Otras muchas ciudades y pueblos de la provincia de Badajoz, de significación en el ámbito provincial y regional, atesoran valores culturales, sociales y ambientales de características similares: la capital provincial, Badajoz; Zafra; Medellín; Jerez de los Caballeros; Llerena...
CONSERVACIÓN: Importante desarrollo urbanístico y de infraestructuras de uso público en la ciudad desde principios de los años 80, especialmente a raíz de su elección como capital autonómica. El Conjunto Arqueológico es Patrimonio de la Humanidad desde 1993.
CARTOGRAFÍA: La existente en los trípticos y libros de divulgación.

Este paseo por la vieja ciudad, fundada en el 25 a. C. y capital de la Lusitania romana, permite profundizar en el conocimiento del medio ambiente urbano de una gran ciudad actual como es Mérida, enclavada en el marco privilegiado del río Guadiana. La propuesta echa a andar en la plaza de España, un magnífico lugar para detenernos a contemplar la estampa que conjuga palmeras y setos verdes con bellos edificios del último siglo. A veces se ven salpicadas las palmeras de palomas blancas, entre las que incluso descansa alguna garcilla bueyera. Tomamos la calle Puente para desembocar a orillas del río; ante nosotros se extiende el mayor puente romano que se preserva en la Península Ibérica, con tres

tramos, 60 arcos y un total de 792 m. Inevitablemente hacemos una comparación visual entre este histórico puente con el modernista que queda a nuestra derecha, el puente Lusitania. Desde aquí tenemos excelentes vistas del río Guadiana, el *Anás* de los romanos. A pesar de su modificado aspecto debido a las múltiples agresiones que todavía soporta, esta arteria fluvial atrae a multitud de animales, especialmente aves, una comunidad ornítica que varía según la estación del año. Destaca en invierno el aspecto de una isleta de árboles muertos, idónea como dormidero de cormoranes grandes. También son significativos los miles de garcillas bueyeras en sus trasiegos matutinos y vespertinos a las zonas de alimentación y a los dormideros, respectivamente.

Volvemos a la cabecera del puente y cogemos la avenida de Roma a la izquierda. Seguimos con las vistas del río, mientras la Morería queda a la derecha. Al final de la misma giramos por la calle Almendralejo, y después a la izquierda por la calle Adriano. Finalmente descendemos por la calle Calvario hasta la ribera del río Albarregas, en la que proliferan herbazales y cardales nitrófilos. Aún así representa un foco de atracción para pequeñas aves que se acercan hasta este medio urbano, además de los gorriones comunes, jilgueros, verdecillos, verderones, mirlos comunes, currucas capirotadas y cabecinegras,

Dormidero de cormoranes grandes en el Guadiana

etc. Entre las grúas y los edificios destacan los restos del acueducto de los Milagros, en la actualidad un magnífico emplazamiento para la numerosa colonia de cigüeña común de la ciudad. A los pies de las ruinas, el puente romano. Ambas construcciones datan del origen de la ciudad. Posteriormente un largo paseo por la calle Marquesa de Pinares y la avenida de Extremadura, pasando por la basílica de Santa Eulalia, en la que se conjugan muestras del arte paleocristiano, visigodo, bizantino y románico, nos lleva hasta el acueducto de San Lázaro, sólo unos pocos pilares hoy, y el Circo romano, que con un aforo de más de 30.000 espectadores es uno de los más grandes del mundo romano. En sus prados podemos contemplar ocasionalmente lavanderas, estorninos, mirlos, grajillas...

No nos queda lejos la siguiente parada en este recorrido a través de la vieja *Emerita Augusta*. Por la calle Cabo Verde llegamos a la casas del Anfiteatro y de la Torre del Agua, antiguas mansiones de los siglos III y IV que incluían zonas ajardinadas, en las que hoy crece un bello jardín, y cuyas oquedades aloja a salamanquesas y lagartijas; también conserva acequias, hornos, baños termales, junto a viejos muros que todavía conservan mosaicos de gran valor, como el célebre "Pisadores de Uvas". Junto a la casa del Anfiteatro se encuentra el moderno museo de Arte Romano, que recoge buena parte de los tesoros culturales encontrados tras años de excavaciones en la ciudad y su entorno. Y allí mismo, el amplio recinto que acoge a los dos monumentos emblemáticos de la ciudad, el Teatro y el Anfiteatro romanos, el arte escénico y el espectáculo de fieras y gladiadores, frente a frente. El Teatro continua siendo hoy un excelente foro que recoge año tras año festivales culturales representaciones escénicas, en consonancia con su origen romano. Si queremos acortar el itinerario urbano podemos ir hacia el centro por la calle Jose Ramón Melida para torcer luego por la peatonal calle Sagasta, centro comercial de la ciudad. También podemos optar por el paseo largo y acercarnos hasta la casa del Mitreo, un magnífico ejemplo de *domus* romana que, a través de un itinerario didáctico, nos permitirá profundizar en la vida rutinaria de aquellas gentes. No hay más que seguir el mapa adjunto...

Si hemos decidido acortar, la misma calle Sagasta nos lleva al Pórtico del Foro y al Templo de Diana, este segundo muy bien conservado y adosado a un palacio del siglo XVI de estilo renacentista. Luego hemos de torcer a la derecha, por la calle Z. Vicente que luego se une a la calle Trajano para pasar por el robusto arco de Trajano, de más de 15 metros de altura, una vieja entrada de la ciudad. A escasos metros de aquí, por la calle Obispo y Arco, llegamos al museo de Arte Visigodo y, un poco más allá, a la Concatedral de Santa María y a la plaza de España, el inicio de nuestro caminar por la historia.

☞ APÉNDICE

Listado de Plantas

A

Acacia: *Acaci spp., Mimosa* spp.
Acebuche: *Olea europaea* subsp. *sylvestris*
Adelfa: *Nerium oleander*
Álamo: *Populus* spp.
Álamo blanco: *Populus alba*
Álamo negro: *Populus nigra*
Alcornoque: *Quercus suber*
Aliso: *Alnus glutinosa*
Almendro: *Prunus dulcis*
Almez: *Celtis australis*
Amapola: *Papaver rhoeas*
Arce de Montpellier: *Acer monspessulanus*
Arísaro: *Arisarum vulgare*
Avellano: *Corylus avellana*

B

Balota: *Ballota nigra, Ballota hirsuta*
Beleño: *Hyoscyamus albus, Hyosciamus niger*
Berceo: *Stipa gigantea*
Boleto: *Boletus* spp.
Brezo: *Erica australis, E. arborea, E. umbellata, E. scoparia*
Brecina: *Calluna vulgaris*

C

Cabeza de dragón: *Antirrhinum* ssp.
Cantueso: *Lavandula stoechas*
Cardo corredor: *Eryngium campestre*
Carquesa: *Genista tridentata*
Carrasca: *Quercus rotundifolia*
Carrizo: *Phragmites australis*
Castaño: *Castanea sativa*
Cerezo: *Prunus* spp.
Cervuno: *Nardus stricta*
Champiñón: *Agaricus* spp.
Chaparro: *Quercus suber*
Charneca, charnecal: *Pistacia terebinthus*
Chopo: *Populus* spp.
Chumbera: *Opuntia maxima*
Ciruelo: *Prunus x domestica*
Codeso: *Adenocarpus hispanicus, Adenocarpus complicatus*
Cola de caballo: *Equisetum* spp.
Cornejo: *Cornus sanguinea*
Cornicabra: *Pistacia terebinthus*

D

Digital: *Digitalis purpurea*
Durillo: *Viburnun tinus*

E

Encina: *Quercus rotundifolia*
Endrino: *Prunus spinosa*
Enebro: *Juniperus oxycedrus*
Escoba: *Cytisus scoparius, Cytisus striatus, Cytisus grandiflorus*
Espadaña: *Typha* spp.
Esparraguera: *Asparagus acutifolius*
Esparraguera blanca: *Asparagus albus*
Estepa blanca: *Cistus* spp.
Eucalipto: *Eucalyptus* spp.

F

G

Fresno: *Fraxinus angustifolia*
Gamón: *Asphodelus* spp.

H

Guardalobos: *Osyris alba*
Helechal, helecho común: *Pteridium aquilinum*
Hiedra: *Hedera helix*

J

Higuera: *Ficus carica*
Jara: *Cistus* spp.
Jaramago: *Diplotaxis* spp., *Sisymbrium* spp.
Jara pringosa: *Cistus ladanifer*
Jarilla: *Fumana* spp., *Helianthemum* spp., *Halimium* spp.
Jazmín de monte: *Jasminum fruticans*
Junco: *Juncus* spp.

L

Lentisco: *Pistacia lentiscus*

M

Madreselva: *Lonicera* spp.
Madroño: *Arbutus unedo*
Maíz: *Zea mais*
Majuelo: *Crataegus monogyna*
Mejorana: *Thymus mastichina*
Melojo: *Quercus pyrenaica*
Mimbrera: *Salix* sp.
Mirto: *Myrtus communis*

N

Naranjo: *Citrus* spp.
Níscalo, nízcalo: *Lactarius* spp.
Nogal: *Juglans regia*

O

Olivilla: *Phillyrea angustifolia*
Olivo: *Olea europaea* subsp *europaea*

Olmo: *Ulmus minor*
Ombligo de Venus: *Umbilicus* spp.
Ortiga: *Urtica* spp.
Ova: *Chara* spp.

P

Parietaria: *Parietaria* spp.
Peral de monte: *Pyrus bourgaeana*
Pino resinero: *Pinus pinaster*
Piorno: *Cytisus balansae, C. striatus, C. scoparius*
Pita: *Agave* spp.

Q

Quejigo: *Quercus faginea*

R

Ranúnculo: *Ranunculus* spp.
Rebozuelo: *Cantharellus* cybarius
Retama: *Retama sphaerocarpa*
Romero: *Rosmarinus officinalis*
Rosal silvestre: *Rosa* spp.
Ruda: *Ruta* spp.
Rusco: *Ruscus aculeatus*

S

Sauce: *Salix* spp.
Seta de cardo: *Pleurotus eryngii*
Seta de los caballeros: *Tricholoma flavovirens*

T

Tabaco: *Nicotiana tabacum*
Tamujo: *Securinega tinctoria*
Taray: *Tamarix* sp.
Tejo: *Taxus baccata*
Torvisco: *Daphne gnidium*

U

Uña de gato: *Sedum* spp.

V

Verónica: *Veronica* sp.
Viborera: *Echium* spp.
Vid: *Vitis vinifera*

Z

Zarza, zarzamora: *Rubus* spp.

Listado de animales

A

Abejaruco: *Merops apiaster*
Abubilla: *Upupa epops*
Acentor común: *Prunella vulgaris*
Acentor alpino: *Prunella modularis*
Alcaudón común: *Lanius senator*
Alcaudón real: *Lanius excubitor*
Agateador común: *Certhia brachydactyla*
Águila calzada: *Hieraaetus pennatus*
Águila culebrera: *Circaetus gallicus*
Águila imperial: *Aquila adalberti*
Águila perdicera: *Hieraaetus pennatus*
Águila real: *Aquila chrysaetos*
Aguilucho cenizo: *Circus pygargus*
Alcaraván: *Burhinus oedicnemus*
Alimoche: *Neophron percnopterus*
Alondra común: *Alauda arvensis*
Ánade friso: *Anas strepera*
Andarríos chico: *Actitis hypoleucos*
Arrendajo: *Garrulus glandarius*
Avefría: *Vanellus vanellus*
Avión común: *Delichon urbica*
Avión roquero: *Ptyonoprogne rupestris*
Avutarda: *Otis tarda*
Azor: *Accipitir gentilis*
Azulón: *Anas platyrrhynchos*

B

Bengalí rojo: *Amandava amandava*
Bermejuela: *Rutilus arcasii, Rutilus lemmingii*
Bisbita común: *Anthus pratensis*
Boga de río: *Chondrostoma polylepis*
Búho real: *Bubo bubo*
Buitre leonado: *Gyps fulvus*
Buitre negro: *Aegypius monachus*
Buitrón: *Cisticola juncidis*

C

Cachuelo: *Leuciscus pyrenaicus*
Calandria: *Melanocorypha calandra*
Cárabo común: *Strix aluco*
Carbonero común: *Parus major*
Carpa: *Cyprinus carpio*
Carpa americana: *Micropterus salmoides*
Carraca: *Coracias garrulus*
Carricero: *Acrocephalus* spp.
Cernícalo común: *Falco tinnunculus*
Cernícalo primilla: *Falco naumanni*
Chocha perdiz: *Scolopax rusticola*
Chochín: *Troglodytes troglodytes*
Chorlito dorado: *Pluvialis apricaria*
Chova piquirroja: *Pyrrhocorax pyrrhocorax*
Ciervo: *Cervus elaphus*
Cigüeña blanca: *Ciconia ciconia*
Cigüeña negra: *Ciconia nigra*
Cigüeñuela: *Himantopus himantopus*
Cogujada común: *Galerida cristata*
Cogujada montesina: *Galerida theklae*

Colirrojo real: *Phoenicurus phoenicurus*
Colirrojo tizón: *Phoenicurus ochruros*
Collalba gris: *Oenanthe oenanthe*
Collalba rubia: *Oenanthe hispanica*
Colmilleja: *Cobitis maroccana*
Conejo: *Oryctolagus cuniculus*
Cormorán grande: *Phalacroccorax carbo*
Corzo: *Capreolus capreolus*
Críalo: *Clamator glandarius*
Cuervo: *Corvus corax*
Culebra bastarda: *Malpolon monspessulanus*
Culebra de agua: *Natrix natrix, Natrix maura*
Culebra de escalera: *Elaphe scalaris*
Curruca cabecinegra: *Sylvia melanocephala*
Curruca rabilarga: *Sylvia undata*

E

Elanio azul: *Elanus caeruleus*
Escribano montesino: *Embariza cia*
Eslizón: *Chalcides* spp.
Estornino negro: *Sturnus unicolor*
Estornino pinto: *Sturnus vulgaris*

F

Focha común: *Fulica atra*

G

Galápago: *Mauremys* spp., *Emys* spp.
Gallipato: *Pleurodeles waltl*
Ganga: *Pterocles alchata*
Garceta común: *Egretta garzetta*
Garcilla bueyera: *Bubulcus ibis*
Garduña: *Martes foina*
Garza real: *Ardea cinerea*
Gato montés: *Felix sylvestris*
Gavilán: *Accipiter nisus*
Gaviota reidora: *Larus ridibundus*
Gaviota sombría: *Larus fuscus*
Gineta: *Genetta genetta*
Golondrina común: *Hirundo rustica*
Golondrina dáurica: *Hirundo daurica*
Gorrión común: *Passer domesticus*
Gorrión moruno: *Passer montanus*
Grajilla: *Corvus monedula*
Grulla: *Grus grus*

H

Halcón peregrino: *Falco peregrinus*
Herrerillo común: *Parus caeruleus*

J

Jabalí: *Sus scrofa*
Jilguero: *Carduelis carduelis*

L

Lagarto ocelado: *Lacerta lepida*
Lavandera blanca: *Motacilla alba*

Lavandera cascadeña: *Motacilla cinerea*
Lechuza común: *Tyto alba*
Liebre: *Lepus capensis*
Lince ibérico: *Lynx pardina*
Lirón careto: *Elyomis quercinus*
Lucio: *Esox lucius*
Lúgano: *Carduelis spinus*

M

Martín pescador: *Alcedo athis*
Meloncillo: *Herpestes ichneumon*
Milano negro: *Milvus migrans*
Milano real: *Milvus milvus*
Mirlo acuático: *Cinclus cinclus*
Mirlo capiblanco: *Turdus torquatus*
Mirlo común: *Turdus merula*
Mochuelo común: *Athene noctua*
Mosquitero común: *Phylloscopus collybita*
Muflón: *Ovis muson*
Murciélago: Varias especies

N

Nutria: *Lutra lutra*

O

Oropéndola: *Oriolus oriolus*
Ortega: *Pterocles orientalis*

P

Pájaro carpintero: *Picus* spp., *Dendrocopos* spp.
Paloma torcaz: *Columba palumbus*
Pardillo común: *Carduelis cannabina*
Pato cuchara: *Anas clypeata*
Pechiazul: *Luscinia svecica*
Perdiz roja: *Alectoris rufa*
Petirrojo: *Erithacus rubecula*
Pico de coral: *Estrilda Astrid*
Pico menor: *Dendrocopos minor*
Pico picapinos: *Dendrocopos major*
Pinzón común: *Fringilla coelebs*
Polla de agua: *Gallinula chloropus*
Porrón: *Aythya* spp.

R

Rabilargo: *Cyanopica cyanus*
Rana común: *Rana perezi*
Ranita de San Antón: *Hyla arborea*
Ranita meridional: *Hyla meridionalis*
Rascón: *Rallus aquaticus*
Ratonero común: *Buteo buteo*
Roquero rojo: *Monticola saxatilis*
Roquero solitario: *Monticola solitarius*
Ruiseñor bastardo: *Cettia cetti*
Ruiseñor común: *Luscinia megarrhynchos*

S

Salamandra común: *Salamandra salamandra*
Salamanquesa común: *Tarentola mauritanica*
Sapo común: *Bufo bufo*
Sapo corredor: *Bufo calamita*
Sapo de espuelas: *Pelobates cultripes*
Sapo partero: *Alytes* spp.
Sisón: *Tetrax tetrax*
Somormujo lavanco: *Podiceps cristatus*

T

Tarabilla común: *Saxicola torquata*
Tejón: *Meles meles*
Tenca: *Tinca tinca*
Torcecuellos: *Jynx torquilla*
Totovía: *Lullula arborea*
Trepador azul: *Sitta europaea*
Treparriscos: *Trichodroma muraria*
Tritón ibérico: *Triturus boscai*
Trucha común: *Trutta trutta*
Turón: *Mustela putorius*

V

Vencejo común: *Apus apus*
Vencejo real: *Apus melba*
Verdecillo: *Serinus serinus*
Verderón: *Carduelis chloris*
Víbora hocicuda: *Vipera latastei*

Z

Zampullín común: *Tachybaptus ruficollis*
Zorro: *Vulpes vulpes*
Zorzal: *Turdus* spp.

Glosario de términos

A

Acarcavado: Con cárcavas, erosión en forma de surcos por la acción del agua.
Adobe: Masa de barro y paja, utilizada en construcción rural.
Aláudido: Aplicado a las aves de la familia *Alaudidae* (alondra, cogujadas...).
Aliviadero: Desagüe superior del excedente de aguas de un embalse.
Almechinar: Agujero, oquedad, en muros de viejos edificios y monumentos.
Aljibe: Depósito donde se recoge y almacena el agua de lluvia.
Alóctono: No nativo, introducido.
Alpechín: Residuos generados durante la extracción del aceite de oliva.
Alquería: Núcleo rural de escasa entidad alejado de la capital del municipio.
Aluvial: Referido a un terreno formado por materiales aportados por el arrastre de las lluvias, o por una gran crecida del nivel de aguas de un curso.
Amolar: Moler el grano.
Antrópico: De origen humano.
Apalachense: Relieve cuarcítico en forma de barras dispuestas según la dirección de antiguas estructuras orogénicas.
Apero: Útil o herramienta de trabajo rural.
Aprisco: Resguardo donde el pastor recoge su ganado.
Arenisca: Roca sedimentaria, de fragmentos de arenas silíceas cementadas.

B

Barreno: Perforador (insecto).
Batolito: Masa de rocas plutónicas aflorando en la corteza terrestre.
Berrea: El período de formación de harenes y apareamiento, en el ciervo.
Berrocal: Terreno en el que predominan las rocas de granito redondeadas.
Biótico: Referido a la vida.
Blasón: Escudo de un reino, una ciudad, una familia noble o una persona.
Bolo: Roca redondeada de granito.

C

Cabecera: Tramo inicial de un curso de agua, nacimiento.

Cabezo: Cerro redondeado y de escasa entidad.

Calleja: Camino entre muros de piedra de mediana altura.

Cámbrico: Más antiguo de los períodos de la era Primaria (o Paleozoico).

Camino de herradura: Camino de caballerizas, senda más o menos ancha.

Campa: Llano aclarado de vegetación leñosa.

Canchal: Laderas de pendiente variable cubiertas de peñascos y rocas.

Cancho: Gran bloque de granito redondeado que domina un paisaje suave.

Cañada: Camino para el ganado trashumante.

Carbonatado: Material lítico compuesto por carbonatos de origen mayoritariamente orgánico.

Carbonífero: Quinto período de la era Paleozoica.

Cárcava: Zanja, surco en el terreno, por efecto de las aguas corrientes de lluvia.

Casar piedras: Unir piedras, para la construcción.

Ceja: Franja de terreno sin vegetación entre el nivel de aguas actual de un embalse y la cota máxima de inundación.

Cerrada: Muro o presa de un embalse.

Cinegético: De la caza.

Cola: Parte final de un embalse, zona de reculaje de las aguas.

Coluvial: Materiales arrastrados por la gravedad, al pied e una ladera.

Cuaternario: período más reciente de la historia geológica (2 últimos millones de años).

D

Derrubio: Material de rocas, resultado de la erosión de una cresta o ladera.

Deslinde: Límites autonómicos, provinciales, municipales... marcados o no.

Deyección: Excremento, deposición...

Dolmen: Monumento megalítico de piedras horizontales sobre otras verticales.

E

Edáfico: Referido al suelo.

Estiaje: Período de sequía propio del verano, en zonas de clima mediterráneo.

Etnografía: De los pueblos y las culturas.

F

Falda: Ladera de la montaña.
Fluvial: De los ríos.
Fringílido: Aplicado a las aves de la familia *Fringillidae* (jilguero, pinzón,...).

G

Geomorfología: De la Gea, el relieve, sus formas y estructuras.
Guía de árbol: Tronco principal del árbol.

H

Hábitat: Área de caracteres naturales propios y adecuados para una especie.
Herpetos: Referido a los anfibios y reptiles.
Higrofítico: Referido a plantas amantes de terrenos encharcados, o con abundante humedad edáfica.
Hito: Pequeño cúmulo de piedras, que marca un camino a seguir.
Hombro: Prolongación de una cresta que se suaviza hacia uno de sus extremos.

I

Ictiofauna: Fauna de peces.

L

Lasca: Trozo plano de una piedra, espacialmente de las pizarrosas.
Litología: De las rocas y su naturaleza.

M

Macolla: Aspecto engrosado de la base de algunas plantas herbáceas.
Majada: Lugar de recogida del ganado y refugio de pastores.
Majano: Acúmulo de piedras más o menos ordenadas.
Mampostería: Obra de piedras sin labrar, de tamaños distintos, colocadas sin seguir un orden determinado, unidas por cemento o argamasa.
Matorral serial: Vegetación arbustiva resultado de la degradación de un bosque natural.
Megalítico: Referido al megalito, monumento prehistórico de piedras sin tallar.
Metamórfica: Roca afectada por el proceso de transformación intensa de sus caracteres originales (metamorfismo).

Monte isla: Cerro o alineación aislada que ha quedado en resalte dentro de un área arrasada por la erosión debido a su particular dureza.

N

Nivel freático: Nivel de las aguas subterráneas.

O

Obelisco: Monumento commemorativo en forma de pilar o columna.

Ornítico: De las aves.

Orogenias: Procesos tectónicos, origen de los sistemas montañosos.

P

Paso canadiense: Paso de un camino, o límite entre fincas, con barras metálicas en el suelo, separadas entre sí, que impiden que el ganado se escape.

Paso de cable: Zona de una senda que se pasa ayudados por un cable de acero.

Pastizal de diente: Prado ganadero.

Penillanura: Área extensa de topografía suave, resultante de un dilatado ciclo de actuación de los procesos erosivos.

Pitarra: Vino de elaboración casera.

Piso bioclimático: División altitudinal establecida en base a la temperatura, las precipitaciones y la distribución de la vegetación.

Plioceno: Último período de la era Terciaria.

Portilla: Paso fluvial entre riscos.

Portillo: Paso elevado de una sierra, collado.

Pradera juncal: Llano ligado a una ribera o a un suelo con humedad, con juncos.

Pratense: De los prados

R

Ralo: De la vegetación de escaso porte o altura.

Reculaje: Cola de un embalse.

Ripario: De la ribera.

Rocho: Risco pétreo, con escasa o nula vegetación.

S

Serreta: Crestería agreste y abrupta, de riscos afilados.

Seto vivo: Separación o borde de finca delimitado por vegetación.

Somero: De escasa profundidad.

T

Tenada: Resguardo para el ganado.

Tectónica: De la corteza terrestre.

Terraza: Nivel de acumulación de depósitos fluviales que ha quedado colgado sobre el actual cauce de un río.

Trabazón: Uniones entre los elementos de una construcción.

Trocha: Senda desconocida, a menudo creada por el tránsito de ganado.

V

Vaguada: Pequeña depresión en el terreno, fondo de valle...

Vértice geodésico: Señal o marca topográfica en un terreno.

Z

Zahurda: Establo para cerdos, o para otro ganado distinto.

Zócalo: Conjunto de rocas antiguas que aflora en la superficie terrestre o se encuentra cubierto por una cobertera sedimentaria posterior.

TÍTULOS PUBLICADOS EN ESTA COLECCIÓN

Las Mejores Excursiones por...
La SIERRA
NORTE DE MADRID
Montes Carpetanos, Valle de Lozoya, Somosierra y Sierra del Rincón, La Cabrera,
Morcuera, Canencia, Bustarviejo, Garganta de los Montes y Patones

Las Mejores Excursiones por...
Las SIERRAS
DESCONOCIDAS
DE ÁVILA
24 Recorridos a Pie por las sierras de Villafranca,
Serrota, Paramera, Sierra de Ávila, Ojos Albos y Malagón.

Las Mejores Excursiones por...

La Serranía de Cuenca

27 Recorridos a Pie por los Principales Enclaves de este Espacio Natural

Las Mejores Excursiones por...

Las ARRIBES DEL DUERO

25 Recorridos a Pie por los Principales Enclaves de este Espacio Natural

Las Mejores Excursiones por...

Las SIERRAS Y DEHESAS DE CÁCERES

Sierra de Gata, Las Hurdes, Ambroz, Jerte, La Vera, Campo Arañuelo,
Sierras y Vegas de Coria, Monfragüe y Riberos del Tajo y Sierras Centrales Extremeñas...

Las Mejores Excursiones por...
El Parque Nacional de Ordesa y Monte Perdido
Valle de Ordesa, Cañón de Añisclo,
Valle del Bujaruelo y Parque
Las Mejores Excursiones por...
CANTABRIA
60 ITINERARIOS
La Marina - Liébana - Picos de Europa - Saja-Nansa - Campoo
Besaya-Pas-Miera-Ason y Agüera

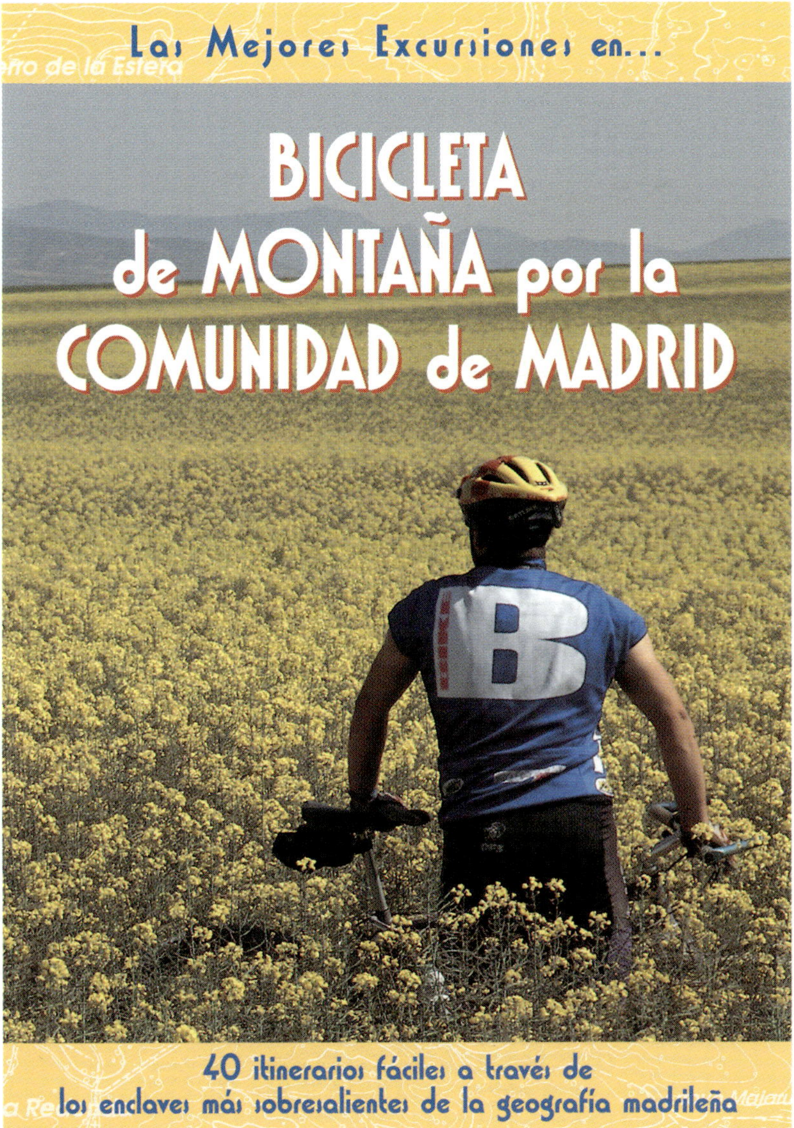
Las Mejores Excursiones en...
BICICLETA
de MONTAÑA por la
COMUNIDAD de MADRID
40 itinerarios fáciles a través de
los enclaves más sobresalientes de la geografía madrileña

Las Mejores Excursiones por...
ASTURIAS
50 ITINERARIOS
Los Oscos - Fuente del Narcea, Ibias y Degaña - Peña Ubiña
Parque Natural de Somiedo - Camín Real de la Mesa, Caudal y Piloña
Parque Natural de Redes - Picos de Europa - La Marina

Las Mejores Excursiones por...
GREDOS
GUÍA DE ASCENSIONES
Y EXCURSIONISMO
50 Recorridos a Pie por los Enclaves más destacados de este Espacio Natural

Las Mejores Excursiones por...

El PIRINEO NAVARRO

50 ITINERARIOS

Valles Occidentales - Valle de Salazar - Valle de Roncal
Zuriza - Sierras Exteriores

Las Mejores Excursiones por...

La SIERRA DE GUADARRAMA

40 ITINERARIOS

San Lorenzo y El Escorial - Sierra de Malagón - Valle del Río Moros - Valle de la Fuenfría
Sierra del Quintanar y la Mujer Muerta - La Pedriza - Puerto de Navacerrada
Puerto de los Cotos - La Granja